“十二五”职业教育国家规划教材
经全国职业教育教材审定委员会审定

HUAGONG
ANQUAN
JISHU

化工安全技术

第二版

齐向阳 主编　苗文莉 副主编　李晓东 主审

化学工业出版社
·北京·

本书侧重化工安全技能训练，兼顾安全基础知识的通用性和系统性。参照“化工总控工”、“燃料油生产工”等职业标准中有关安全技能的具体要求，从生产操作者角度出发，让学生在熟悉自身工作环境之后，首先掌握个体安全防护器材的使用，进而防止生产过程中现场中毒，防止燃烧爆炸伤害，防止现场触电伤害，防止检修现场伤害。

本书可作为高等职业院校化工及相关专业的教材，也可供从事化工生产的技术人员和管理人员作为培训用书或参考书。

图书在版编目（CIP）数据

化工安全技术/齐向阳主编. —2版. —北京：化学工业出版社，2014.8（2020.10重印）
“十二五”职业教育国家规划教材
ISBN 978-7-122-21075-3

Ⅰ.①化… Ⅱ.①齐… Ⅲ.①化工安全-安全技术-高等职业教育-教材 Ⅳ.①TQ086

中国版本图书馆CIP数据核字（2014）第141174号

责任编辑：窦 臻　　文字编辑：昝景岩
责任校对：宋 玮　　装帧设计：尹琳琳

出版发行：化学工业出版社（北京市东城区青年湖南街13号 邮政编码100011）
印 装：北京盛通商印快线网络科技有限公司
787mm×1092mm 1/16 印张12½ 字数307千字 2020年10月北京第2版第5次印刷

购书咨询：010-64518888　　售后服务：010-64518899
网 址：http://www.cip.com.cn
凡购买本书，如有缺损质量问题，本社销售中心负责调换。

定 价：28.00元

前言

化工生产处理的物质往往具有易燃、易爆、腐蚀性强和有毒害物质多等特点，且生产装置趋向大型化，一旦发生事故，波及面很大，对国民经济及所在地区的人民安全带来难以估计的损失和灾害。因此化工安全的意义十分重大，是化工生产管理的重要部分。

操作工是石油化工生产的主体工种，具体、直接地操作装置生产产品，在机械、电工、仪表和分析检验等工种中起着核心主导作用。为了保证生产过程的安全操作，操作工应该认真学习和掌握基本的安全知识、技能和生产安全要求。

本书是"'十二五'职业教育国家规划教材"，以培养学生实践技能、职业道德及可持续发展能力为出发点，以职业能力为主线，典型工作任务为载体，真实工作环节为依托。校企联合制定课程标准，参照"化工总控工"、"燃料油生产工"职业标准中有关安全技能的具体要求，以成熟稳定的、在实践中广泛应用的技术为主，从生产操作者角度出发，使其在熟悉自身工作环境之后，首先掌握个体安全防护器材的使用，进而防止生产过程中现场中毒，防止燃烧爆炸伤害，防止现场触电伤害，防止检修现场伤害。通过装置的停车安全、临时用电作业安全、高处作业安全、进入受限空间作业安全、用火作业安全、拆卸作业安全训练，使学习者了解掌握石油化工企业计划内检修、计划外检修的安全规程，努力实现教学内容与职业岗位要求、职业考证内容相融合，突显项目导向、任务驱动、理论实践一体化的课程改革。

本书在形式和文字方面考虑到教和学的需要，按照任务介绍、任务分析、必备知识、任务实施、考核评价、归纳总结、巩固与提高等项目化课程体例格式编写，表现形式上更直观和多样，做到图文并茂。在内容安排上，注重反映石油化工生产过程的实际问题，突出应用训练，理论的阐述以满足学生理解掌握操作技能为目的，并渗透职业素质的培养。

本书是在第一版基础上修订编写而成的，本次修订主要做了以下几项工作。

1. 本书沿用了第一版教材的体例格式，对内容进行了全面补充与更新。对教材所涉及的基本概念、相关安全原理进行了必要补充，力求使教材更加系统和完整。对于安全生产中常用设备附件和涉及的相关规定、标准等内容，尽可能按照最新颁布的相关规定和标准进行修订。

2. 新增项目一"树立安全第一的理念"，具体包括任务一了解安全生产法律法规，任务二落实安全生产管理体系，任务三借鉴杜邦公司的安全文化。意在学习国家安全生产方针、政策和有关安全生产的法律、法规、规章及标准，熟悉重大事故防范、应急管理和救援组织以及事故调查处理的有关规定，强化学生的安全文化理念。

3. 在项目三中更新了任务四“中毒的急救”的心肺复苏操作流程。在项目六任务一中新增“能量隔离”，任务二由原来的“装置的安全停车”变更为“抽堵盲板作业”，任务五补充了受限空间作业时通风换气方法。

4. 完善了配套的数字化资源，建设了具有交互性、开放性、共享性和自主性的化工安全技术网络课程，其主要内容包含：电子课件、微课、实训范例、仿真操作、试题库、视频资料、文献资料和评价系统。

本书由齐向阳担任主编，苗文莉担任副主编，其中项目一由齐向阳、卢中民编写，项目二、项目三由齐向阳、晏华丹编写，项目四由苗文莉、卢中民编写，项目五由穆德恒、齐向阳编写，项目六由齐向阳、陈胜辉编写。全书由齐向阳统稿完成，并由李晓东教授主审。

辽宁石化职业技术学院和鄂尔多斯职业学院相关老师积极参与了本书的编写工作。本书的编写还得到了锦州石化公司、锦州开元石化有限责任公司、中石油北燃（锦州）燃气有限公司有关工程技术人员的大力支持，在此表示感谢！

本书在编写过程中引用了大量的规范和文献资料，参考了有关院校编写的教材，在此对有关作者表示衷心感谢。

与本书相关的《化工安全与防护三维虚拟仿真教学软件》荣获2012年全国职业院校信息化教学大赛高职教学软件一等奖。主编齐向阳主持的“信息化环境下《化工安全技术》课程改革与实践”荣获2014年职业教育国家级教学成果二等奖。为使大量丰富的教育资源能为全体学习者共享，本书配套的网络课程（http://zypt.lnpc.edu.cn/suite/solver/classView.do?classKey=8679088&menuNavKey=8679088）全面开放，欢迎大家登录使用。另外，本书还套配有内容丰富的电子课件，使用本教材的学校也可以发邮件至化学工业出版社（cipedu@163.com），免费索取。

由于编者知识、技能水平有限，加上项目化教学尚处探索阶段，本书一定有很多不足，衷心希望大家批评指正，以便予以修订，使本书渐臻成熟、完善。

编者

2014年6月

第一版前言

根据《教育部财政部关于确定“国家示范性高等职业院校建设计划”骨干高职院校立项单位的通知》（教高函［2010］27号）文件，辽宁石化职业技术学院被正式确定为第一批立项建设的国家骨干高职院校。校企合作创新石油化工生产技术专业“岗位技能递进”人才培养模式，努力实现专业人才培养规格与职业岗位标准相统一，教学内容与职业岗位要求、职业考证内容相融合。

“化工安全技术”课程组成员以培养学生实践技能、职业道德及可持续发展能力为出发点，以职业能力为主线，典型工作任务为载体，真实工作环节为依托，校企联合制定课程标准，按工作过程整合教学内容，深化项目导向、任务驱动、理论实践一体化的课程改革。

本书参照“化工总控工”、“燃料油生产工”职业标准中有关安全的具体要求，以成熟稳定的、在实践中广泛应用的技术为主，从生产操作者角度出发，在熟悉自身工作环境之后，首先掌握个体安全防护器材的使用，进而防止生产过程中现场中毒，防止燃烧爆炸伤害，防止现场触电伤害，防止检修现场伤害，通过装置的停车安全、临时用电作业安全、高处作业安全、进入受限空间作业安全、用火作业安全、拆卸作业安全训练，使学习者了解掌握化工企业计划内检修、计划外检修的安全规程。

教材在形式和文字方面考虑到教和学的需要，按照任务介绍、任务分析、必备知识、任务实施、考核评价、归纳总结、巩固与提高等项目化课程体例格式编写，表现形式上更直观和多样性，做到图文并茂。在内容安排上，注意反映石油化工生产过程的实际问题，突出应用训练，理论的阐述以满足学生理解掌握操作技能为目的，并渗透职业素质的培养。

本书编写过程中得到了锦州石化公司安全处和蒸馏车间工程技术人员的大力支持，在此表示感谢！

本书在编写过程中，由于编者能力所限，加上原有教材体系的变化，并且统稿时间匆忙，一定有很多不足之处，衷心希望读者批评指正。

编者

2012年1月8日

目录

项目一 树立安全第一的理念 1

任务一 了解安全生产法律法规 …… 1
任务二 落实安全生产管理体系 …… 6
任务三 倡导企业安全文化 …… 11
考核与评价 …… 16
归纳总结 …… 16
巩固与提高 …… 17

项目二 安全防护用品的使用 20

任务一 选择和佩戴安全帽 …… 20
任务二 选择和使用呼吸器官防护用品 …… 24
任务三 选择和使用眼面部防护用品 …… 29
任务四 选择和使用听觉器官防护用品 …… 33
任务五 选择和使用手套 …… 36
任务六 选择和使用躯体防护服 …… 40
任务七 选择和使用足部防护用品 …… 43
任务八 选择和使用安全带 …… 47
考核与评价 …… 55
归纳总结 …… 57
巩固与提高 …… 58

项目三 防止现场中毒伤害 60

任务一 了解石油化工常见危险化学品 …… 60
任务二 辨识工业毒物 …… 68
任务三 预防工业中毒 …… 73
任务四 中毒的急救 …… 76
任务五 职业危害因素的综合治理 …… 80

考核与评价 …… 83
归纳总结 …… 86
巩固与提高 …… 86

项目四 防止燃烧爆炸伤害 90

任务一 了解石油化工燃烧爆炸的特点 …… 90
任务二 选择灭火剂 …… 95
任务三 使用灭火器 …… 99
任务四 扑救生产装置初起火灾 …… 105
任务五 防火防爆的安全措施 …… 108
考核与评价 …… 113
归纳总结 …… 115
巩固与提高 …… 116

项目五 防止现场触电伤害 120

任务一 安全用电 …… 120
任务二 预防电气火灾 …… 125
任务三 触电急救 …… 128
任务四 消除静电 …… 134
任务五 预防雷电伤害 …… 142
考核与评价 …… 147
归纳总结 …… 151
巩固与提高 …… 152

项目六 防止检修现场伤害 155

任务一 生产装置检修的安全管理 …… 155
任务二 抽堵盲板作业 …… 161
任务三 临时用电作业 …… 165
任务四 高处作业 …… 170
任务五 进入受限空间作业 …… 175
任务六 用火作业 …… 180
考核与评价 …… 186
归纳总结 …… 188
巩固与提高 …… 189

参考文献 192

项目一 树立安全第一的理念

任务一 了解安全生产法律法规

任务介绍

某精细化工厂厂房是一座四层楼的钢筋混凝土建筑物。一楼的一端是车间，另一端为原材料库房，库房内存放了木材、海绵和涂料等物品。车间与原材料库房用铁栅栏和木板隔离。搭在铁栅栏上的电线没有采用绝缘管穿管绝缘。二楼是包装室、化验室及办公室。三楼为成品库，四楼为职工宿舍。原材料库房电线短路产生火花引燃库房内的易燃物，发生了火灾爆炸事故，导致 2 人死亡、17 人受伤。

分析上述事故案例，启动调查程序，解决如下问题：

① 该精细化工厂违反了哪些安全生产法律？

② 事故发生后，该厂负责人应当做什么、不得做什么？

③ 事故调查组应由哪些部门组成？调查组的主要职责是什么？

任务分析

要完成本课程的学习任务，前提是要了解国家安全生产方针、政策和有关安全生产的法律、法规、规章及标准；熟悉重大事故防范、应急管理和救援组织以及事故调查处理的有关规定。然后才能按照安全生产法律法规、标准规范、规章制度、操作规程等的规定来解决实际问题。

一般情况下，出现安全事故后，要对事故按轻重进行分类，给事故定性，同时要成立调查小组，邀请技术专家和相关当事人参加。事故调查要公平公正，不能由个人单独进行调查，否则调查结果不可信。

事故调查基本程序见图 1-1。

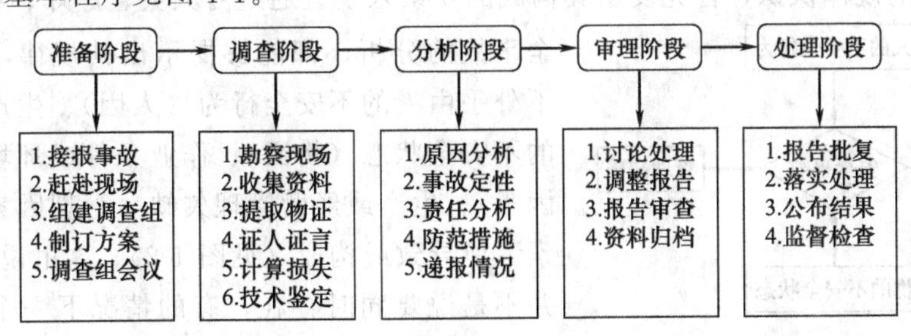

图 1-1 事故调查基本程序

必备知识

一、基本概念

危险是指易于受到损害或伤害的一种状态。

事故隐患泛指生产系统中可导致事故发生的人的不安全行为、物的不安全状态和管理上的缺陷。按危害和整改难度，分为一般事故隐患和重大事故隐患。

事故是指造成人员死亡、伤害、职业病、财产损失或其他损失的意外事件。

事故隐患是事故发生的前提，而事故发生是事故隐患的结果。发生事故一定是由于存在事故隐患造成的；但并不是说，所有的事故隐患一定会导致事故的发生。

按照导致事故发生的原因，企业工伤事故被分成20类：物体打击、车辆伤害、机械伤害、起重伤害、触电、淹溺、灼烫、火灾、高处坠落、坍塌、冒顶片帮、透水、放炮、煤气爆炸、火药爆炸、锅炉爆炸、容器爆炸、其他爆炸、中毒和窒息及其他伤害。

按造成的人员伤亡或者直接经济损失，将事故分为特别重大事故、重大事故、较大事故、一般事故，事故分级见表1-1。

表1-1 事故分级

事故分级	含 义
特别重大事故	造成30人以上死亡，或者100人以上重伤(包括急性工业中毒，下同)，或者1亿元以上直接经济损失的事故
重大事故	造成10人以上30人以下死亡，或者50人以上100人以下重伤，或者5000万元以上1亿元以下直接经济损失的事故
较大事故	造成3人以上10人以下死亡，或者10人以上50人以下重伤，或者1000万元以上5000万元以下直接经济损失的事故
一般事故	造成3人以下死亡，或者10人以下重伤，或者1000万元以下直接经济损失的事故

安全泛指没有危险、不出事故的状态，即“无危则安，无缺则全”。

本质安全是指通过设计等手段使生产设备或生产系统本身具有安全性，即使在误操作或发生故障的情况下也不会造成事故。具体包括失误-安全（误操作不会导致事故发生或自动阻止误操作）、故障-安全功能（设备、工艺发生故障时还能暂时正常工作或自动转变安全状态）。

安全生产是为了使生产过程在符合物质条件和工作秩序下进行，防止发生人身伤亡和财产损失等生产事故，消除或控制危险、有害因素，保障人身安全与健康、设备和设施免受损坏、环境免遭破坏的总称。

安全事故的规律认识，首先要从其构成的要素入手。通过对火灾、爆炸、中毒等各类安全事故的分析，都能够揭示出其规律，即安全事故不外乎由人的不安全行为（人因）、生产或技术系统的不安全状态（物因）、作业条件或环境不良（环境因素）、生产或经营管理欠缺（管理因素）等“四要素”所导致或构成（见图1-2）。这里说的四个要素，并不是说要同时存在，有的情况下一个要素就足够引发一起事故。这四个要素当中，从原因上讲，人

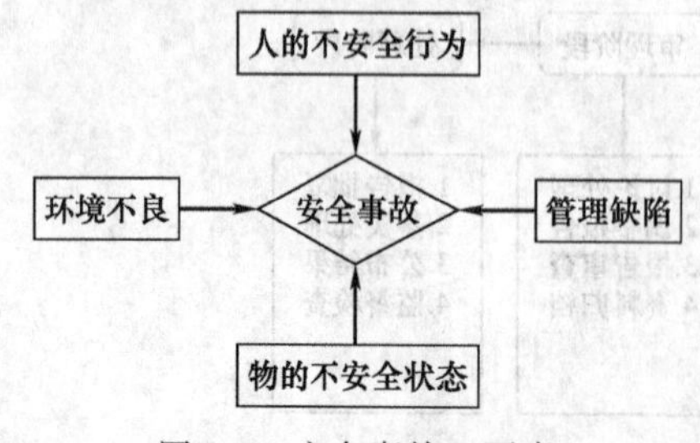

图1-2 安全事故四要素

的因素是最重要的。人的因素直接地讲就是作业人员或操作者违章或出差错。深入、细致地分析技术、环境、管理的因素，归根结底还是人的因素，如技术设计不合理、安全规范标准质量不到位等技术原因，现场管理不善、政府监管不力等管理原因，都是相关人员安全不作为或作为不良的结果。

二、我国安全生产法律体系的发展

我国安全生产法律法规从起源到较健全大致经历了四个阶段，具体见表 1-2。

表 1-2　我国安全生产法律体系的发展

阶段	时间	体系建设
第一阶段(初建时期)	1949～1958 年	1956 年 5 月，国务院正式颁布了"三大规程"等法规和规章，使对安全生产一些基本问题的处理，初步有了法律依据
第二阶段(调整时期)	1958～1966 年	随着社会主义改造的不断深入和计划经济建设的展开，全国开展了安全生产大检查，开展安全生产教育、严肃处理伤亡事故、加强安全生产责任制等工作，这是安全生产工作的良好起步阶段
第三阶段(动乱时期)	1966～1978 年	工业生产秩序混乱，劳动纪律涣散，安全生产工作出现倒退，伤亡事故急剧上升，这是安全生产工作遭受破坏和倒退的阶段
第四阶段(恢复发展时期)	1978～1998 年	国家技术监督局加快了安全生产方面的国家标准的制定进程，先后制定、颁布了一系列劳动安全卫生的国家标准。1994 年 7 月 5 日八届人大八次常务会议通过了《中华人民共和国劳动法》；另外国家还制定了《矿山安全法》《煤炭法》《乡镇企业法》《消防法》等相关的法律、法规

三、安全生产相关法律法规

安全生产法律法规是调整社会生产经营活动中所产生的同劳动者或生产人员的安全与健康，以及生产资料和社会财富安全保障有关的各方面关系和行为的法律规范的总称。

根据我国立法体系的特点，以及安全生产法规调整的范围不同，安全生产法律法规体系由若干层次构成（如图 1-3 所示）。按层次由高到低为：国家根本法、国家基本法、劳动综合法、安全生产与健康综合法、专门安全法、行政法规、安全标准。宪法为最高层次，各种安全基础标准、安全管理标准、安全技术标准为最低层次。

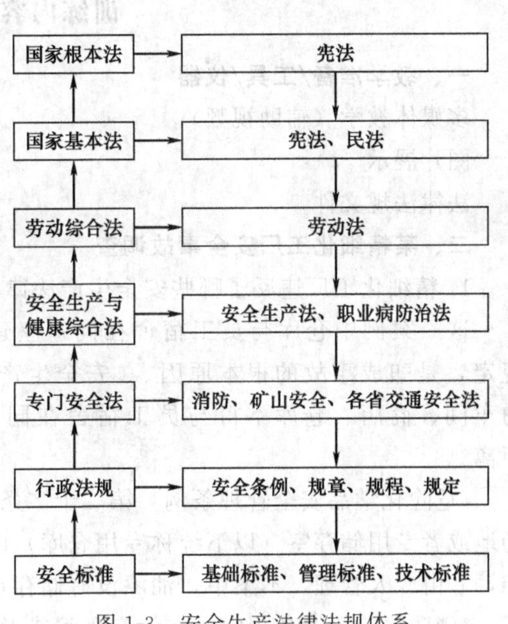

图 1-3　安全生产法律法规体系

安全生产法律法规是党和国家的安全生产方针政策的集中表现，是上升为国家和政府意志的一种行为准则。有了各种安全生产法律法规，才可以使安全生产做到有法可依、有章可循。谁违反了这些法律法规，无论是单位还是个人，都要负法律责任。

① 法律。由全国人大及其常委会制定。如：《安全生产法》《消防法》《职业病防治法》等。

② 法规。由国务院发布，包括有立法权机构——省、自治区、直辖市人民代表大会及其常务委员会和地方政府在不同宪法、法律、行政法规相抵触的前提下制定的。如《危险化学品管理条例》《北京市安全生产条例》等。

③ 规章。由国务院各部委等和具有行政管理职能的直属机构，省、自治区、直辖市和较大的市的人民政府制定的。如《劳动防护用品监督管理规定》《安全生产违法行为行政处罚办法》等。

④ 国家标准。由国家质量监督检疫总局发布。如《重大危险源辨识》《危险货物品名表》等。

《安全生产法》是我国第一部全面规范安全生产的专门法律，在安全生产法律法规体系中占有极其重要的地位。它是我国安全生产法律体系的主体法，是各类生产经营单位及其从业人员实现安全生产所必须遵循的行为准则，是各级人民政府及其有关部门进行监督管理和行政执法的法律依据，是制裁各种安全生产违法犯罪行为的有力武器。

我国安全生产法律法规具有以下特点：

① 保护的对象是劳动者、生产经营人员、生产资料和国家财产。

② 安全生产法律法规具有强制性的特征。

③ 安全生产法律法规涉及自然科学和社会科学领域，因此，安全生产法律法规既具有政策性特征，又具有科学技术性特征。

任务实施

训练内容　案例分析

一、教学准备/工具/仪器

多媒体教学（辅助视频）

图片展示

法律法规文件

二、某精细化工厂安全事故调查

1. 精细化工厂违反了哪些安全生产法律？

这一案例中仓库与员工宿舍在同一座建筑物内，违反了《安全生产法》第三十四条规定，是酿成事故的根本原因。《安全生产法》规定生产、经营、储存、使用危险物品的车间、商店、仓库不得与员工宿舍在同一座建筑物内，并应当与员工宿舍保持安全距离。

《危险化学品安全管理条例》第二十二条要求，危险化学品必须储存在专用仓库、专用场地或者专用储存室（以下统称专用仓库）内，储存方式、方法与储存数量必须符合国家标准，并由专人管理。本案中，油漆没有储存在专用仓库中。

《消防法》第七条规定，在设有车间或者仓库的建筑物内，不得设置员工集体宿舍。已经设置的，应当限期加以解决。对于暂时确有困难的，应当采取必要的消防安全措施，经公安消防机构批准后，可以继续使用。本案中，精细化工厂厂长作为企业的主要负责人，对企业的安全生产管理工作负有全面责任，应当为这起事故承担责任。

《安全生产法》规定了各类从业人员必须享有的、有关安全生产和人身安全的最重要、最基本的权利和从业人员应尽义务。具体见表 1-3。

表 1-3 《安全生产法》规定的从业人员基本权利与义务

基本权利	应尽义务
1. 获得安全保障、工伤保险和民事赔偿的权利 2. 得知危险因素、防范措施和事故应急措施的权利 3. 对本单位安全生产的批评、检举和控告的权利 4. 拒绝违章指挥和强令冒险作业的权利 5. 紧急情况下停止作业和紧急撤离的权利	1. 遵章守规，服从管理的义务 2. 佩戴和使用劳动防护用品的义务 3. 接受培训，掌握安全生产技能的义务 4. 发现事故隐患及时报告的义务

本案例中从业人员无知或没有法律意识，没有使用法律武器保护安全生产和人身安全的最基本的权利。作为员工应当提高安全生产意识和法律意识，对自己的生命负责，遇有生产经营单位将员工宿舍与危险物品仓库设在同一建筑物内时，应当理直气壮地提出异议，予以抵制。这也是从这次血的事故中得出的教训之一。

2. 事故发生后，该厂负责人应当做什么、不得做什么？

按照《安全生产法》的要求，该厂负责人接到事故报告后，应当：①采取措施或启动应急预案；②组织抢救；③防止事故扩大；④减少人员伤亡和财产损失；⑤立即如实报告事故。

该厂负责人不得隐瞒不报、谎报或者拖延不报；不得故意破坏现场、毁灭有关证据。

3. 事故调查组应由哪些部门组成？调查组的主要职责是什么？

由安全生产监督管理部门、公安部门、监察部门、工会等部门组成调查组。事故调查处理应当按照实事求是、尊重科学的原则，及时、准确地查清事故原因，查明事故性质和责任，总结事故教训，提出整改措施，并对事故责任者提出处理意见。具体为：①查明事故发生的过程、人员伤亡、经济损失情况；②查明事故原因；③确定事故性质；④确定事故责任人；⑤提出事故处理意见；⑥提出防范措施。

三、某玻璃器皿生产车间安全事故调查

某企业玻璃器皿生产车间分为烧制玻璃熔液、吹制成型和退火处理三道主要工序，烧制玻璃溶液的主要装置是高 6m 的玻璃熔化池炉。烧制时，从炉顶部侧面人工加入石英砂、纯碱、三氧化二砷等原料，用重油和煤气作燃料烧至 1300～1700℃，从炉底侧面排出玻璃熔液。距炉出料口 3m 处是玻璃器皿自动吹制成型机和退火炉。

由于熔化池炉超期服役，造成炉顶内拱耐火砖损坏，烈焰冲出炉顶近 1m，炉两侧的耐火砖也已变形，随时有发生溃炉的可能。

当地政府安全生产监督管理部门在进行安全检查时，发现该炉存在重大安全隐患。

1. 当地政府安全生产监督管理部门在监督检查时依法行使哪些职权？应做出什么决定？

《安全生产法》第四章安全生产的监督管理第五十六条规定：负有安全生产监督管理职责的部门依法对生产经营单位执行有关安全生产的法律、法规和国家标准或者行业标准的情况进行监督检查，行使以下职权：

① 进入生产经营单位进行检查，调阅有关资料，向有关单位和人员了解情况；

② 对检查中发现的安全生产违法行为，当场予以纠正或者要求限期改正；对依法应当给予行政处罚的行为，依照本法和其他有关法律、行政法规的规定作出行政处罚决定；

③ 对检查中发现的事故隐患，应当责令立即排除；重大事故隐患排除前或者排除过程中无法保证安全的，应当责令从危险区域内撤出作业人员，责令暂时停产停业或者停止使用；重大事故隐患排除后，经审查同意，方可恢复生产经营和使用；

④ 对有根据认为不符合保障安全生产的国家标准或者行业标准的设施、设备、器材予以查封或扣押，并应当在十五日内依法作出处理决定。

本案中当地政府安全生产监督管理部门在监督检查时应行使现场检查权、当场处理权、紧急处置权，应当即向企业发出暂时停炉、停产的指令。

2. 根据《企业职工伤亡事故分类标准》(GB 6441—86)，该车间可能发生的事故类别有哪些？

① 坍塌：炉火烘烤房梁，引发厂房坍塌；玻璃熔化池炉耐火砖变形，熔化池炉倒塌。

② 火灾：现场使用煤气和重油。

③ 其他爆炸：现场使用煤气。

④ 机械伤害：现场使用成型机等设备。

⑤ 灼烫：玻璃熔液达 1300～1700℃高温。

⑥ 高处坠落：炉高 6m，顶部侧面有加料作业。

⑦ 物体打击：炉高 6m，顶部侧面有加料作业。

⑧ 中毒和窒息：现场使用煤气，可能发生泄漏。

⑨ 触电：现场使用电气设备，如照明等。

任务二 落实安全生产管理体系

任务介绍

某化工生产企业因效益不好，领导决定进行改革，减负增效。经研究将安全管理部门撤销，安全管理人员 8 人中，4 人下岗、4 人转岗，原安全工作转由工会中的两人负责。该企业污水车间当班操作工发现转储池 1 号抽水泵堵塞，经负责安全的人员同意，在无安全保护情况下，搬来梯子下到池底清理，连续有 5 人下到池内。结果发生毒气中毒，除 1 人经抢救脱险外，其余 4 人中毒死亡。

化工企业本来就是事故多发、危险性较大、生产安全问题比较突出的领域，更应当将安全生产放在首要位置来抓，但该企业撤销了安全管理部门，整个企业的安全工作仅仅由两名负责工会工作的人兼任，出现安全问题甚至发生事故是必然的。通过本反面案例，强调了建立和落实安全生产管理体系的重要性，那么，什么是安全生产管理体系？怎样建立和落实安全生产管理体系呢？

任务分析

安全生产是不可能自然出现的，必须有人管，有人负责。安全生产管理体系是保障企业在生产经营过程中的安全管理程序，建立安全生产管理体系宏观上实施以下五个步骤（见图 1-4）：

① 确立安全管理方针目标；

② 建立安全生产责任体系；

③ 建立安全生产管理制度；

④ 评审制度有效性；

⑤ 持续改进。

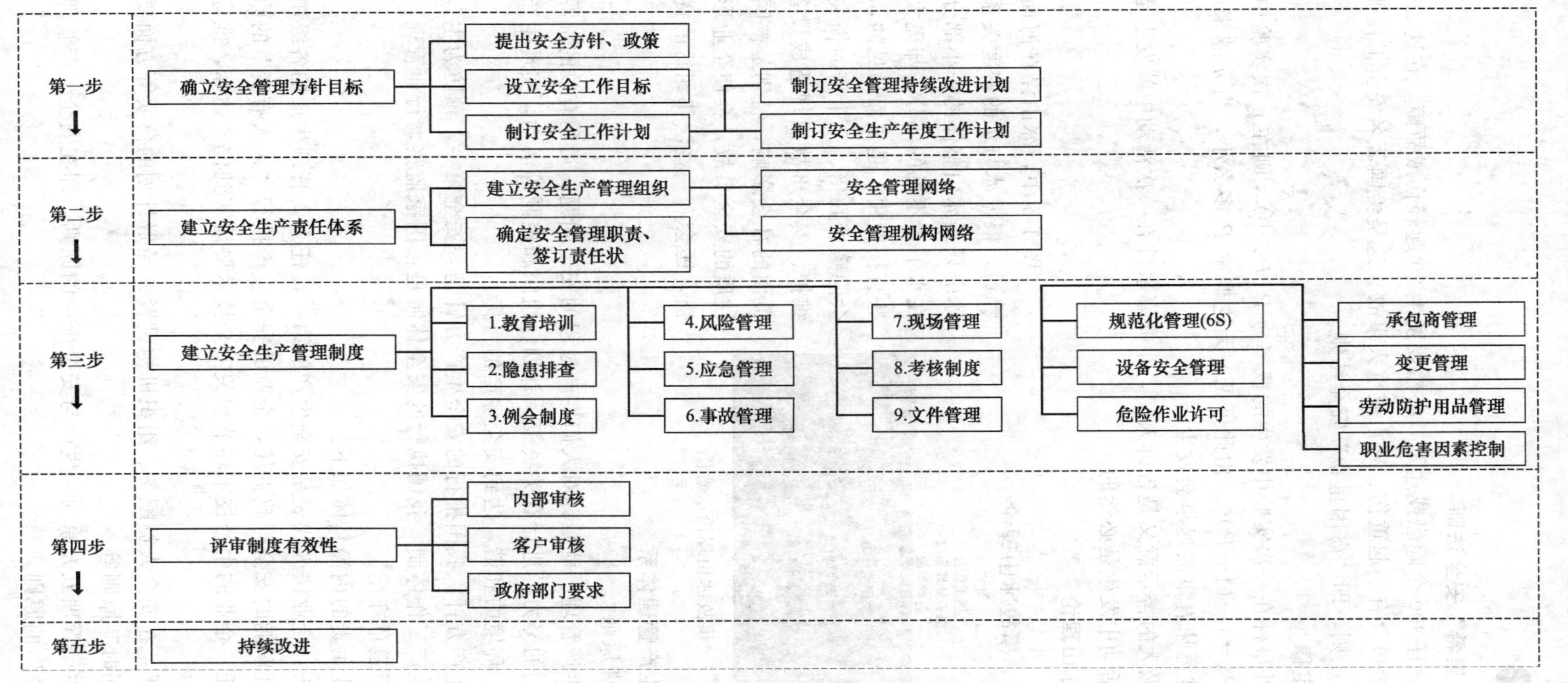

图 1-4 建立安全生产管理体系的基本步骤

必备知识

一、"海因里希"安全法则

当一个企业有300个隐患或违章，必然要发生29起轻伤或故障，在这29起轻伤事故或故障当中，必然包含有一起重伤、死亡或重大事故。这是美国著名安全工程师海因里希提出的300∶29∶1法则，即"海因里希"安全法则。

二、墨菲定律

假设某意外事件在一次实验中发生的概率为$P(P>0)$，则在n次实验中至少有一次发生的概率为：$P_n=1-(1-P)^n$。由此可见，无论概率P多么小，当n越来越大时，P_n越来越接近1，这意味着事故迟早会发生。

墨菲定律最大的警示意义是告诉人们，小概率事件在一次活动中就发生是偶然的，但在多次重复性的活动中发生是必然的。

三、事故冰山理论

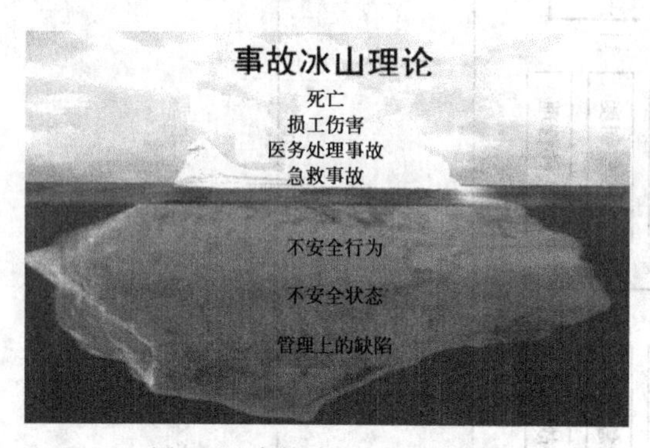

图1-5　事故冰山理论示意图

图1-5中，冰山浮在海面上，能被人们看到，根据冰与水的密度关系，浮在水面的冰山只是冰山整体的一小部分，而冰山隐藏在水下看不见的部分，却庞大得多。如同那些直接费用，是显而易见的，但是冰山下面会隐藏着几倍、几十倍的损失，例如，设备维护、安全事故出现造成设备的损坏维修、负面的社会影响，特别是被国家定义为重大性质的安全事故，会使企业形象变得非常糟糕，还会有一些法律纠纷的费用等。

四、安全生产管理体系

1. 安全管理原则

(1) 安全生产管理　就是针对人们生产过程的安全问题，运用有效的资源，发挥人们的智慧，通过人们的努力，进行有关决策、计划、组织和控制等活动，实现生产过程中人与机器设备、物料、环境的和谐，达到安全生产的目标。

(2) 安全生产方针　我国推行的安全生产方针是：安全第一，预防为主，综合治理。

(3) 安全生产工作体制　我国执行的安全体制是：国家监察，行业管理，企业负责，群众监督，劳动者遵章守纪。

其中，企业负责的内涵具体如下。

负行政责任：企业法人代表是安全生产的第一责任人，管理生产的各级领导和职能部门必须负相应管理职能的安全行政责任，企业的安全生产推行"人人有责"的原则等。

负技术责任：企业的生产技术环节相关安全技术要落实到位、达标，推行"三同时"原则等。

负管理责任：在安全人员配备、组织机构设置、经费计划的落实等方面要管理到位，推行管理的"五同时"原则等。

(4) 安全生产管理五大原则　生产与安全统一的原则，即在安全生产管理中要落实"管生产必须管安全"的原则。

三同时原则，即新建、改建、扩建的项目，其安全卫生设施和措施要与生产设施同时设计，同时施工，同时投产。

五同时原则，即企业领导在计划、布置、检查、总结、评比生产的同时，计划、布置、检查、总结、评比安全。

三同步原则，企业在考虑经济发展、进行机制改革、技术改造时，安全生产方面要与之同时规划、同时组织实施、同时投产使用。

四不放过原则，发生事故后，要做到事故原因不查清不放过、责任人员未处理不放过、整改措施未落实不放过、有关人员未受到教育不放过。

全面安全管理。企业安全生产管理执行全面管理原则，纵向到底，横向到边；安全责任制的原则是“安全生产，人人有责”“不伤害自己、不伤害他人、不被他人伤害、保护他人不受伤害”。

(5) 三负责制　企业各级生产领导在安全生产方面“向上级负责，向职工负责，向自己负责”。

(6) 安全检查制　查思想认识，查规章制度，查管理落实，查设备和环境隐患；定期与非定期检查相结合；普查与专查相结合；自查、互查、抽查相结合。

2. 安全管理的主要内容

安全生产管理的目标是：减少和控制危害，减少和控制事故，尽量避免生产过程中由于事故所造成的人身伤害、财产损失、环境污染以及其他损失。

安全生产管理包括安全生产法制管理、行政管理、监督检查、工艺技术管理、设备设施管理、作业环境和条件管理等。

安全生产管理的基本对象是企业的员工，涉及企业中的所有人员、设备设施、物料、环境、财务、信息等各个方面。

安全生产管理的内容包括：安全生产管理机构和安全生产管理人员、安全生产责任制、安全生产管理规章制度、安全生产策划、安全培训教育、安全生产档案等。

安全生产管理是全过程管理、全方位管理、全员管理。安全生产管理的主体是人，被管理（客体）也是人，所以说，能否实现安全生产的管理目标就是要看人在管理中所发挥的作用。

任务实施

训练内容　事故应急预案编制案例分析

一、教学准备/工具/仪器

多媒体教学（辅助视频）

图片展示

法律法规文件

二、某化工厂事故应急预案编制案例分析

某化工厂的原料、中间产品有火灾、爆炸、中毒的危险性，生产的最终产品有氯气和其他化工产品。生产工艺单元有：原料库房、氯气库房、产品库房、生产一车间和生产二车间，厂区周围有居民住宅和其他工厂。企业在建设安全生产管理体系过程中，需编制事故应急预案。厂长甲将事故应急预案的编制工作交给了厂调度室主任丙。丙用业余时间独立将事故应急预案编制完成，并直接交给厂长甲。厂长甲审查了事故应急预案。

① 本厂安全生产方针为安全第一，预防为主。事故应急预案中的“一旦事故发生，全厂员工应优先保护重要生产设备，救助他人”的应急原则，体现了保护企业财产，爱厂如家的奉献精神。

②“应急救援领导小组组长为主管生产安全的副厂长乙”，体现了谁主管谁负责的原则。

③“当发生重大氯气泄漏时由厂外消防部门向周围居民发出警报”，体现了生产不扰民的原则。

④“启动事故应急预案后，厂长甲应立即向当地安全生产监管部门、环境保护部门两个部门报警的程序”，符合要求，可操作性强。

⑤“每五年组织一次综合应急预案演练或者专项应急预案演练，每两年组织一次现场处置方案演练”，体现了“企业重点工作为生产发展、技术改造”。

厂长甲当场同意并让主任丙立即将事故应急预案打印发布。

1. 分析该厂在落实安全生产管理体系，事故应急预案编制过程中的不足或不正确的做法。

企业落实安全生产管理体系过程中：①认真贯彻落实国家有关安全生产的法律法规和标准技术规范；②学习借鉴先进的企业安全管理理念、管理方法和管理体系；③建立涵盖企业生产经营全方位的，包括经营理念、工作指导思想、标准技术文件、实施程序等一整套安全管理文件、目标计划、实施、考核、持续改进的全过程控制的安全管理科学体系。

事故应急预案编制包括准备工作和预案编制两部分，其中准备工作包括：

① 全面分析本单位的危险源及其导致的危险有害因素、可能发生的事故类型及其危害程度；

② 排查事故隐患的种类、数量和分布情况，并在隐患治理的基础上，预测可能发生的事故类型及其导致后果；

③ 确定重大事故危险源，进行风险评估或评价；

④ 针对重大危险源（含事故隐患），采取可靠的控制措施；

⑤ 客观评价本单位的应急能力；

⑥ 充分借鉴国内外先进的风险控制经验，吸取事故教训，采纳安全可靠的风险控制措施。

预案编制工作包括：

① 成立应急救援预案编制工作组；

② 资料收集；

③ 危险源的识别、风险分析和风险控制措施的策划；

④ 应急能力评估；

⑤ 进行预案编制；

⑥ 预案的评审与发布。

该厂事故应急预案编制过程中的不足或不正确地方是没有按照编制程序进行，没有成立编制工作组，应急预案不能由主任丙一个人编写，预案未经评审就发布。

2. 分析该厂事故应急预案存在的问题，并提出改进意见。

① 安全生产方针问题改为“安全第一，预防为主，综合治理”。应急原则问题（优先保

护重要生产设备，救助他人）改为“优先救助人员”。

② 应急领导小组组成问题改为“应急指挥组组长是厂长，副组长是副厂长”。

③ 警报原则（厂外公安消防部门通知附近居民，发出警报）改为“工厂直接向周围居民发出警报”。

④ 报警程序问题（只报告了 2 个部门：“安监部门”和“环保部门”）改为“启动应急救援预案后应该同时报告公安、质检部门”。

⑤ 应急预案演练时间问题改为“每年至少组织一次综合应急预案演练或者专项应急预案演练，每半年至少组织一次现场处置方案演练”。

任务三 倡导企业安全文化

任务介绍

“短期安全靠运气，中期安全靠管理，长期安全靠文化。”杜邦公司被公认为工作场所安全管理的领导者，其安全记录比美国工业平均水平高 10 倍，杜邦员工在工作场所比在家里安全 10 倍，超过 60%的杜邦工厂实现了“零”伤害，是全球安全管理记录最好的工业企业之一。杜邦甚至已经成为“安全”的代名词，杜邦公司的安全管理已经具备了品牌价值。以上所有的成绩与杜邦建立的安全理念和安全文化有着密切联系。

从以下几个细节可见杜邦的安全文化：

① 杜邦的员工把汽车停进停车场时，一律所有的车头都是朝道路的，突发事件使用时省去掉头的时间；

② 放置铅笔时铅笔尖不可朝上；

③ 上下楼梯，需扶扶手；

④ 任何一场会议或培训开始前先介绍安全通道，利用五分钟的时间做个安全分享；

⑤ 杜邦公司员工外出打车，坐后排也要系安全带。有些出租车里后排没有安全带，那就一人打一辆，分别坐在前排系好安全带。外出住宿时，会向酒店前台询问，离楼层最近的房间还有没有，离安全出口最近的房间还有没有，入住时先观察安全通道。

我们不难发现，安全在杜邦公司已经上升为一种以人为主导的文化。

对于预防事故的发生，仅有安全技术手段和安全管理手段是不够的，需要用安全文化手段予以补充。他山之石，可以攻玉。杜邦安全文化和安全理念给我们带来许多启示，我们将怎样构建我国特色的安全文化模式？

任务分析

倡导安全文化，就是通过对人的观念、道德、伦理、态度、情感、品行等深层次的人文因素的强化，利用领导、教育、宣传、奖惩、创建群体氛围等手段，不断提高人的安全素质，改进其安全意识和行为，从而使人们从被动地服从安全管理制度，转变成自觉主动地按安全要求采取行动，即从“要我安全”转变成“我要安全”。

企业安全文化建设的总体模式如图 1-6 所示。

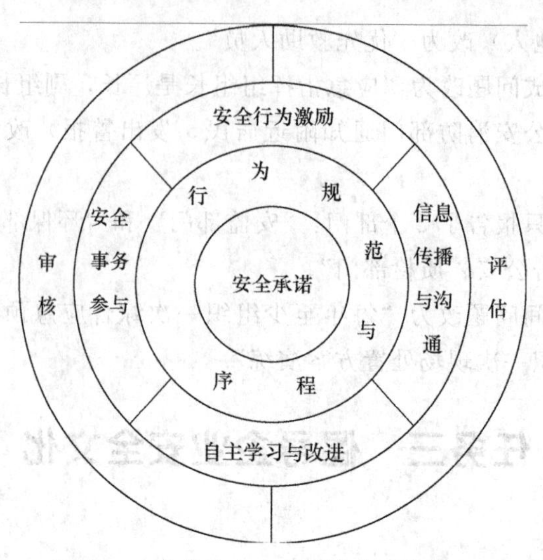

图 1-6 企业安全文化建设的总体模式

必备知识

一、基本概念

1. 企业安全文化

企业安全文化是被企业组织的员工群体所共享的安全价值观、态度、道德和行为规范组成的统一体。

2. 安全价值观

安全价值观是被企业的员工群体所共享的、对安全问题的意义和重要性的总评价和总看法。

3. 安全愿景

安全愿景是用简洁明了的语言所描述的企业在安全问题上未来若干年要实现的志愿和前景。

4. 安全使命

安全使命是简要概括出的、为实现企业的安全愿景而必须完成的核心任务。

5. 安全目标

安全目标是为实现企业的安全使命而确定的安全绩效标准，该标准决定了必须采取的行动计划。

6. 安全承诺

安全承诺是由企业公开做出的、代表了全体员工在关注安全和追求安全绩效方面所具有的稳定意愿及实践行动的明确表示。

企业应建立包括安全价值观、安全愿景、安全使命和安全目标等在内的安全承诺。安全承诺应：

① 切合企业特点和实际，反映共同安全志向；

② 明确安全问题在组织内部具有最高优先权；

③ 声明所有与企业安全有关的重要活动都追求卓越；

④ 含义清晰明了，并被全体员工和相关方所知晓和理解。

二、杜邦公司的安全文化简介

杜邦是1802年成立的以生产黑火药为主的公司。早期发生了许多安全事故，但杜邦认为，随着技术的进步、管理的提高、人的重视，这些事故一定有办法防止。为此，杜邦主要从四个方面来防止事故发生：

① 通过防护消除潜在的安全隐患，创造安全的工作环境；

② 发挥领导的表率作用，安全是杜邦管理层的权利和承诺；

③ 建立生产运作的纪律性，给管理者提供判断安全状况的依据；

④ 靠科技来改善安全管理水平，包括安全防护的设备或手段，增强员工的安全水平。

这是杜邦不断总结积累的经验，四方面同时考虑，缺一不可。到1912年，杜邦建立了安全数据统计制度，安全管理从定性管理发展到定量管理。

1. 杜邦公司的安全管理理念

（1）预防为主　一切事故都是可以预防的。

（2）管理优先　各级管理层对各自的安全负责。

（3）行为控制　不能容忍任何偏离安全制度和规范的行为。

（4）安全价值　安全生产将提高企业的竞争地位。

2. 杜邦安全文化形成经历的4个发展阶段

（1）自然本能反应阶段　处在该阶段的企业和员工对安全的重视仅仅是一种自然本能保护的反应，员工对安全是一种被动的服从，安全缺少高级管理层的参与（图1-7）。

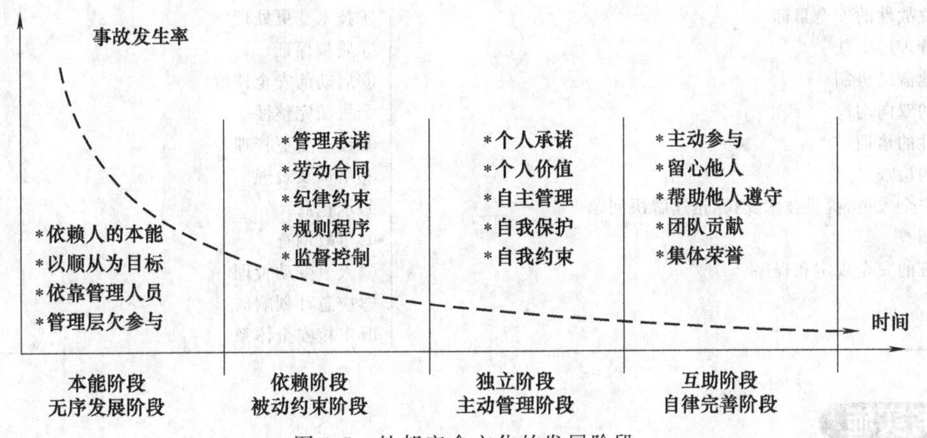

图1-7　杜邦安全文化的发展阶段

（2）严格监督阶段　处在该阶段的安全行为特征是：各级管理层对安全责任做出承诺。员工被动地执行安全规章制度，管理人员严格监管员工的工作，保证生产安全。

（3）独立自主管理阶段　此阶段企业已具有良好的安全管理体系，安全意识深入人心，把安全视为个人成就。

（4）团队互助管理阶段　此阶段员工不但自己遵守各项规章制度，而且帮助别人遵守，不但观察自己岗位上的不安全行为和条件，而且留心观察其他岗位上的员工。把自己掌握的安全知识和经验分享给其他同事。关心其他员工，提醒安全操作。员工将安全作为一项集体荣誉。

3. 杜邦公司安全管理的基本理论

杜邦公司安全管理的基本理论见表1-4。

表 1-4 杜邦公司安全管理的基本理论

名称	内容
杜邦公司安全管理基本理论	①所有的安全事故是可以预防的 ②各级管理层对各自的安全直接负责 ③所有安全操作隐患是可以控制的 ④安全是被雇佣的一个条件 ⑤员工必须接受严格的安全培训 ⑥各级主管必须进行安全检查 ⑦发现安全隐患必须及时整改 ⑧工作外的安全和工作安全同样重要 ⑨良好的安全就是一门好的生意 ⑩员工的直接参与是关键

4. 杜邦公司建立的安全管理行为和工艺要素

杜邦公司把安全管理体系分为十二个行为安全要素和十四个工艺安全要素（见表 1-5）。他们总结为员工的不安全行为因素和工艺不安全因素造成的安全事故比例大约在 4∶1。

表 1-5 杜邦公司建立的安全管理行为和工艺要素

十二个行为安全要素	十四个工艺安全要素
①显而易见的管理层承诺	①工艺安全信息
②切实可行的政策	②工艺危害分析
③要有综合性的安全组织	③操作程序和安全惯例
④要有挑战性的安全目标	④技术变更处理
⑤直线管理层责任	⑤质量保证
⑥有效地激励机制	⑥启动前安全评价
⑦有效的双向沟通	⑦机械完整性
⑧持续性的培训	⑧设备变更管理
⑨有效的检查	⑨培训及表现
⑩专业安全人员，提供技术支持，迅速解决问题	⑩承包商
⑪事故调查	⑪事故调查
⑫高标准的安全规定和程序	⑫人事变动管理
	⑬应急计划响应
	⑭审核安全体系

任务实施

训练内容 借鉴杜邦的安全文化和理念，完善企业安全管理体系

一、教学准备/工具/仪器

多媒体教学（辅助视频）

图片展示

法律法规文件

二、大庆油田化工有限公司轻烃分馏分公司以大庆精神、铁人精神为得天独厚的文化底蕴，以杜邦、BP、拜耳、米其林等企业为借鉴，结合自身实际建设安全文化；以人性化管理为理念、精细化管理为手段，宏微并重地建设安全文化；以 HSE、ISO14000、OHSAS18000 等管理体系为依托，科学规范地建设安全文化，逐步构建了以“以人为本、精细管理、预防为主、全员参与”为内涵的企业安全文化，成为国家安全生产总局授予的“全国

安全文化建设示范企业”。

该企业是如何营造出浓厚的安全文化氛围的，是怎样将安全管理提升到文化层面的？

大庆油田化工有限公司轻烃分馏分公司组建于1992年，装置以油田轻烃为原料，生产液化石油气、工业混合烷和戊烷系列发泡剂等14种产品。由于从原料到产品均属于易燃易爆的危险化学品，企业的安全问题一直是头等大事。多年来实施的“细节决定成败，精细才能安全”等理念已融入人心，企业以人为本的安全文化建设受到了业界的一致好评。

1. 坚持“以人为本”，筑牢安全管理基石

实施“三个融入”，营造出了浓厚的安全文化氛围。实施理念融入、关爱融入和情感融入，“安全拥有高于一切的优先权”“细节决定成败，精细才能安全”“一切事故都是可以控制和避免的”等理念已深入人心。

2. 落实“精细管理”，养成安全行为习惯

推出“五精”管理，实施精细交接、精细操作、精细巡检、精细维护、精细检修。制定了“八不交接”制度，制作了《交接确认卡》，按照班长、运行工程师、主操、副操四个角色规范交接内容，要求交班人员和接班人员同时现场确认，使岗位员工对装置安全运行管理的责任感明显增强。归纳提炼出了“快、慢、细、微”的精细操作法，四精四保管理法等不同岗位的生产操作方法，制定了“六必六要”巡检制度，采取了“立体交叉巡检法”，做到巡检时间相互交叉、巡检内容相互补充、巡检质量相互监督。

为继续深化“五精”管理经验，形成精细管理长效机制，还相继出台了《“五精”管理晋级考核实施方案》《标准化工作推进方案》等一系列方案和措施，坚持“五精”管理规范化、卡片化、可视化、特色化和“达标、创优、标杆”三级联创管理，构建了“五精”管理长效机制。

3. 强化“预防为主”，提高本质安全水平

一是通过运用现代科技手段，体现“预防为主”。在装置区重点生产要害部位安装视频监控。

二是通过技术改造和科研攻关，实现“预防为主”。完善三级防控体系。

三是通过创新管理理念，形成“预防为主”管理机制。执行《发现事故隐患奖励办法》，号召每一名员工“像寻宝一样查找安全隐患”。

4. 发动“全员参与”，延伸安全网络触角

一是安全文化进车间。每年发的第一个文件是安全文件，召开的第一个会议是安全会议，每年在职代会上签订《安全环保责任书》，进行安全生产述职，每年举办“安全文化节”。

二是安全文化进班组。坚持班组安全理念课，建立“一月一评比、一月一考核、一月一奖励”的“五型”班组“三个一”考评管理机制，举办了班组长培训班，用优秀班组长的名字命名基层班组。

三是安全文化进岗位。组织员工编写了巡检小歌谣、安全小故事、安全文化周历、事故案例台历、《我所经历的一次安全事故集》。组织了“精细操作DV大赛”“争做岗位讲解员”“我最喜欢的安全漫画”评选等活动。建设816.4m长的安全文化墙，每年举办一次技能大赛。

四是安全文化进家庭。开展以安全为主题的员工、家人恳谈会，签订《安全互保协议书》，为家人发放各类安全文化手册，向家人通报员工在岗“三违”情况，获得家人对企业

安全管理的理解和支持。

考核与评价

1. 资料准备

回顾2013年，安全生产事故频频发生，从上半年黑龙江中储粮林甸直属库火灾、辽宁中石油大连石化分公司油渣罐爆炸、吉林宝源丰禽业公司火灾，到2013年11月22日，青岛中石化黄潍输油管线泄漏引发重大爆燃事故，安全生产形势严峻且不容乐观。主要原因体现在：一是一些企业经营者安全意识淡薄，不能正确处理发展经济与安全生产的关系，长期存在侥幸心理、麻痹大意，违章指挥、冒险作业。二是一些企业不认真履行安全生产主体责任，规章制度形同虚设，重大隐患长期得不到有效解决。三是一些单位安全教育滞后，高危行业人员技能素质不高，安全投入欠账较多，安全设施不健全……

2. 要求

① 借助网络、报纸杂志和图书资料，加深对安全生产管理的理解，围绕本课程教学内容，阐述树立安全第一的理念。

② 结合安全生产现状和实际，围绕“安全第一，预防为主，综合治理”这一主题，撰写一篇有关安全方面的论文，字数在2000字左右。

③ 评分标准见表1-6。

表1-6 评分标准

项目	评分标准	分数	总计
主题内容	符合国家法律法规和安全生产政策、方针，有针对性，有理有据，说服力强	20	45
	符合现代化工企业安全管理实际	10	
	内容符合主题要求，数据准确，实例典型	5	
	标题醒目、新颖	10	
体裁结构	文体明确，文眼明显，线索脉络清晰	5	15
	文章层次分明、结构合理	5	
	布局严谨、完整、自然	5	
语言表达	语言通顺流畅、符合逻辑	5	20
	安全术语使用准确得当，无歧义	5	
	写作技巧运用合理	5	
	独立完成无抄袭，字数符合要求、详略得当	5	
创新和亮点	结合化工安全技术教学内容，对后续学习有一定指导意义	10	20
	对安全文化理解较深入	5	
	见解独特	5	

归纳总结

安全管理是以国家的法律、规范、条例和安全标准为依据，采取各种手段，对企业的安全状况实施有效制约的一种活动。

化工过程安全管理的主要内容和任务包括：收集和利用化工过程安全生产信息；风险辨识和控制；不断完善并严格执行操作规程；通过规范管理，确保装置安全运行；开展安全教育和操作技能培训；严格新装置试车和试生产的安全管理；保持设备设施完好性；作业安全管理；承包商安全管理；变更管理；应急管理；事故和事件管理；化工过程安全管理的持续改进等。

《企业安全文化建设评价准则》(AQ/T 9005—2008) 将安全文化建设水平划分为6个阶段：

第一阶段为本能反应阶段；

第二阶段为被动管理阶段；

第三阶段为主动管理阶段；

第四阶段为员工参与阶段；

第五阶段为团队互助阶段；

第六阶段为持续改进阶段。

巩固与提高

一、简述题

1. 什么是事故？
2. 什么是事故隐患？
3. 什么是危险？
4. 什么是本质安全？
5. 我国安全生产的方针是什么？
6. 安全承诺的基本内容有哪些？
7. 什么是“三违”现象？
8. 什么是“四不放过”原则？
9. 我国现行的安全管理体制是什么？
10. 从业人员在安全生产方面的权利和义务有哪些？

二、填空题（见图1-8～图1-10）

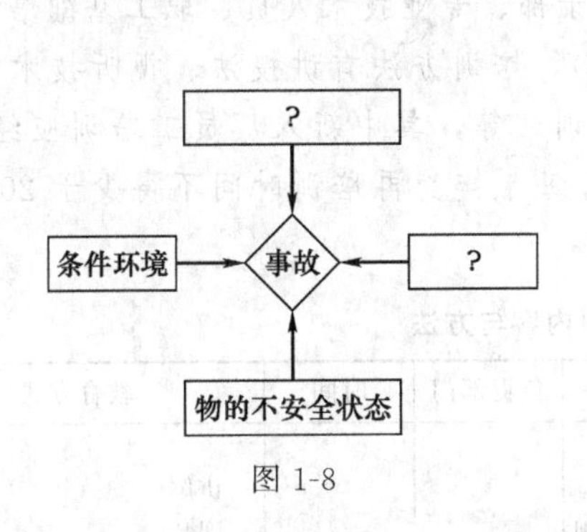

图1-8

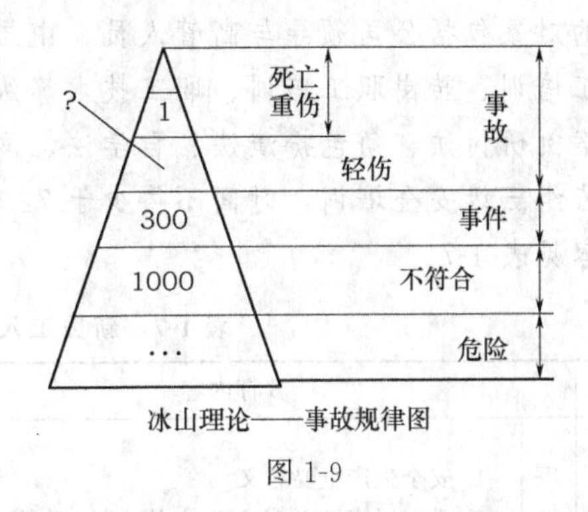

图1-9

三、某化学品经营企业从化工厂购进10t氢氧化钠（固碱），存放在一座年久失修的库房中。一天夜里下大雨，库房进水，部分氢氧化钠泡在水中并顺水流入地沟。

1. 单项选择题

(1) 仓库保管员发现后，应(　　)。

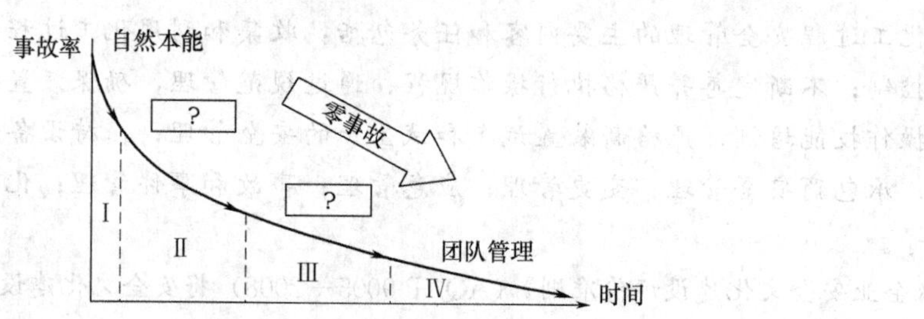

杜邦企业安全文化建设与工业伤害防止和员工安全行为模型

图 1-10

A. 及时报告单位主管领导　　B. 请示启动应急预案
C. 自行处理　　D. 及时报告公安部门
(2) 应急预案第一部分应该是（　　）。
A. 准备程序　　B. 基本应急程序　　C. 预案概况　　D. 预防程序
(3) 应急预案应包括（　　）。
A. 组织机构及其职责　　B. 通告程序和报警系统
C. 培训与演练计划　　D. 事故责任认定
(4) 在应急救援行动中，原则是（　　）。
A. 抢救物质优先　　B. 员工和应急救援人员的安全优先
C. 防止事故扩大优先　　D. 保护环境优先

2. 简答题

(1) 如果你是国家安全生产监督检查人员，在检查这一现场时，你要重点检查什么？

(2) 如果氢氧化钠已经流入当地河流，除了向安全生产监督管理部门报告以外，还必须向什么部门报告？

(3) 对每起事故进行分析时，通常都分析直接原因和间接原因，那么怎样区分直接原因和间接原因呢？

四、阅读资料

建立企业安全文化，安全教育是关键，安全教育培训是重要手段。石化企业开展员工安全教育的对象包括公司领导与高管人员、中层管理干部、专业技术人员、职工基础培训（新入厂员工培训、转岗职工培训、职工技术等级培训），培训方法有讲授法、视听技术法、讨论法、案例研讨法、角色扮演法、自学法、网络培训法等，其中新入厂员工培训应经过厂、车间、班组三级安全培训，时间不得少于72学时，每年接受再培训时间不得少于20学时。具体内容见表1-7。

表 1-7　新员工入厂培训内容与方法

教育对象	教育内容		负责部门	时间	教育方式
新员工	厂级安全教育	1. 安全生产重要意义 2. 党和国家有关安全生产的方针、政策、法规、规定、制度和标准 3. 一般安全知识，本厂生产特点，重大事故案例 4. 厂规厂纪以及入厂后的安全注意事项，工业卫生和职业病预防等	安技部门	4～16h	讲解 图片 录像 事故案例 经考试合格方可分配到车间及单位

续表

教育对象	教育内容		负责部门	时间	教育方式
新员工	车间级安全教育	1. 车间生产特点、工艺流程、主要设备的性能 2. 安全技术规程和安全管理制度 3. 主要危险和危害因素、事故教训、预防工伤事故 4. 职业危害的主要措施及事故应急处理措施等	生产车间	16～32h	讲解 图片 录像 事故案例 现场操作 经考试合格方可分配到工段、班组
	班组级安全教育	1. 岗位生产任务、特点，主要设备结构原理、操作注意事项 2. 岗位责任制和安全技术规程 3. 事故案例及预防措施 4. 安全装置和工（器）具、个人防护用品、防护器具、消防器材的使用方法等	生产班组	16～32h	讲解 图片 录像 事故案例 现场操作 经考试合格方准到岗位学习

项目二 安全防护用品的使用

任务一 选择和佩戴安全帽

任务介绍

在某生产车间工艺岗位的巡检路线正上方，有一个管线的放空阀门，后来有人在该阀门下加了一节40cm左右的短管，因为习惯的原因，有部分巡检人员往往记不住该阀门已加了短管，在深夜巡检时，经常能听到安全帽被撞的“咣”的声音。这节短管撞坏了不少巡检人员的安全帽。如果巡检人员不戴安全帽，结果会是如何？

某施工单位在罐区改造过程中，罐顶作业人员的工具未抓牢掉下来，砸坏了正在下边作业人员甲的安全帽，然后继续掉落砸到乙的手上，乙的手当时血流如注。如果甲当时不戴安全帽，结果会是如何？

某化工车间的一次检修中，新员工乙被安排拆卸一块压力表。这块压力表在一个离地面两米多高、刚好能站一个人的容器顶部。乙在未系紧安全帽的下颌绳、未给别人打招呼的情形下，就独自上去拆卸，由于缺乏防护措施，方法不当，从容器顶上摔下来的同时安全帽瞬间飞了出去，头部撞在附近的一个设备上……如果乙当时把安全帽下颌绳系紧，结果会是如何？

在要求佩戴安全帽的场所，如果不佩戴安全帽或使用不正确，人的头部有受到伤害的危险。因此要提高安全意识，佩戴安全帽要符合标准，使用要符合规定。

任务分析

据有关部门统计，在工伤、交通死亡事故中，因头部受伤致死的比例最高，大约占死亡总数的35.5%，其中因坠落物撞击致死的为首。坠落物伤人事故中15%是因为安全帽使用不当造成的。因此，安全帽对于我们来说不仅仅是一顶帽子，它关系着员工的生命，家庭的幸福，企业的发展。

在生产现场，若在场的人员未戴头部防护用品，被坠落物或抛出物击中头部，将会造成严重伤害；在有些作业场所，如在旋转的机器旁操作，炉窑前作业，油漆作业，清扫烟道，除尘器清灰，生产生物制品，农药和化肥等，对头部也可能造成伤害。根据伤害程度可分为头皮毛发伤害、颅骨伤害和颅内伤害。具体分析见表2-1。

表 2-1　生产过程可能对头部造成的伤害及防范

危险	处于危险的身体部位	减少危险的安全措施	个人防护用品
高处坠落、滑落的物体 碰撞到尖锐、坚硬的物体 触电	头	标志出危险区 张贴警告标志或安装进门栏杆 安全存放原材料	抗撞击、抗渗漏、防电的各种材料的安全帽

《石油化工施工安全技术规程》(SH 3505—1999) 规定：进入现场必须戴好安全帽，标志如图 2-1 所示。

图 2-1　安全标志（一）

必备知识

对人体头部受坠落物及其他特定因素引起的伤害起防护作用的帽子称为安全帽。

为了达到保护头部的目的，安全帽必须有足够的强度，同时还应具有足够的弹性，以缓冲落体的冲击作用。安全帽的冲击吸收性能就是指这种缓冲作用的大小。在 50℃±2℃、−10℃±2℃及浸水三种情况下，5kg 重的钢锤从 1m 高度落下，木质头模所受的冲击力最大值不应超过 5000N。

一、安全帽的种类

安全帽产品按用途分一般作业类（Y 类）安全帽和特殊作业类（T 类）安全帽两大类。依据国家强制性标准，Y 类安全帽必须符合基本技术性能要求，T 类安全帽除符合基本技术性能要求外，还必须符合特殊技术性能要求。安全帽产品被国家列为特种劳动防护用品，实行工业产品生产许可证制度和安全标志认证制度，是关系到劳动者人身安全健康的重要产品。

1. 一般作业类安全帽

这类帽子有只防顶部的和既防顶部又防侧向冲击的两种，具有耐穿刺特点，用于建筑运输等行业。有火源场所使用的一般作业类安全帽耐燃。

2. 特殊作业类安全帽

(1) 电业用安全帽　帽壳绝缘性能很好，电气安装、高电压作业等行业使用得较多。

(2) 防静电安全帽　帽壳和帽衬材料中加有抗静电剂，用于有可燃气体或蒸气及其他爆炸性物品的场所，《爆炸危险场所电气安全规程》规定的 0 区、1 区，可燃物的最小引燃能量在 0.2mJ 以上。

（3）防寒安全帽　低温特性较好，利用棉布、皮毛等保暖材料做面料，在温度不低于−20℃的环境中使用。

（4）耐高温、辐射热安全帽　热稳定性和化学稳定性较好，在消防、冶炼等有辐射热源的场所里使用。

（5）抗侧压安全帽　机械强度高，抗弯曲，用于林业、地下工程、井下采煤等行业。

（6）带有附件的安全帽　为了满足某项使用要求而带附件的安全帽。

二、安全帽的结构与防护作用

1. 安全帽的结构

帽壳：安全帽的主要构件，一般采用椭圆形或半球形薄壳结构。材质主要有 ABS、PE、玻璃钢等。

帽衬：帽衬是帽壳内直接与佩戴者头顶部接触部件的总称。帽衬的材料可用棉织带、合成纤维带和塑料衬带制成。

下颌带：系在下颌上的带子，起到固定安全帽的作用。

安全帽的结构如图 2-2 所示。

(a) 安全帽外形

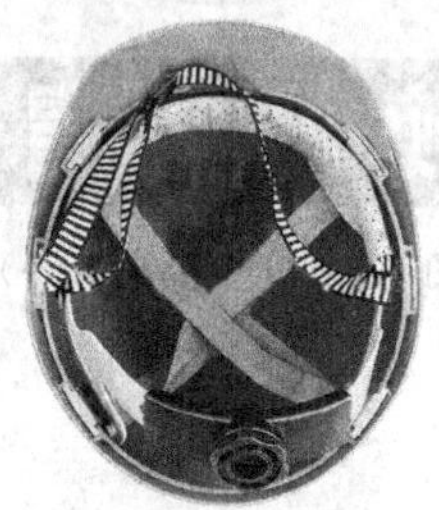
(b) 安全帽帽衬

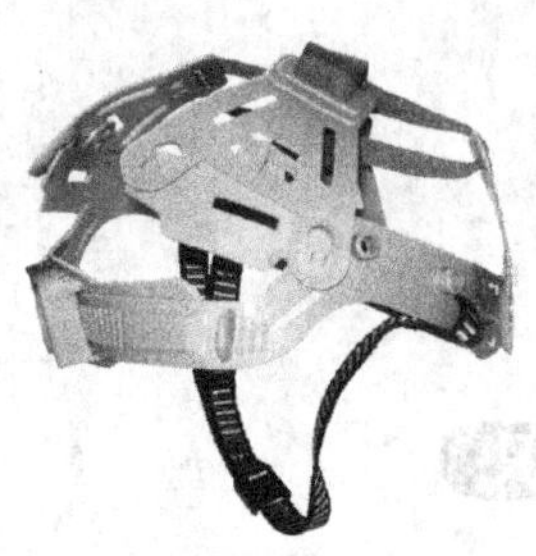
(c) 安全帽帽衬内部结构

图 2-2　安全帽的结构

2. 安全帽的防护作用

第一是一种责任，一种形象。当我们正确佩戴安全帽以后，沉甸甸的安全帽提示每一位安全是一种责任。

第二是一种标志。化工企业生产工人应该戴红色安全帽，管理人员戴白色安全帽，监理戴黄色安全帽。

第三是一种安全防护用品。主要保护头部，防高空物体坠落，防物体打击、碰撞。当作业人员头部受到坠落物的冲击时，安全帽帽壳、帽衬在瞬间先将冲击力分解到头盖骨的整个面积上，然后利用安全帽的各个部件如帽壳、帽衬的结构、材料和所设置的缓冲结构（插口、拴绳、缝线、缓冲垫等）的弹性变形、塑性变形和允许的结构破坏将大部分冲击力吸收，使作用到人员头部的冲击力降低到 4900N 以下，从而起到保护作业人员的头部不受到伤害或降低伤害的作用。

● 任务实施

训练内容　安全帽选择与佩戴

一、教学准备/工具/仪器

多媒体教学（辅助视频）

图片展示

实物

二、操作规范及要求

① GB 2811—2007《安全帽》；

② 正确着装，熟悉安全帽的组成与功能等相关知识；

③ 会选择合适的安全帽，正确佩戴安全帽；

④ 对不符合使用要求的说明其原因。

三、安全帽的使用

(1) 选购安全帽　检查“三证”，即生产许可证、产品合格证、安全鉴定证。

检查永久性标志和产品说明是否齐全、准确。安全帽上加贴含有如下信息的标签：①品名和类别；②企业名称、地址；③制造年、月；④出厂合格证；⑤生产许可证标志和编号的标记；⑥产品执行的标准；⑦法律、法规要求标注的内容。

另外，安全帽属于国家劳动防护产品，应该具有“安全防护”的盾牌标志。如图 2-3 所示。

图 2-3 “安全防护”的盾牌标志

检查产品做工，合格的产品做工较细，不会有毛边，质地均匀。

(2) 佩戴安全帽　任何人进入生产现场或在厂区内外从事生产和劳动时，必须戴安全帽（国家或行业有特殊规定的除外；特殊作业或劳动，采取措施后可保证人员头部不受伤害并经过安监部门批准的除外）。

(3) 佩戴安全帽注意事项　戴安全帽前应将帽后调整带按自己头型调整到适合的位置，然后将帽内弹性带系牢。缓冲衬垫的松紧由带子调节，人的头顶和帽体内顶部的空间垂直距离一般在 25～50mm 之间，不要小于 32mm。戴安全帽时，必须系紧安全帽带，保证各种状态下不脱落；安全帽的帽檐必须与目视方向一致，不得歪戴或斜戴，如图 2-4 所示。

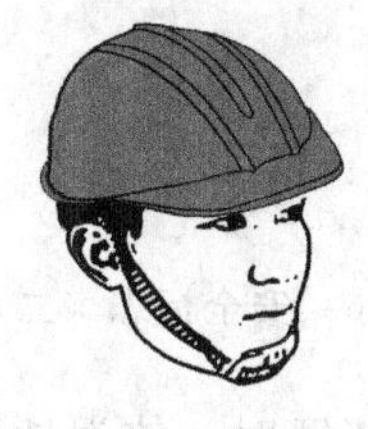
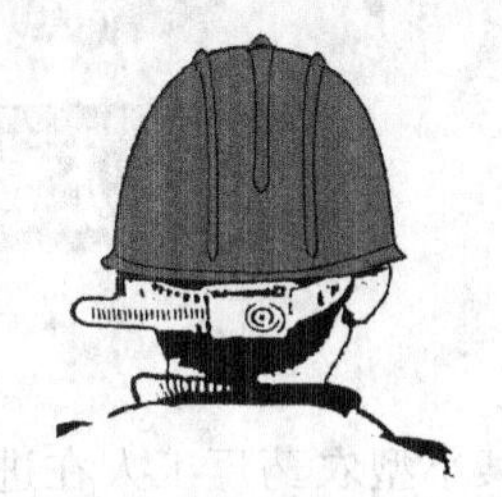

图 2-4　正确佩戴安全帽示意图

(4) 安全帽使用期限　安全帽从购入时算起，植物帽一年半使用有效，塑料帽不超过两年，层压帽和玻璃钢帽两年半，橡胶帽和防寒帽三年，乘车安全帽为三年半。上述各类安全帽超过其一般使用期限易出现老化，丧失安全帽的防护性能。

(5) 不正确使用安全帽示例　如图 2-5 所示。

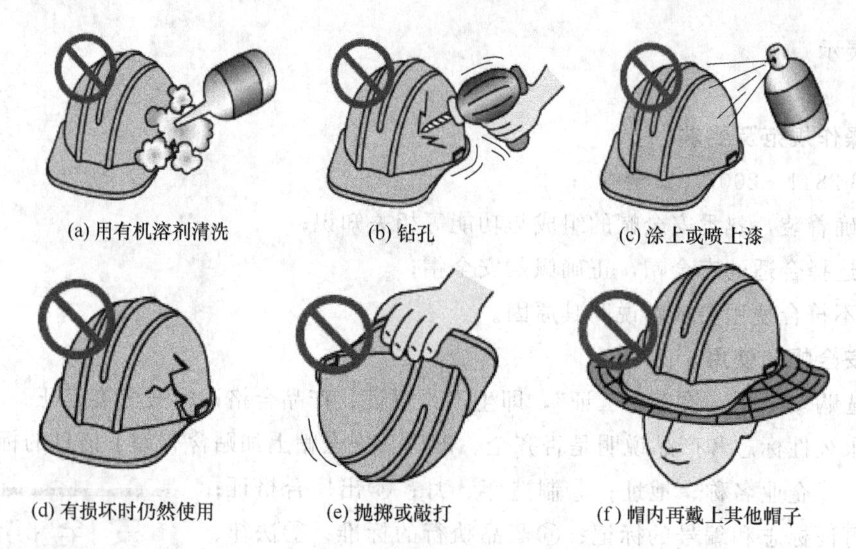

图 2-5 不正确使用安全帽示例

任务二 选择和使用呼吸器官防护用品

● 任务介绍

呼吸道是工业生产中毒物进入体内的最主要途径。凡是以气体、蒸气、雾、烟、粉尘形式存在的毒物，均可经呼吸道侵入体内。呼吸防护装备是用来防御缺氧环境或空气中有毒有害物质进入人体呼吸道的防护用品，是防止职业危害的最后一道屏障，正确的选择与使用是防止职业病和恶性安全事故的重要保障，部分安全标志如图 2-6 所示。

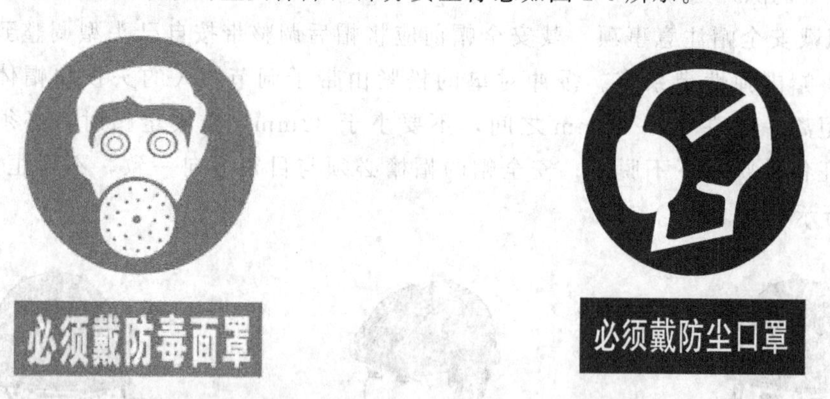

图 2-6 安全标志（二）

某小型农药厂工人在进入罐体处理堵塞时，错误地选择了过滤式防毒面具，下到罐内即昏倒，另外 1 名工人发现后喊人抢救，其他工段的工人也纷纷参加抢救，结果造成罐内罐外 11 人中毒，其中 3 人经抢救无效死亡。另外一家化工企业发生次氯酸钠分解并外泄，散发出氯气，调度室让兼职气防员前往处理。3 人乘车到现场后，其中 1 人边走边调整将气瓶的阀门关死，无氧可供造成缺氧窒息死亡。造成上述事故的一个重要原因就是不会正确选择和使用呼吸防护用品。

所以，从事化工生产操作的人员要了解呼吸防护用品的适用性和防护功能；判断是否适合所遇到的有害物及其危害程度，会选择并能检查防护用品是否完好，会正确使用典型呼吸防护用品。

任务分析

在生产劳动过程中伤害呼吸器官的因素主要包括生产性粉尘和生产性化学毒物两大类。如果作业场所上述两类因素中某一种或者多种有害物质浓度超过卫生标准，则会对现场作业人员的健康造成危害，甚至可能导致职业病，如各种尘肺病、职业性肿瘤、中毒等。此外，缺氧环境对作业人员的健康甚至生命也构成威胁，具体见表 2-2。

表 2-2　生产过程可能对呼吸器官造成的伤害分析

危险	处于危险的身体部位	减少危险的安全措施	个人防护用品
吸入化学溶剂挥发的气体	肺、呼吸道	用安全的材料代替危险材料 安装排气通风设施 安装防尘罩 安装挡板	口罩或面罩
化学品微尘	眼睛和脸	用安全的材料代替危险材料 安装排气通风设施 安装空气交换系统	有机气体防护面具 防毒面具、防护眼镜
粉尘	肺	安装防尘罩，安装排气通风设施	防尘面具

必备知识

一、呼吸器官防护用具分类

呼吸器官防护用具分类见表 2-3。

表 2-3　呼吸器官防护用具分类

<table>
<tr><th>名称</th><th>分类</th><th colspan="3">具体类型</th></tr>
<tr><td rowspan="14">呼吸护具</td><td rowspan="8">净气式呼吸护具（过滤式）</td><td rowspan="5">防尘呼吸护具</td><td rowspan="2">自吸过滤式防尘口罩</td><td>简易型防尘口罩</td></tr>
<tr><td>复式防尘口罩</td></tr>
<tr><td rowspan="3">送风过滤式防尘面具</td><td>密合型</td></tr>
<tr><td>开放型</td></tr>
<tr><td>头罩型</td></tr>
<tr><td rowspan="3">防毒呼吸护具</td><td rowspan="2">自吸过滤式防毒面具</td><td>导管式</td></tr>
<tr><td>直接式</td></tr>
<tr><td colspan="2">送风过滤式防毒面具</td></tr>
<tr><td rowspan="6">隔绝式呼吸护具</td><td rowspan="4">供气式呼吸护具（自给式）</td><td colspan="2">自救器</td></tr>
<tr><td colspan="2">空气呼吸器</td></tr>
<tr><td rowspan="2">氧气呼吸器</td><td>开放式</td></tr>
<tr><td>循环式</td></tr>
<tr><td rowspan="2">送风式呼吸护具</td><td colspan="2">自吸式软管呼吸器</td></tr>
<tr><td colspan="2">压气式呼吸器</td></tr>
</table>

二、选择和使用呼吸器官防护用具的主要原则

① 有害物的性质和危害程度；

② 作业场所污染物的种类和可能达到的最高浓度；

③ 污染物的组分是否单一；

④ 作业的环境及作业场所的氧含量。

此外，还要考虑使用者的面型特征以及身体状况等因素（如图 2-7 所示）。

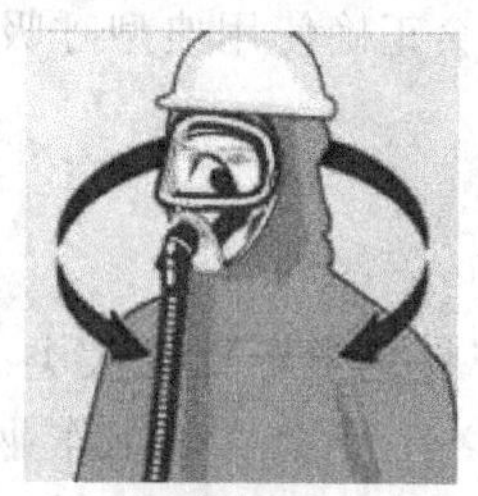
(a) 活动是否自如

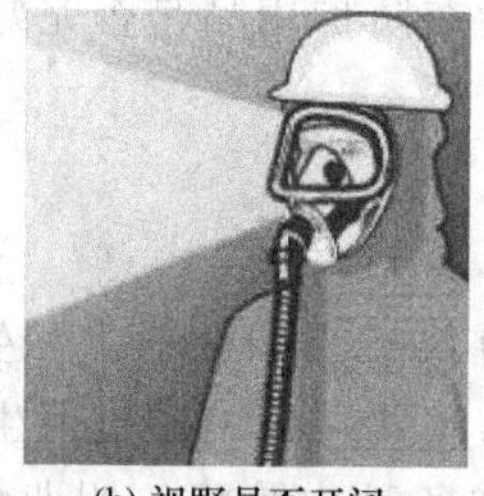
(b) 视野是否开阔

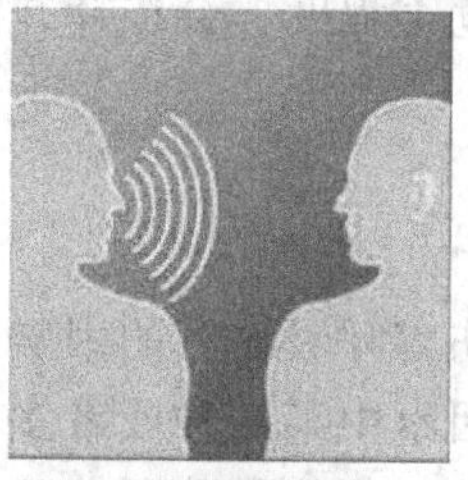
(c) 交流是否方便

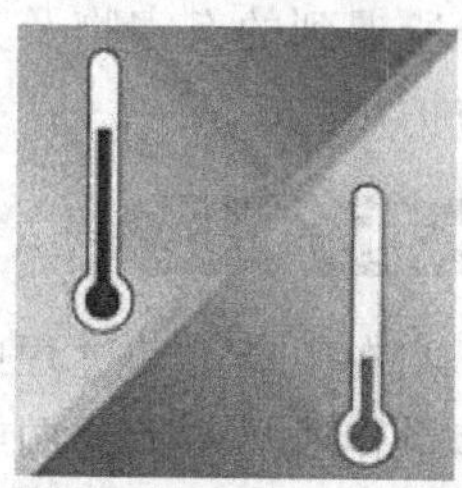
(d) 温度是否适宜

(e) 湿度是否合适

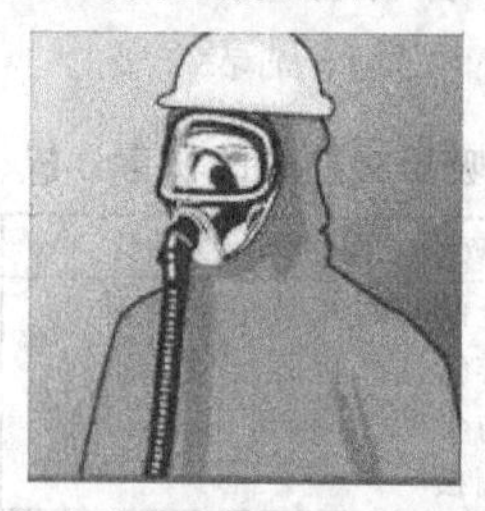
(f) 与其他防护用品的兼容性

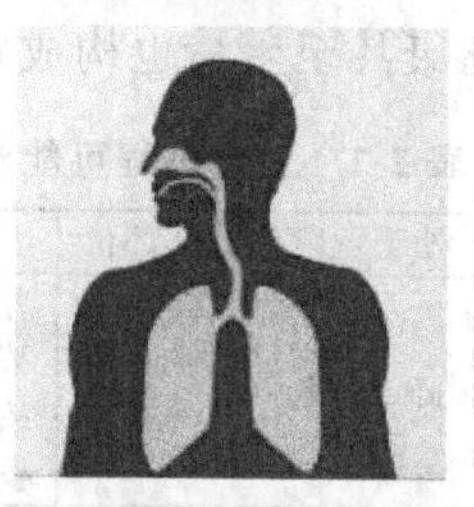
(g) 呼吸的肺活量

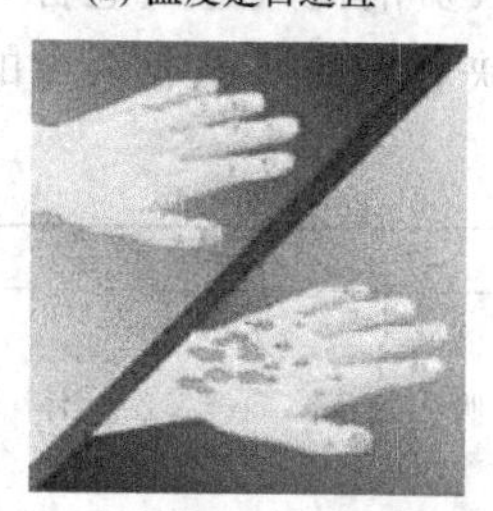
(h) 皮肤是否过敏

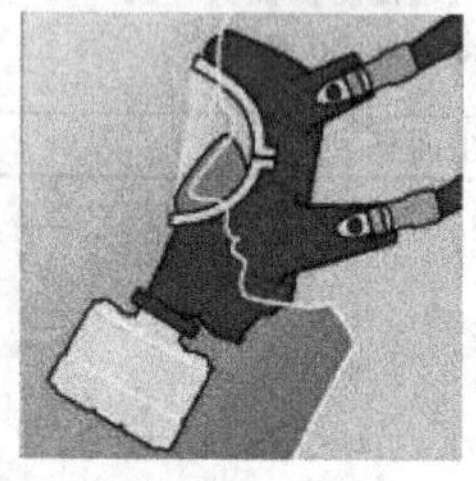
(i) 与脸部是否吻合

(j) 呼吸压力大小

(k) 设备自重

图 2-7 呼吸防护设备的选择因素示意图

三、常见的呼吸器官防护用具

常见的呼吸器官防护用具如图 2-8 所示。

四、空气呼吸器的使用时间

空气呼吸器的使用时间取决于气瓶中压缩空气的数量和使用者的耗气量，而耗气量又取决于使用者所进行的体力劳动的性质（见表 2-4）。

表 2-4 劳动类型与耗气量对应表

劳动类型	耗气量/(L/min)
休息	10～15
轻度活动	15～20
轻度工作	20～30
中强度工作	30～40
高强度工作	35～55
长时间劳动	50～80
剧烈活动(几分钟)	100

可以通过计算气瓶的水容积和工作压力的乘积来得到气瓶中可呼吸的空气量。考虑空气的纯度，需加一个系数 0.9 来校正。

可呼吸空气量(L)＝气瓶容积×工作压力×系数

使用时间(min)＝可呼吸的空气量(L)/耗气量(L/min)

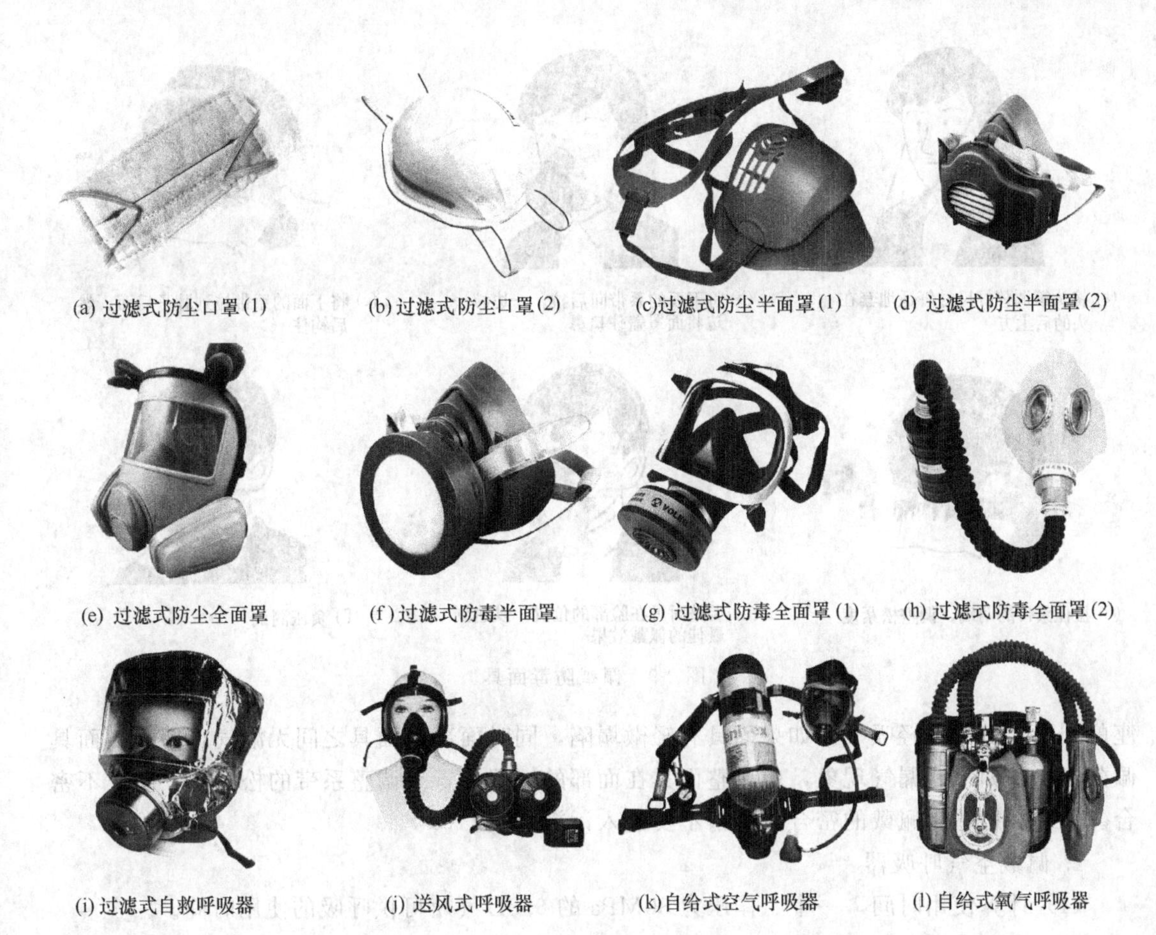

(a) 过滤式防尘口罩(1)　(b) 过滤式防尘口罩(2)　(c) 过滤式防尘半面罩(1)　(d) 过滤式防尘半面罩(2)

(e) 过滤式防尘全面罩　(f) 过滤式防毒半面罩　(g) 过滤式防毒全面罩(1)　(h) 过滤式防毒全面罩(2)

(i) 过滤式自救呼吸器　(j) 送风式呼吸器　(k) 自给式空气呼吸器　(l) 自给式氧气呼吸器

图 2-8　常见的呼吸器官防护用具

任务实施

训练内容　防毒面具、空气呼吸器的使用

一、教学准备/工具/仪器

多媒体教学（辅助视频）

图片展示

实物

二、操作规范及要求

① GB 2626—2006《呼吸防护用品　自吸过滤式防颗粒物呼吸器》；

② 正确着装，熟悉呼吸器官防护用品的组成与功能等相关知识；

③ 练习使用呼吸器官防护用品；

④ 对不符合使用要求的说明其原因。

三、练习佩戴防毒面具

1. 佩戴过滤式防毒面具

具体佩戴方法如图 2-9 所示。

每次佩戴面具后，请按照如下方法进行面具的负压测试：将手掌盖住过滤盒或滤棉承接

(a) 将头箍调整好尺寸舒适地套在头的后上方

(b) 将下面的系带向后拉，一边拉一边将面罩盖住口鼻

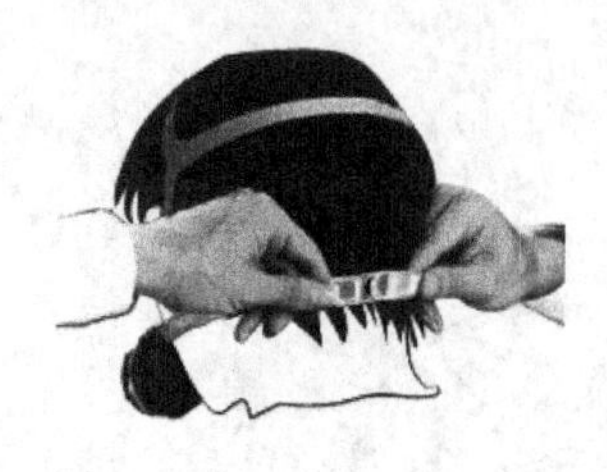

(c) 将下面的系带拉到脖子后面，然后钩住

(d) 拉住系带的两端，调整松紧度

(e) 调整面具在脸部的位置，以达到最佳的佩戴效果

(f) 负压测试

图 2-9 佩戴防毒面具

座的圆形开口，轻轻吸气。如果面具有轻微塌陷，同时面部和面具之间无漏气，即说明面具佩戴正确。如果有漏气现象，应调整面具在面部的佩戴位置或调整系带的松紧度，防止不密合。如果不能达到佩戴的密合性，请不要进入污染区域。

2. 佩戴空气呼吸器

(1) 计算使用时间 一个工作压力 30MPa 的 6.8L 气瓶可供呼吸的使用时间。

① 计算气瓶中可呼吸空气量

$$气瓶容积\times工作压力\times系数=可呼吸空气量$$

$$6.8L\times30MPa\times10\times0.9=1836L$$

② 计算可呼吸空气使用时间

$$使用时间(min)=可呼吸空气量(L)/耗气量(L/min)$$

③ 使用者进行中强度工作时，该气瓶的理论使用时间

$$使用时间=可呼吸的空气量(L)/耗气量(L/min)=1836L/40(L/min)=46min$$

(2) 具体佩戴方法 如图 2-10 所示。

(3) 使用空气呼吸器

① 撑开面罩头网，由上向下将面罩戴在头上，调整面罩位置。用手按住面罩进气口，通过吸气检查面罩密封是否良好，否则再收紧面罩紧固带或重新戴面罩。

② 打开气瓶开关及供给阀。

③ 将供气阀接口与面罩接口吻合，然后握住面罩吸气根部，左手把供气阀向里按，当听到“咔嚓”声即安装完毕。

④ 应呼吸若干次检查供气阀性能。吸气和呼气都应舒畅，无不适感觉。

(4) 使用空气呼吸器注意事项

① 正确佩戴面具，检查合格即可使用，面罩必须保证密封，面罩与皮肤之间无头发或胡须等，确保面罩密封。

(a)使用前的检查

(b)将气瓶瓶底向下背在肩上

(c)利用过肩式或交叉穿衣式背上呼吸器

(d)将大拇指插入肩带调节带的扣中向下拉

(e)插上塑料快速插扣

图 2-10　佩戴空气呼吸器方法

② 供气阀要与面罩按口黏合牢固。

③ 使用过程中要注意报警器发出的报警信号，听到报警信号后应立即撤离现场。

任务三　选择和使用眼面部防护用品

任务介绍

某化工厂一车间当班操作工发现泵漏液，立刻停泵进行泄压、置换操作后，交由维修班处理。维修工在拆开泵中间一组压盖时，泵内含有氨的冷凝液突然带压喷出，溅入左眼内。虽立刻用清水冲洗，但仍然疼痛难忍，被紧急送往医院治疗。

眼部受伤是工业中发生频率比较高的一种工伤。我国的《工厂安全卫生规程》中第 75 和 77 条中都提到，对于在有危害健康的气体、蒸气、粉尘、噪声、强光、辐射热和飞溅火花、碎片、刨屑的场所操作的工人应佩戴防护眼镜。如图 2-11 所示。

因此，在生产的不同场合，正确选择和使用合适的眼面部防护用品，是化工操作工人必须掌握的。

图 2-11　安全标志（三）

任务分析

对于眼面部的防护，首先应从设备改进着手。例如：改变工艺，从源头上控制危害；在危害产生设备上安装保护罩等防护设施；密封操作，等等。在工程控制无法完全消除风险的情况下，眼面部防护用品就是员工的最后一道防线。

有效的眼面部防护首先要识别工作场所中的眼面部危害种类。

① 可能造成危害的是固体颗粒物还是液体？

② 颗粒物是高速运动的吗？

③ 颗粒物的粒径是多少？

④ 对眼部可能造成危害的物质是不是由某一个设备发出的或工作环境中会不会有碎片产生？

⑤ 液态的物质是高温的吗？

⑥ 液态的飞溅物是化学物吗？

⑦ 工作场所中有有害光辐射源吗？

具体分析见表 2-5。

表 2-5 生产过程可能对眼面部造成的伤害及防范

危险	处于危险的身体部位	减少危险的安全措施	个人防护用品
化学品飞溅 烟雾 微尘 紫外线 焊接发出的射线	眼睛和脸	用安全的材料代替危险材料 安装排气通风设施 安装防尘罩 安装挡板 遮住紫外线以消除其直射员工的眼睛 降低靠近工作区的紫外线辐射	带侧面保护的防震护目镜 防护眼镜 可滤掉 98%紫外线的聚碳酸酯眼镜 口罩或面罩

● 必备知识

眼面部受伤常见的有碎屑飞溅造成的外伤、化学物灼伤、电弧眼等。预防烟雾、尘粒、金属火花和飞屑、热、电磁辐射、激光、化学品飞溅等伤害眼睛或面部的个人防护用品称为眼面部防护用品。

眼面部防护用品种类很多，根据防护功能，大致可分为防尘、防水、防冲击、防高温、防电磁辐射、防射线、防化学飞溅、防风沙、防强光九类。

眼面部防护用品按外形结构进行分类，见表 2-6。

表 2-6 眼镜、眼罩按结构分类

名称	眼镜		眼罩	
	普通型	带侧光板型	开放型	封闭型
样型				

面罩按结构分类，见表 2-7。

表 2-7　面罩按结构分类

名称	手持式	头戴式		安全帽与面罩连接式		头盔式
	全面罩	全面罩	半面罩	全面罩	半面罩	
样型						

图 2-12 中是常见的眼面部防护用品。

(a) 防护面罩　(b) 焊接防护面罩　(c) 防尘面具

(d) 防风护目镜　(e) 防雾护目镜　(f) 防紫外线护目镜

(g) 防冲击护目镜　(h) 防化学护目镜　(i) 防电磁护目镜

图 2-12　常见的眼面部防护用品

任务实施

训练内容　焊接、电磁辐射场所的面部防护

一、教学准备/工具/仪器

多媒体教学（辅助视频）

图片展示

实物

二、操作规范及要求

① GB/T 3609.2—2009《职业眼面部防护》；

② 正确着装，熟悉眼面部防护用品的组成与功能等相关知识；

③ 练习选择和使用眼面部防护用品；

④ 对不符合使用要求的说明其原因。

三、眼部防护用品的选择与使用的关键技术点

1. 眼部防护用品的选用

我国在《劳动防护用品选用规则》中规定了需要配备眼面部防护用品的一些岗位。每一种防护用品都有其使用限制，在选用时，需要根据不同的危害选择具有相应功能的眼部防护用品（见表 2-8）。

表 2-8 眼部防护用品的选用

作业类别名称	必须使用的防护用品	可考虑使用的防护用品
高温作业（如熔炼、浇铸、热轧、锻造、炉窑）	防强光、紫外线、红外线护目镜或面罩	
低压带电作业（如低压设备或低压线路带电维修）	防异物伤害护目镜	
高压带电作业（如高压设备或高压线路带电维修）		
吸入性气溶胶毒物作业（如铅、铬、铍、锰、镉等有毒金属及其化合物的烟雾及粉尘）、高毒农药气溶胶、沥青烟雾、矿尘、石棉尘及其他有害物的动植物性粉尘		防化学液眼镜
沾染性毒物作业（如有机磷农药、有机汞化合物、苯和苯的三硝基化合物、苯胺、酸、氯、联苯、放射性物质）	防化学液眼镜	
生物性毒物作业[如有毒性动（植）物养殖、生物毒素培养制剂、带菌或含有生物毒素的制品加工处理、腐烂物品处理、防疫检验]	防异物伤害护目镜	
腐蚀性作业（如溴、硫酸、硝酸、氢氟酸、液体强碱、重铬酸钾、高锰酸钾）	防化学液眼镜	
强光作业（如弧光、电弧焊、炉窑）	焊接护目镜和面罩 炉窑护目镜和面罩	
激光作业（如激光加工金属、激光焊接、激光测量、激光通信、激光医疗）	防激光护目镜	
荧光屏作业（如电脑操作、电视机调试）		防辐射护目镜
微波作业（如微波机调试、微波发射、微波加工与利用）		防微波护目镜
射线作业（如放射性矿物开采选矿、冶炼、加工、核废料或核事故处理、放射性物质使用、X 射线检测）	防射线护目镜	
有碎屑飞溅的作业（如破碎、锤击、铸件切割、砂轮打磨、高压液体清洗）	防异物伤害护目镜	
操纵转动机械（如机床传动机械及传动带）	防异物伤害护目镜	
野外作业（如地质勘探、森林采伐、大地测量）		防异物伤害护目镜
车辆驾驶		防强光护目镜、防异物伤害护目镜
铲、装、吊、推机械操作（如铲机、推土机、装载机、天车、龙门吊、塔吊、单臂起重机）		防异物伤害护目镜

2. 焊接防护用具使用

① 使用的眼镜和面罩必须经过有关部门检验。

② 挑选、佩戴合适的眼镜和面罩，以防作业时脱落和晃动，影响使用效果。

③ 眼镜框架与脸部要吻合，避免侧面漏光。必要时应使用带有护眼罩或防侧光型眼镜。

④ 防止面罩、眼镜受潮、受压，以免变形损坏或漏光。焊接用面罩应该具有绝缘性，以防触电。

⑤ 使用面罩式护目镜作业时，累计 8h 至少更换一次保护片。防护眼镜的滤光片被飞溅物损伤时，要及时更换。

⑥ 保护片和滤光片组合使用时，镜片的屈光度必须相同。

⑦ 对于送风式，带有防尘、防毒面罩的焊接面罩，应严格按照有关规定保养和使用。

⑧ 当面罩的镜片被作业环境的潮湿烟气及作业者呼出的潮气罩住，使其出现水雾，影响操作时，可采取下列措施解决：

a. 水膜扩散法。在镜片上涂上脂肪酸或硅胶系的防雾剂，使水雾均等扩散。

b. 吸水排除法。在镜片上浸涂界面活性剂（PC 树脂系），将附着的水雾吸收。

c. 真空法。对某些具有双重玻璃窗结构的面罩，可采取在两层玻璃间抽真空的方法。

任务四 选择和使用听觉器官防护用品

任务介绍

噪声是一种环境污染，强噪声使人听力受损，这种损伤是积累性的，有如滴水穿石。噪声不仅影响了人们的工作、休息、语言交流，而且对人体部分器官产生直接危害，引发多种病症，危害人体健康。

图 2-13 安全标志（四）

据统计，我国有 1000 多万工人在高噪声环境下工作，其中有 10%左右的人有不同程度的听力损失。据 1034 个工厂噪声调查结果，噪声污染 85dB(A) 以上的占 40%，职业噪声暴露者高频听力损失发生率高达 71.1%，语频听力损失发生率为 15.5%。

石化企业生产工艺的复杂性使得噪声源广泛（如原油泵、粉碎机、机械性传送带、压缩空气、高压蒸汽放空、加热炉、催化“三机”室等），接触人员多，损害后果不可逆，且现有工艺技术条件无法从根本上消除，要对员工进行职业危害告知及职业卫生教育，作业现场醒目位置设置警示标志（图 2-13），操控人员需佩戴防噪声的个体防护用品。

因此需要学会正确选择和使用听觉器官防护用品。

任务分析

适合人类生存的最佳声音环境为 15～45dB，而 60dB 以上的声音就会干扰人们的正常生活和工作。噪声的控制应同时考虑声音的三要素即噪声源、传播介质和接收者，同时危害的预防还应结合职业健康检查。

生产过程可能对听力造成的伤害及防范见表 2-9。

表 2-9 生产过程可能对听力造成的伤害及防范

危险	处于危险的身体部位	减少危险的安全措施	个人防护用品
噪声（85dB 以上）	耳朵、听力	采取消声措施	比需要防护的分贝数高一倍的耳塞；比需要防护的分贝数高 30%的耳罩

必备知识

噪声是对人体有害的、不需要的声音。

按照噪声的来源，可以分为生产噪声、交通噪声和生活噪声三大类。

在生产劳动过程中对听力的损害因素主要是生产噪声，根据其产生的原因及方式不同，生产噪声可分为下列几种。

机械性噪声：指由于机械的撞击、摩擦、固体振动及转动产生的噪声，如纺织机、球磨机、电锯、机床、碎石机等运转时发出的声音。

空气动力性噪声：指由于空气振动产生的声音，如通风机、空气压缩机、喷射器、汽笛、锅炉排气放空等发出的声音。

电磁性噪声：指电机中交变力相互作用而产生的噪声，如发电机、变压器等发出的声音。

我国职业卫生标准对噪声的规定，每天8h噪声等效A声级暴露大于等于85dB(A)［LAeq.8≥85dB(A)］为超标。由于噪声危害和暴露的时间长短有关，GBZ 1—2002《工业企业设计卫生标准》对不同时间允许接触噪声水平作了规定，通常，以每天8h工作时间计算，若接触噪声时间减半，允许噪声暴露水平增加3dB(A)，依此类推，但任何时间不得超过115dB(A)，见表2-10。

表2-10 GBZ 1—2002对工作场所噪声声级的卫生限值

日接触噪声时间/h	卫生限值/dB(A)
8	85
4	88
2	91
1	94
1/2	97
1/4	100
1/8	103
最高不得超过115dB(A)	

除听力损伤以外，噪声对健康的损害还包括高血压、心率变缓、心率变快、失眠、食欲减退、胃溃疡和对生殖系统不良影响等，有些患心血管系统疾病的人接触噪声会加重病情。一般讲，当听力受到保护后，噪声对身体的其他影响就可以预防。

听觉器官防护用品主要有耳塞、耳罩和防噪声头盔三大类（如图2-14所示）。

任务实施

训练内容 使用耳罩、耳塞

一、教学准备/工具/仪器

多媒体教学（辅助视频）

图片展示

实物

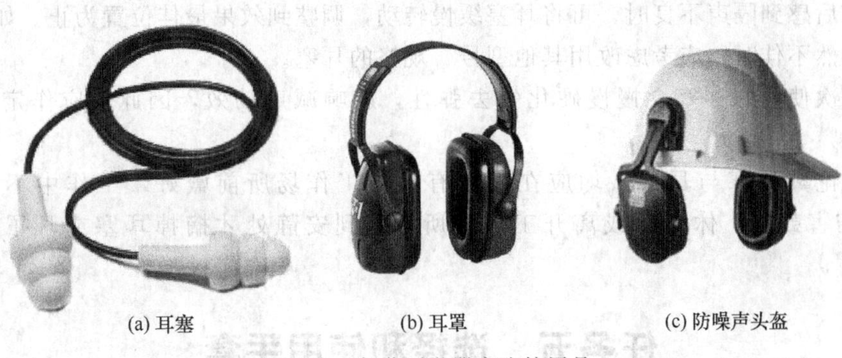

(a) 耳塞　(b) 耳罩　(c) 防噪声头盔

图 2-14　部分听觉器官防护用品

二、操作规范及要求

① GB 5893.2—86《护耳器——耳罩》；

② 正确着装，熟悉听觉器官防护用品的组成与功能等相关知识；

③ 练习使用耳罩、耳塞；

④ 对不符合使用要求的说明其原因。

三、使用耳罩注意事项

① 使用耳罩时，应先检查罩壳有无裂纹和漏气现象，佩戴时应注意罩壳的方位，顺着耳廓的形状戴好。

② 将耳罩调校至适当位置（刚好完全盖上耳廓）。

③ 调校头带张力至适当松紧度。

④ 定期或按需要清洁软垫，以保持卫生。

⑤ 用完后存放在干爽位置。

⑥ 耳罩软垫也会老化，影响减声功效，因此，应作定期检查并更换。

四、练习使用耳塞

① 把手洗干净，用一只手绕过头后，将耳廓往后上拉（将外耳道拉直），然后用另一只手将耳塞推进去，如图 2-15 所示，尽可能地使耳塞体与耳道相贴合。但不要用劲过猛过急或插得太深，自我感觉合适为止。

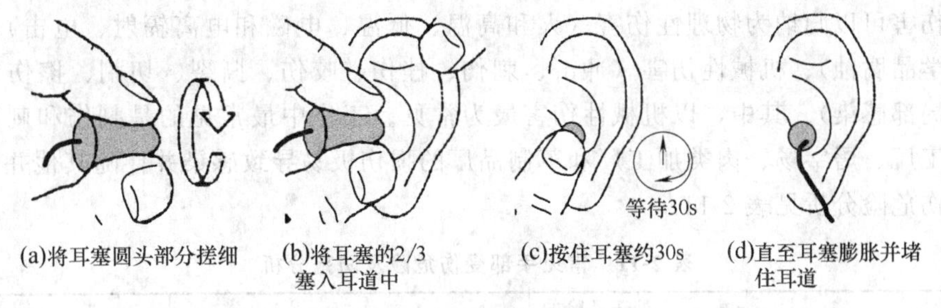

(a)将耳塞圆头部分搓细　(b)将耳塞的2/3塞入耳道中　(c)按住耳塞约30s　(d)直至耳塞膨胀并堵住耳道

图 2-15　耳塞的使用

② 发泡棉式的耳塞应先搓压至细长条状，慢慢塞入外耳道待它膨胀封住耳道。

③ 佩戴硅橡胶成型的耳塞，应分清左右塞，不能弄错；插入外耳道时，要稍作转动放正位置，使之紧贴耳道内。

④ 耳塞分多次使用式及一次性两种，前者应定期或按需要清洁，保持卫生，后者只能使用一次。

（5）戴后感到隔声不良时，可将耳塞缓慢转动，调整到效果最佳位置为止。如果经反复使用效果仍然不佳时，应考虑改用其他型号、规格的耳塞。

（6）多次使用的耳塞会慢慢硬化失去弹性，影响减声功效，因此，应作定期检查并更换。

（7）无论戴耳塞与耳罩，均应在进入有噪声工作场所前戴好，工作中不得随意摘下，以免伤害鼓膜。休息时或离开工作场所后，到安静处才摘掉耳塞或耳罩，让听觉逐渐恢复。

任务五　选择和使用手套

任务介绍

手在人类的生产、生活中占据着极其重要的地位，几乎没有工作不用到手。手就像是一个精巧的工具，有着令人吃惊的力量和灵活性，能够进行抓握、旋转、捏取和操纵。事实上，手和大脑的联系是人类能够胜任各种高技能工作的关键。

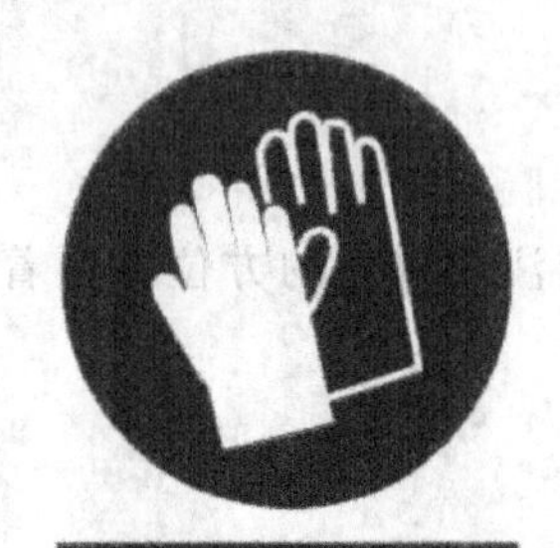

图 2-16　安全标志（五）

手也是人体最易受伤害的部位之一，在全部工伤事故中，手的伤害大约占 1/4。一般情况下，手的伤害不会危及生命，但手功能的丧失会给人的生产、生活带来极大的不便，可导致终生残疾，丧失劳动和生活的能力。

然而，在生产中我们却常常忽视了对手的保护，如酸碱岗位操作时不戴防酸手套，操作高温易烫伤、低温易冻伤设备时，不穿戴隔温服或隔温手套，安装玻璃试验仪器或用手拿取有毒有害物料时不戴手套，使用钻床时不戴手套等。应在醒目位置设置如图 2-16 所示警示标志。

手的保护是职业安全非常重要的一环，正确地选择和使用手部防护用具十分必要。

任务分析

手部伤害可以归纳为物理性伤害（火和高温、低温、电磁和电离辐射、电击）、化学性伤害（化学品腐蚀）、机械性伤害（冲击、刺伤、挫伤、咬伤、撕裂、切割、擦伤）和生物性伤害（局部感染）。其中，以机械性伤害最为常见。工作中最常见的是割伤和刺伤。一般而言，化工厂、屠宰场、肉类加工厂和革制品厂的损伤极易导致感染并伴随其他并发症。常见手部受伤危险分析见表 2-11。

表 2-11　常见手部受伤危险及防范分析

危险	处于危险的身体部位	减少危险的安全措施	个人防护用品
机械性伤害 电击、辐射伤害 皮肤暴露在化学品下割伤、划破、擦伤 化学品或热气灼伤	手、胳膊	用安全的材料代替危险材料 使用工具处理化学品而不是裸肤接触化学品 给机器装上防护设备 制订安全计划	防化手套 耐高温手套 防切割手套 焊工手套

保护手的措施：一是在设计、制造设备及工具时，要从安全防护角度予以充分的考虑，配备较完备的防护措施。二是合理制订和改善安全操作规程，完善安全防范设施。例如对设备的危险部件加装防护罩，对热源和辐射设置屏蔽，配备手柄等合理的手工工具。如果上述这些措施仍不能有效避免事故，则应考虑使用个体防护用品。

必备知识

一、手部伤害

手是人体最为精细致密的器官之一。它由 27 块骨骼组成，肌肉、血管和神经的分布与组织都极其复杂，仅指尖上每平方厘米的毛细血管长度就可达数米，神经末梢达到数千个。在工业伤害事故中，手部伤害类型大致可分以下 4 大类。

1. 机械性伤害

由于机械原因造成对手部骨骼、肌肉或组织的创伤性伤害，从轻微的划伤、割伤至严重的断指、骨裂等。如使用带尖锐部件的工具，操纵某些带刀、尖等的大型机械或仪器，会造成手的割伤；处理或使用锭子、钉子、起子、凿子、钢丝等会刺伤手；受到某些机械的撞击而引起撞击伤害；手被卷进机械中会扭伤、轧伤甚至轧掉手指等。

2. 化学、生物性伤害

当接触到有毒、有害的化学物质或生物物质，或是有刺激性的药剂，如酸、碱溶液，长期接触刺激性强的消毒剂、洗涤剂等，均会造成对手部皮肤的伤害。轻者造成皮肤干燥、起皮、刺痒，重者出现红肿、水疱、疱疹、结疤等。有毒物质渗入体内，或是有害生物物质引起的感染，还可能对人的健康乃至生命造成严重威胁。

3. 电击、辐射伤害

在工作中，手部受到电击伤害，或是电磁辐射、电离辐射等各种类型辐射的伤害，可能会造成严重的后果。此外，由于工作场所、工作条件的因素，手部还可能受到低温冻伤、高温烫伤、火焰烧伤等。

4. 振动伤害

在工作中，手部长期受到振动影响，就可能受到振动伤害，造成手臂抖动综合征、白指症等病症。长期操纵手持振动工具，如油锯、凿岩机、电锤、风镐等，会造成此类伤害。手随工具长时间振动，还会造成对血液循环系统的伤害，而发生白指症。特别是在湿、冷的环境下这种情况很容易发生。由于血液循环不好，手变得苍白、麻木等。如果伤害到感觉神经，手对温度的敏感度就会降低，触觉失灵，甚至会造成永久性的麻木。

二、防护手套的主要类型

防护手套根据不同的防护功能，主要分为以下几种：①绝缘手套；②耐酸碱手套；③焊工手套；④橡胶耐油手套；⑤防 X 射线手套；⑥防水手套；⑦防毒手套；⑧防振手套；⑨森林防火手套；⑩防切割手套；⑪耐火阻燃手套；⑫防微波手套；⑬防辐射热手套；⑭防寒手套等。具体形式如图 2-17 所示。

三、选择防护手套的一般原则

1. 手套的无害性

手套与使用者紧密接触部分，如手套的内衬、线、贴边等均不应有损使用者的安全和健康。生产商对手套中已知的、会产生过敏的物质，应在手套使用说明中加以注明。

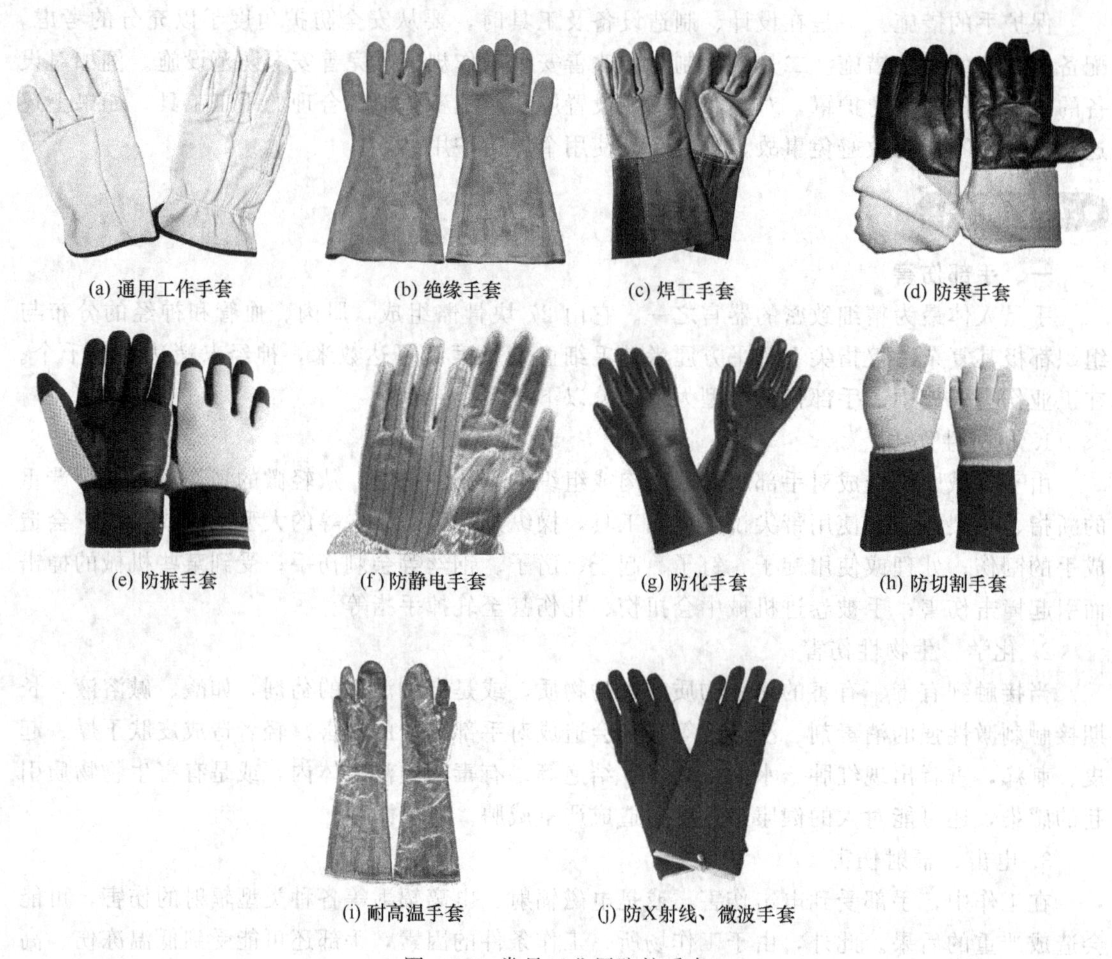
(a) 通用工作手套 (b) 绝缘手套 (c) 焊工手套 (d) 防寒手套
(e) 防振手套 (f) 防静电手套 (g) 防化手套 (h) 防切割手套
(i) 耐高温手套 (j) 防X射线、微波手套

图 2-17 常见工业用防护手套

pH：所有手套的 pH 应尽可能地接近中性。皮革手套的 pH 应大于 3.5，小于 9.5。

2. 舒适性和有效性

（1）手部的尺寸 测量两个部位：掌围（拇指和食指的分叉处向上 20mm 处的围长）；掌长（从腕部到中指指尖的距离）。

（2）手套的规格尺寸 手套的规格尺寸是根据相对应的手部尺寸而确定的。手套应尽可能使使用者操作灵活。

3. 透水汽性和吸水汽性

① 在特殊作业场所，手套应有一定的透水汽性。

② 手套应尽可能地降低排汗影响。

任务实施

训练内容 穿戴防护手套，脱掉沾染危险化学品的手套

一、教学准备/工具/仪器

多媒体教学（辅助视频）

图片展示

实物

二、操作规范及要求

① GBT 11651—2008《个体防护用品的选用规则》;

② 正确着装，熟悉手部防护用品的组成与功能等相关知识；

③ 练习穿戴防护手套，脱掉沾染危险化学品的手套；

④ 对不符合使用要求的说明其原因。

三、使用防护手套的注意事项

① 首先应了解不同种类手套的防护作用和使用要求，以便在作业时正确选择，切不可把一般场合用手套当作某些专用手套使用。如棉布手套、化纤手套等作为防振手套来用，效果很差。

② 在使用绝缘手套前，应先检查外观，如发现表面有孔洞、裂纹等应停止使用。绝缘手套使用完毕后，按有关规定保存好，以防老化造成绝缘性能降低。使用一段时间后应复检，合格后方可使用。使用时要注意产品分类色标，如1kV手套为红色、7.5kV为白色、17kV为黄色。

③ 在使用振动工具作业时，不能认为戴上防振手套就安全了。应注意工作中安排一定的时间休息，随着工具自身振频提高，可相应将休息时间延长。对于使用的各种振动工具，最好测出振动加速度，以便挑选合适的防振手套，取得较好的防护效果。

④ 在某些场合下，所用手套大小应合适，避免手套指过长，被机械绞或卷住，使手部受伤。

⑤ 操作高速回转机械作业时，可使用防振手套。某些维护设备和注油作业时，应使用防油手套，以避免油类对手的侵害。

⑥ 不同种类手套有其特定的性能，在实际工作时一定结合作业情况来正确使用和区分，以保护手部安全。

四、练习脱掉沾染危险化学品手套

脱掉被污染手套的正确方法如图2-18所示。

(a)用一只手提起另一支手上的手套

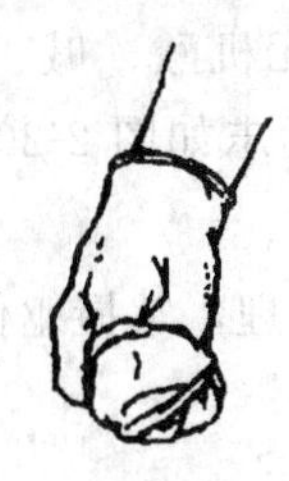

(b)脱掉手套,把手套放在戴手套的手中

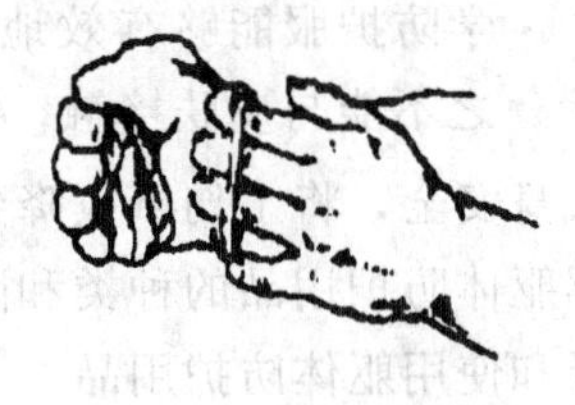

(c)把手指插入手套内层

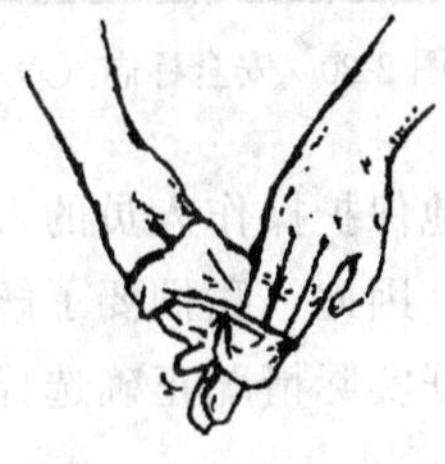

(d)由内向外脱掉手套,并将第一支手套包在里面

图2-18　脱掉被污染手套方法

五、标准洗手方法

具体洗手方法如图2-19所示。

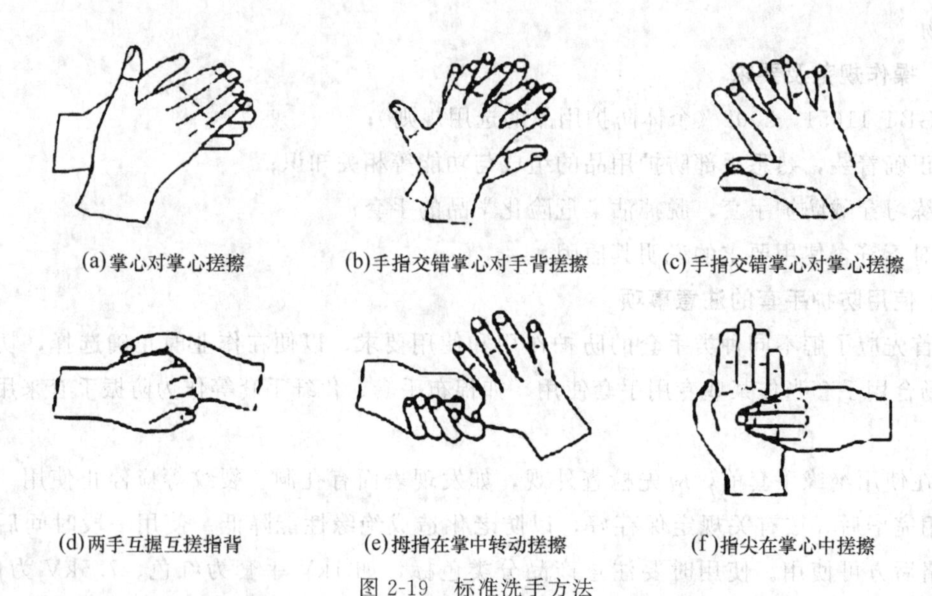

图 2-19 标准洗手方法

任务六 选择和使用躯体防护服

● 任务介绍

某化工厂有三个储存硝酸罐体，装有浓度为 97%的硝酸，工人操作不当导致阀门失灵，硝酸泄漏，现场黄色烟雾缭绕，气味刺鼻，有毒气体迅速蔓延。消防指挥中心接到报警后立刻启动重点单位危险化学品应急预案。身着防护服、头戴防护面具的消防队员靠近罐体，对泄漏点进行堵漏；同时另一路消防员利用沙子混合氢氧化钠扬撒在地面上，对外泄残留的硝酸进行中和，并在水枪的配合下，对挥发的有毒气体进行稀释。最后险情被成功处置，事故没有造成人员伤亡。

图 2-20 安全标志（六）

像类似的化工厂泄漏事件、化学物质运输过程中发生的意外事件，处理时都需要在穿戴防护服和防护装备的条件下进行。化学防护服能够有效地阻隔无机酸、碱、溶剂等有害化学物质，使之不能与皮肤接触，安全标志如图 2-20 所示。这样就可以最大限度地保护操作人员的人身安全，将工伤事故降到最低。

因此，我们要了解躯体防护用品的种类和防护原理，掌握躯体防护用品的主要功能，会根据实际情况正确选择和使用躯体防护用品。

● 任务分析

皮肤作为人体的第一道防线，在预防化学品危害方面担负着重要的角色。

据统计，生产中 70%的化学中毒与危害是由于化学灼伤和化学毒物经皮肤吸收引起的。在生产过程中，化学烧伤除由违章操作和设备事故等造成以外，主要是个人防护不当引起的。很多有机溶剂如四氯化碳、苯胺、硝基苯、三氯乙烯、含铅汽油、有机磷等，即使不发生皮肤灼伤，也可通过完好的皮肤被人体吸收而引起全身中毒。还有许多化学品如染料、橡胶添加剂、医药中间体等都会引起接触性和过敏性皮炎。石油液化气的液体虽然不具有腐蚀性，但若接触人体会迅速汽化而急剧吸热，使人体皮肤产生冻伤。化工厂中化工原料一般都是在管道和反应罐中封闭运行，但由于操作失误或发生泄漏，加料工、维修工受到中毒与危害的可能性还是非常大的。石化生产一线操作工必须要有“病从皮入”的概念。

常见躯体受伤危险及防范分析见表 2-12。

表 2-12 常见躯体受伤危险及防范分析

危险	处于危险的身体部位	减少危险的安全措施	个人防护用品
化学品的生产 化学品的搬运 化学品的储存 化学品的运输 化学品的使用 化学废料的处置或处理因作业活动导致化学品的排放 化学处理相关设备的保养、维修和清洁	皮肤	制订安全计划 用安全的材料代替危险材料 使用工具处理化学品而不是裸肤接触化学品 生产过程的密闭化 操作自动化 通风排毒	躯体防护服

化学防护服是指用于防护化学物质对人体伤害的服装，在选择防护服时应当进行相关的危险性分析，如工作人员将暴露在何种危险品（种类）之中，这些危险品对健康有何种危害，它们的浓度如何，以何种形态出现（气态、固态、液态），操作人员可能以何种方式与此类危险品接触（持续、偶然），根据以上分析确定防护服的种类、防护级别并正确着装。

● 必备知识

一、躯体防护用品分类

按照结构、功能，躯体防护用品分为两大类：防护服和防护围裙，见表 2-13。

表 2-13 躯体防护用品分类

名　称	分　类	
防护服	一般劳动防护服	
	特种劳动防护服	阻燃防护服 防静电服 防酸服 抗油拒水服 防水服 森林防火服 劳保羽绒服 防 X 射线防护服 防中子辐射防护服 防带电作业屏蔽服 防尘服 防砸背心
防护围裙		

二、防护服选用原则

防护服应做到安全、适用、美观、大方，应符合以下原则：

① 有利于人体正常生理要求和健康。

② 款式应针对防护需要进行设计。

③ 适应作业时肢体活动，便于穿脱。

④ 在作业中不易引起钩、挂、绞、碾。

⑤ 有利于防止粉尘、污物沾污身体。

⑥ 针对防护服功能需要选用与之相适应的面料。

⑦ 便于洗涤与修补。

⑧ 防护服颜色应与作业场所背景色有所区别，不得影响各色光信号的正确判断。凡需要有安全标志时，标志颜色应醒目、牢固。

三、常见的防护服装

常见的防护服装如图 2-21 所示。

(a) 阻燃防护服 (b) 防静电服 (c) 焊工服

(d) 封闭式耐酸服 (e) 隔热服 (f) 化学防护服

图 2-21 常见的防护服装

● 任务实施

训练内容 防静电工作服、防酸工作服的选择与使用

一、教学准备/工具/仪器

多媒体教学（辅助视频）

图片展示

实物

二、操作规范及要求

① GB/T 13661—92《一般防护服》；

② 熟悉躯体防护用品的组成与功能等相关知识；

③ 正确着装，练习穿戴躯体防护用品；

④ 对不符合使用要求的说明其原因。

三、穿着躯体防护服的注意事项

1. 防静电工作服

① 防静电工作服必须与GB 4385规定的防静电鞋配套穿用。

② 禁止在防静电服上附加或佩戴任何金属物件。需随身携带的工具应具有防静电、防电火花功能；金属类工具应置于防静电工作服衣带内，禁止金属件外露。

③ 禁止在易燃易爆场所穿脱防静电工作服。

④ 在强电磁环境或附近有高压裸线的区域内，不能穿用防静电工作服。

2. 防酸工作服

① 防酸工作服只能在规定的酸作业环境中作为辅助安全用品使用。在持续接触、浓度高、酸液以液体形态出现的重度酸污染工作场所，应从防护要求出发，穿用防护性好的不透气型防酸工作服，适当配以面罩、呼吸器等其他防护用品。

② 穿用前仔细检查是否有潮湿、透光、破损、开断线、开胶、霉变、皲裂、溶胀、脆变、涂覆层脱落等现象，发现异常停止使用。

③ 穿用时应避免接触锐器，防止机械损伤，破损后不能自行修补。

④ 使用防酸服首先要考虑人体所能承受的温度范围。

⑤ 在酸危害程度较高的场合，应配套穿用防酸工作服与防酸鞋（靴）、防酸手套、防酸帽、防酸眼镜（面罩）、空气呼吸器等劳动防护用品。

⑥ 作业中一旦防酸工作服发生渗漏，应立即脱去被污染的服装，用大量清水冲洗皮肤至少15min。此外，如眼部接触到酸液应立即提起眼睑，用大量清水或生理盐水彻底冲洗至少15min；如不慎吸入酸雾应迅速脱离现场至空气新鲜处，保持呼吸道通畅，呼吸困难者应予输氧；如不慎食入则应立即用水漱口，给饮牛奶或蛋清。重者立即送医院就医。

任务七　选择和使用足部防护用品

任务介绍

移动和支撑人体的重量是脚的两大重要功能，然而，脚部最容易受到伤害而往往被人们忽视。脚处于作业姿势的最低部位，往往是工伤的“重灾区”。

在石化企业，操作人员要经常使用工具、移动物料、调节设备，所接触的可能有坚硬、带棱角的东西，在处理灼热或腐蚀性物质所发生的溅射及搬运时不慎被下坠的物件压伤、砸伤、刺伤，导致无法正常工作，甚至造成终身残废。

在作业中，足部防护用品用来防护物理、化学和生物等外界因素对足、小腿部的伤害。职工在作业中穿用足部防护用品是避免或减轻工作人员在生产和工作中足部伤害的必要个体防护装备，安全标志如图2-22所示。

必须穿防护鞋

图2-22　安全标志（七）

任务分析

通过对大量足部安全事故的分析表明，发生足部安全事故有3个方面的主因。一是企业没有为职工配备或配备了不合格的足部防护用品；二是作业人员安全意识不强，心存侥幸，认为足部伤害难以发生；三是企业和职工不知道如何正确选用选择、使用和维护足部防护用品。

作业过程中，足部受到伤害有以下几个主要方面。

1. 物体砸伤或刺伤

在机械、冶金等行业及建筑或其他施工中，常有物体坠落、抛出或铁钉等尖锐物体散落于地面，可砸伤足趾或刺伤足底。

2. 高低温伤害

在冶炼、铸造、金属加工、焦化、化工等行业的作业场所，强辐射热会灼烤足部，灼热的物料可落到脚上引起烧伤或烫伤。在高寒地区，特别是冬季户外施工时，足部可能因低温发生冻伤。

3. 化学性伤害

化工、造纸、纺织印染等接触化学品（特别是酸碱）的行业，有可能发生足部被化学品灼伤的事故。

4. 触电伤害与静电伤害

作业人员未穿电绝缘鞋，可能导致触电事故。由于作业人员鞋底材质不适，在行走时可能与地面摩擦而产生静电危害。

5. 强迫体位

在低矮的巷道作业，或膝盖着地爬行，造成膝关节滑囊炎。

具体分析见表2-14。

表2-14 常见足部受伤危险及防范分析

危险	处于危险的身体部位	减少危险的安全措施	个人防护用品
滑落或滚动的物体 尖角或锋利的边缘 滑倒、电击、高低温	脚	识别并标识危险区域 加强管理	抗撞击、抗挤压、抗刺穿、电绝缘的防护鞋

根据美国Bureauof Labor的统计显示，足与腿的防护：66%腿足受伤的工人没有穿安全鞋、防护鞋；33%是穿一般的休闲鞋。受伤工人中85%是因为物品击中未保护的鞋（靴）部分。要保护腿足免于受到物品掉落、滚压、尖物、熔融的金属、热表面、湿滑表面的伤害，工人必须使用适当的足部防护具、安全鞋或靴或裹腿。

必备知识

一、安全鞋的分类

根据防护性能主要分为以下10种。

① 保护足趾安全鞋(靴)——防御外来物体对足趾的打击挤压伤害。

② 胶面防砸安全靴——在有水或地面潮湿的环境中使用，防御外来物体对足趾的打击挤压伤害。

③ 防刺穿鞋——防御尖锐物刺穿对足底部的伤害。

④ 电绝缘鞋——能使足部与带电物体绝缘，防止电击。

⑤ 防静电鞋——能及时消除人体静电积聚，防止由静电引起的着火、爆炸等危害。

⑥ 导电鞋——能在短时间内消除人体静电积聚，防止由静电引起的着火、爆炸等危害。

⑦ 耐酸碱鞋(靴)——防御酸、碱等腐蚀液体对足、小腿部的伤害。

⑧ 高温防护鞋——防御热辐射、熔融金属、火花以及与灼热物体接触对足部的伤害。

⑨ 焊接防护鞋——防御焊接作业的火花、熔融金属、高温金属、高温辐射伤害足部，以及能使足部与带电物体绝缘，防止电击。

⑩ 防振鞋——具有衰减振动性能，防止振动对人体的损害。

二、安全鞋结构

安全鞋结构见图 2-23。

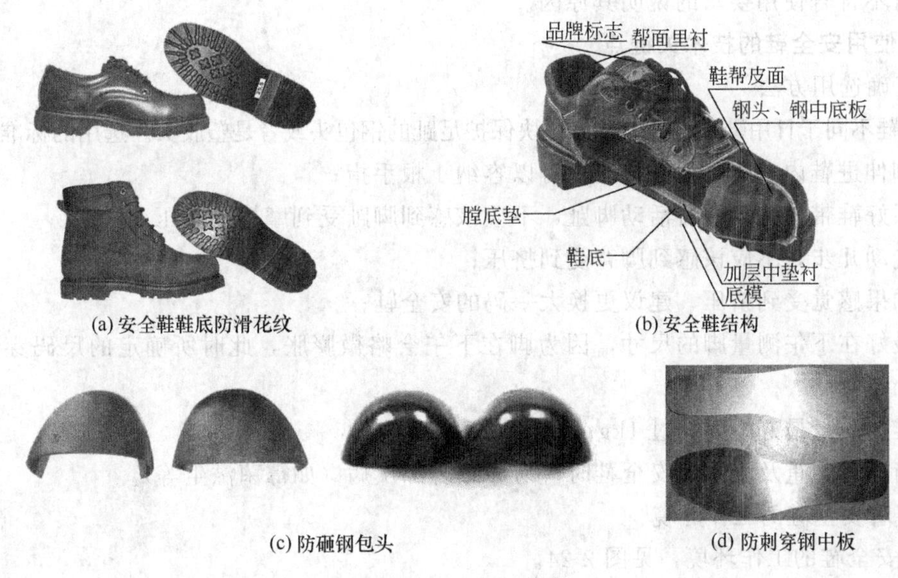

(a) 安全鞋鞋底防滑花纹　(b) 安全鞋结构

(c) 防砸钢包头　(d) 防刺穿钢中板

图 2-23　安全鞋结构

三、选择安全鞋要考虑的因素

选择安全鞋时，可以遵循以下 5 点。

① 防护鞋除了须根据作业条件选择适合的类型外，还应合脚，穿起来使人感到舒适，这一点很重要，要仔细挑选合适的鞋号。

② 防护鞋要有防滑的设计，不仅要保护人的脚免遭伤害，而且要防止操作人员滑倒所引起的事故。

③ 各种不同性能的防护鞋，要达到各自防护性能的技术指标，如脚趾不被砸伤，脚底不被刺伤，绝缘导电等要求。但安全鞋不是万能的。

④ 使用防护鞋前要认真检查或测试，在电气和酸碱作业中，破损和有裂纹的防护鞋都是有危险的。

⑤ 防护鞋用后要妥善保管，橡胶鞋用后要用清水或消毒剂冲洗并晾干，以延长使用寿命。

任务实施

训练内容　安全鞋的选择和使用

一、教学准备/工具/仪器

多媒体教学（辅助视频）

图片展示

实物

二、操作规范及要求

① GB 11651—89《劳动防护用品选用规则》；

② 正确着装，熟悉足腿防护用品的组成与功能等相关知识；

③ 练习穿戴足腿防护用品；

④ 对不符合使用要求的说明其原因。

三、使用安全鞋的技术关键点

1. 正确选用方法

安全鞋不同于日用鞋，它的前端有一块保护足趾的钢包头或者是塑胶头。选用的标准是：

① 脚伸进鞋内，脚跟处应该至少可以容纳 1 根手指；

② 系好鞋带，上下左右活动脚趾，不应该感到脚趾受到摩擦或挤压；

③ 走动几步，不应该感到脚背受到挤压；

④ 如果感觉受到挤压，建议更换大一码的安全鞋；

⑤ 最好在下午测量脚的尺寸，因为脚在下午会略微膨胀，此时所确定的尺码穿起来会最舒服；

⑥ 鞋的质量最好不要超过 1kg；

⑦ 当穿着太重及太紧的安全鞋时，易导致脚部疾病（如霉菌滋生等）。

2. 穿着安全鞋的工作环境

穿着安全鞋的工作环境，见图 2-24。

3. 安全鞋的报废

(1) 外观缺陷检查

安全鞋外观存在以下缺陷之一者，应予报废：

① 有明显的或深的裂痕，达到帮面厚度的一半；

② 帮面严重磨损，尤其是包头显露出来；

③ 帮面变形、烧焦、熔化或发泡，或腿部部分开裂；

④ 鞋底裂痕大于 10mm，深度大于 3mm；

⑤ Ⅰ类鞋帮面和底面分开距离长大于 15mm，宽（深）大于 5mm，Ⅱ类鞋出现穿透；

⑥ 曲绕部位的防滑花纹高度低于 1.5mm；

⑦ 鞋的内底有明显的变形。

(2) 性能检测

防静电鞋、电绝缘鞋等电性能类鞋，应首先检查是否有明显的外观缺陷，同时，每 6 个月对电绝缘鞋进行一次绝缘性能的预防性检验和不超过 200h 对防静电鞋进行一次电阻值的测试，以确保鞋是安全的；若不符合要求，则不应再当作电性能类鞋继续使用。

(a) 被坚硬、滚动或下坠的物件触碰

(b) 被尖锐的物件刺穿鞋底或鞋身

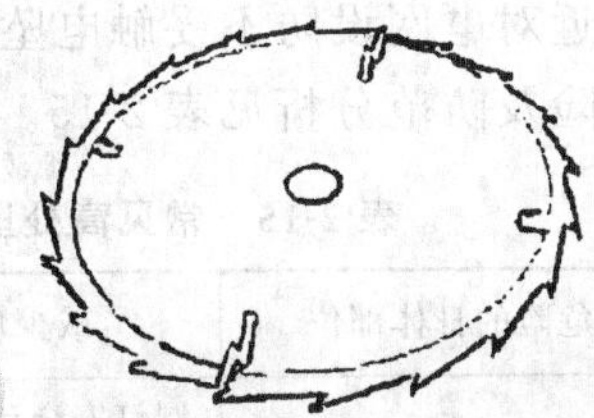

(c) 被锋利的物件割伤，甚至使表皮撕裂

(d) 场地润滑、跌倒

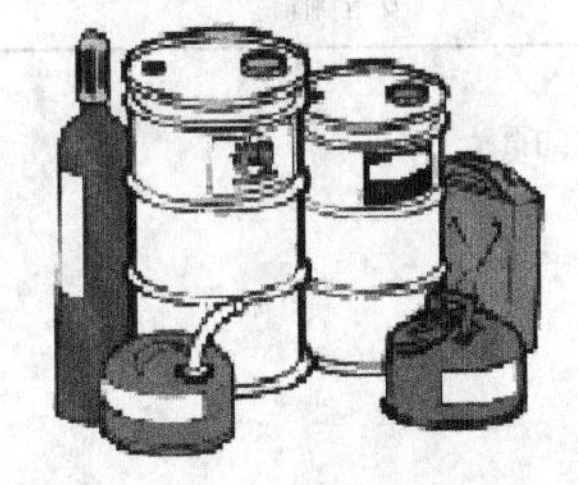

(e) 接触化学品

(f) 熔化的金属、高温及低温的表面

(g) 接触电力装置

(h) 易燃易爆的场所

图 2-24　穿着安全鞋的工作环境

任务八　选择和使用安全带

任务介绍

石油化工装置塔罐林立、管路纵横，多数为多层布局，高处作业的机会比较多。尤其是检修、施工时，如设备、管线拆装，阀门检修更换，防腐刷漆保温，仪表调校，电缆架空敷设等，重叠交叉作业非常多。高处作业事故发生率高，伤亡率也高。某厂脱硝改造工作中，作业人员王某和周某站在空气预热器上部钢结构上进行起重挂钩作业，2人在挂钩时因失去平衡同时跌落。周某安全带挂在安全绳上，坠落后被悬挂在半空；王某未将安全带挂在安全绳上，从标高 24m 坠落至 5m 的吹灰管道上，经抢救无效死亡。

图 2-25　安全标志（八）

据统计，石化企业在生产装置检修工作中发生高处坠落事故，占检修总事故的 17%。

高处作业难度高、危险性大，稍不注意就会发生坠落事故，因此必须会使用坠落防护用品。安全标志如图 2-25 所示。

任务分析

高处作业主要包括临边、洞口、攀登、悬空、交叉等五种基本类型，发生高处坠落事故的原因主要是：洞、坑无盖板或检修中移去盖板；平台、扶梯的栏杆不符合安全要求，临时拆除栏杆后没有防护措施，不设警告标志；高处作业不挂安全带、不戴安全帽、不挂安全网；梯子使用不当或梯子不符合安全要求；不采取任何安全措施，在石棉瓦之类不坚固的结构上作业；脚手架有缺陷；高处作业用力不当、重心失稳；工器具失灵，配合不好，危险物料伤害坠落；作业附近对电网设防不妥触电坠落等。

常见高处坠落危险及防范分析见表 2-15。

表 2-15 常见高处坠落危险及防范分析

危险	处于危险的身体部位	减少危险的安全措施	个人防护用品
高处坠落 物体打击 触电	全身	制订安全计划 脚手架 设置禁区 设监护人	安全带 安全网 安全绳 安全帽

对高处作业的安全技术措施在开工以前就须特别留意以下有关事项：

① 技术措施及所需料具要完整地列入施工计划；

② 进行技术教育和现场技术交底；

③ 所有安全标志、工具和设备等，在施工前逐一检查；

④ 做好对高处作业人员的培训考核等。

● 必备知识

在高处作业过程中，当坠落事故发生时，冲击距离越大，冲击力就越大。当冲击力小于人体重力的 5 倍时，一般不会危及生命；当冲击力达到人体重力的 10 倍以上时，就会发生死亡事故。从大量事故的调查分析和理论计算都能得出，距地面 2m 以上的高处作业，若没有防护措施，一旦发生坠落，就可能出现伤亡事故。和世界上许多国家相同，我国规定凡是坠落高度基准面 2m 以上（含 2m）高处进行的作业均称为高处作业。

坠落防护用品就是高处作业时防止作业人员发生高处坠落和保护作业人员避免或减少因坠落而造成伤害的个人防护用品，包括安全带、安全绳和安全网。

1. 防止高处坠落伤害的三种方法

（1）工作区域限制　通过使用个人防护系统来限制作业人员的活动，防止其进入可能发生坠落的区域。

（2）工作定位　通过使用个人防护系统来实现工作定位，并承受作业人员的重量，使作业人员可以腾出双手来进行工作。

（3）坠落制动　通过使用连接到牢固的挂点上的个人坠落防护产品来防止从高于 2m 的高空坠落。

防止坠落伤害的三种方法如图 2-26 所示。

2. 安全带的防护作用

当坠落事故发生时，安全带首先能够防止作业人员坠落，利用安全带、安全绳、金属配件的联合作用将作业人员拉住，使之不坠落掉下。由于人体自身的质量和坠落高度会产生冲击力，人体质量越大、坠落距离越大，作用在人体上的冲击力就越大。安全带的重要功能是：通过安全绳、安全带、缓冲器等装置的作用吸收冲击力，将超过人体承受冲击力极限部分的冲击力通过安全带、安全绳的拉伸变形，以及缓冲器内部构件的变形、摩擦、破坏等形式吸收，使最终作用在人体上的冲击力在安全界限以下，从而起到保护作业人员不坠落、减小冲击伤害的作用。

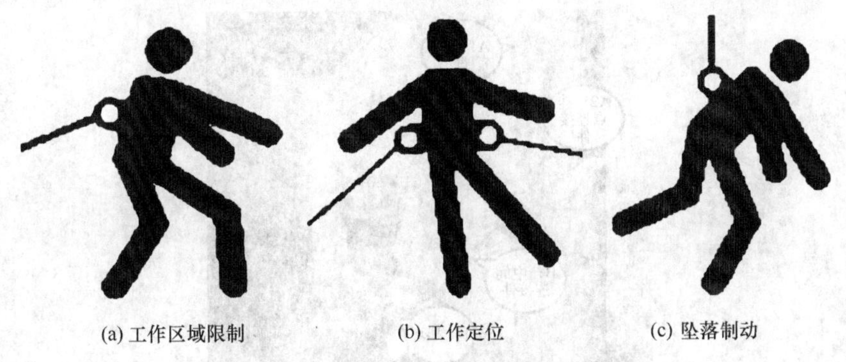

图 2-26　防止坠落伤害的三种方法

3. 安全带分类及使用范围

① 根据使用条件的不同，安全带可分为围杆作业安全带、区域限制安全带、坠落悬挂安全带 3 类，如图 2-27～图 2-29 所示。

图 2-27　围杆作业安全带示意图　　图 2-28　区域限制安全带示意图

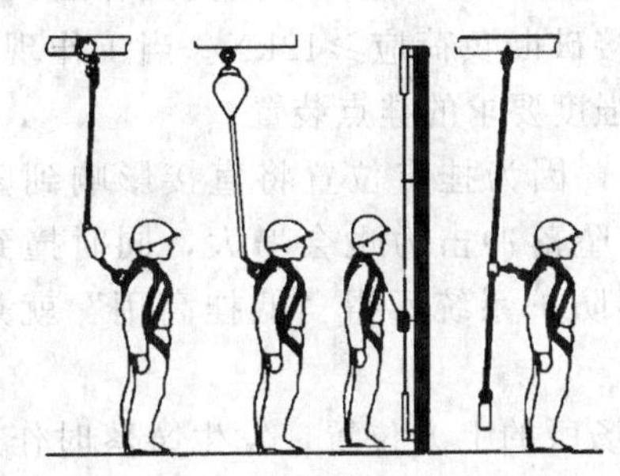

图 2-29　坠落悬挂安全带示意图

② 根据形式的不同，安全带可分为腰带式安全带、半身式安全带、全身式安全带 3 类。

4. 高空坠落防护系统组件

高空坠落防护系统（见图 2-30）包括 3 部分：挂点及挂点连接件；中间连接件；全身式安全带。

A1 挂点：一般是指安全挂点（如支柱、杆塔、支架、脚手架等）。

A2 挂点连接件：用来连接中间连接件和挂点的连接件（如编织悬挂吊带、钢丝套等）。

B 中间连接件：用来连接安全带与挂点之间的关键部件（如缓冲减震带、坠落制动器、抓绳器、双叉型编织缓冲减震系带等）。其作用是防止作业人员出现自由坠落的情况，应该根据所进行的工作以及工作环境来进行选择。

C 全身式安全带：作业人员所穿戴的个人防护用具。其作用是在发生坠落时，可以分解

图 2-30 高空坠落防护系统

作用力拉住作业人员，减轻对作业人员的伤害，不会从安全带中滑脱。

单独使用这些部分不能对坠落提供防护。只有将它们组合起来，形成一整套个人高空坠落防护系统，才能起到高空坠落的防护作用。

(1) 挂点及挂点连接件

① 挂点。使用牢固的结构作为挂点，它可承受高空作业人员坠落时重力加速度的作用产生的冲击力，挂点及挂点连接破断负荷应≥12kN。当工作现场没有牢固的构件可以作为挂点时，则需要安装符合同样强度要求的挂点装置。

挂点应位于足够高的地方，因为挂点位置将直接影响到坠落后的下坠距离，挂点位置越低，人下坠距离就越大，坠落冲击力也会增大，同时撞到下层结构的可能性也会大大增加。安全规程要求，坠落防护系统不得“低挂高用”就是为了达到这一目的。如图 2-31 所示。

如果挂点不在垂直于工作场所的上方位置，发生坠落时作业人员在空中会出现摆动现

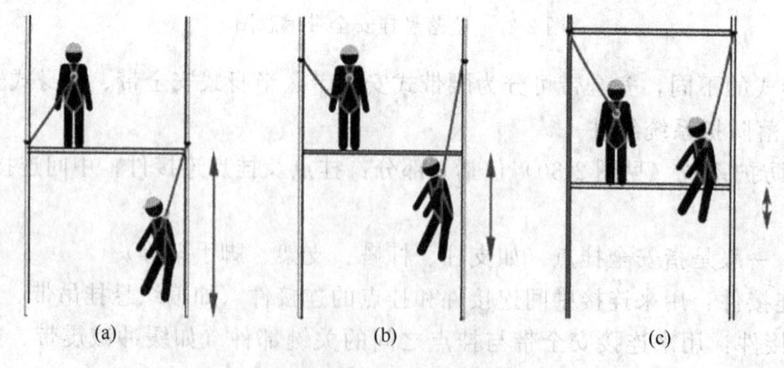

图 2-31 挂点的选择

(a) 挂点位置低，坠落冲击力大；(b) 挂点位置较低，坠落冲击力较大；
(c) 挂点位置高，坠落冲击力小

象，并可能撞到其他物体上或撞到地面而受伤。在工作前安装坠落防护系统时，要注意避免“钟摆效应”，如图 2-32 所示。

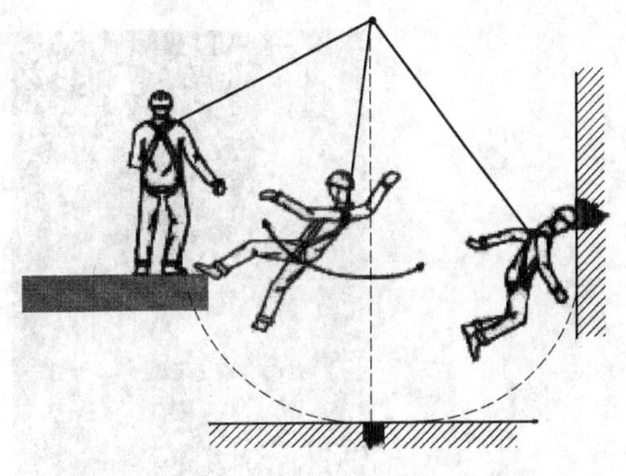
图 2-32　挂点“钟摆效应”

② 挂点连接件。用来连接中间连接件和挂点的连接件（如编织悬挂吊带、钢丝套等），如图 2-33 所示。

(2) 中间连接件

① 编织悬挂吊带和安全钩，如图 2-34 所示。

② 坠落制动器。当作业人员进行高空作业时，希望能够在工作面上自由移动，或挂点离作业面较远时，或不能使用缓冲系绳时，应使用坠落制动器（见图 2-35）。坠落制动器具有瞬时制动功能，破断负荷应≥12kN。

(a) 抓钩直接连接

(b) 安全钩直接连接

(c) 钢丝绳连接

图 2-33　挂点连接件

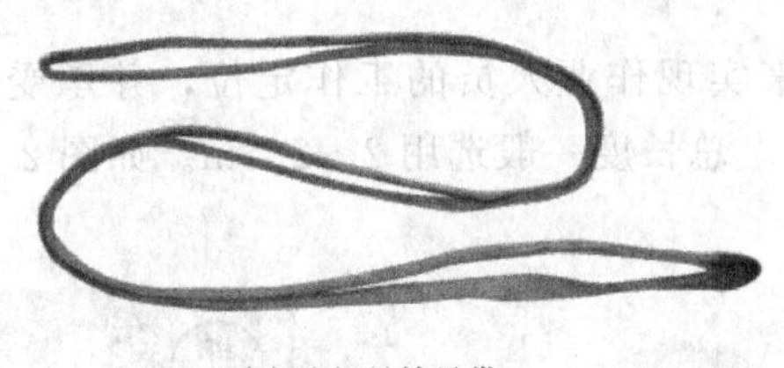
(a) 编织悬挂吊带

(b) 安全钩

图 2-34　编织悬挂吊带和安全钩

③ 抓绳器与安全绳。当高空作业的作业人员需要上下装置、构架时，可以使用基于安全绳（见图 2-36）的抓绳器来防高空坠落。使用的安全绳装设好后，必须进行试拉检查，安全绳下部必须进行固定。抓绳器安装到安全绳上后，作业人员应进行使用前的试拉检查。

④ 双叉型编织缓冲减震系带。双叉型编织缓冲减震系带由两条编织带组成，俗称“双抓”（见图 2-37）。并带有缓冲包和抓钩，破断负荷应≥15kN。两抓钩的交替使用，可以保证高空作业工作人员在上下过程或者水平移动过程中，始终有一条编织带连接在挂点上，从而始终不会失去保护。

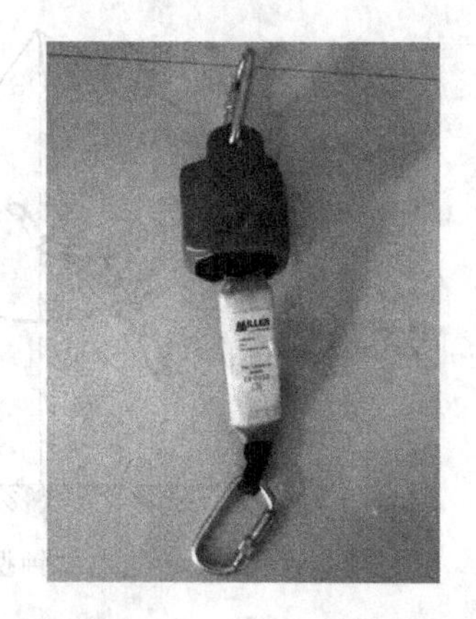
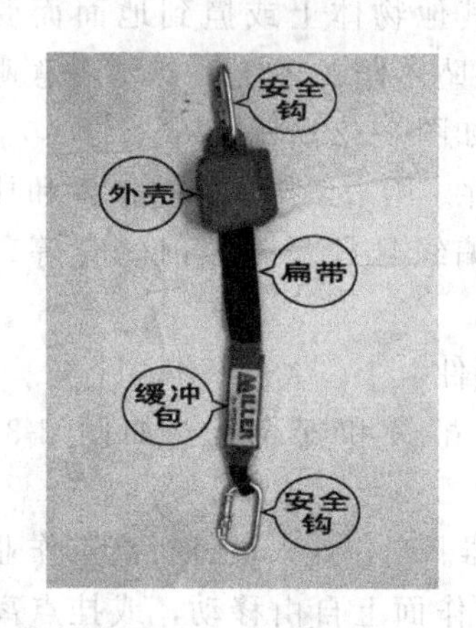

图 2-35 坠落制动器

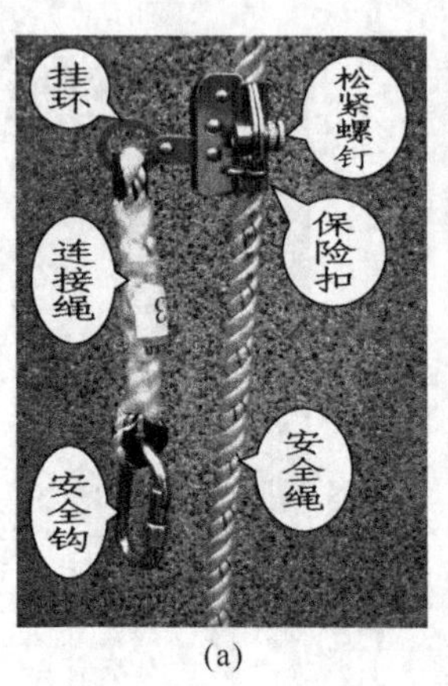

(a)

(b)

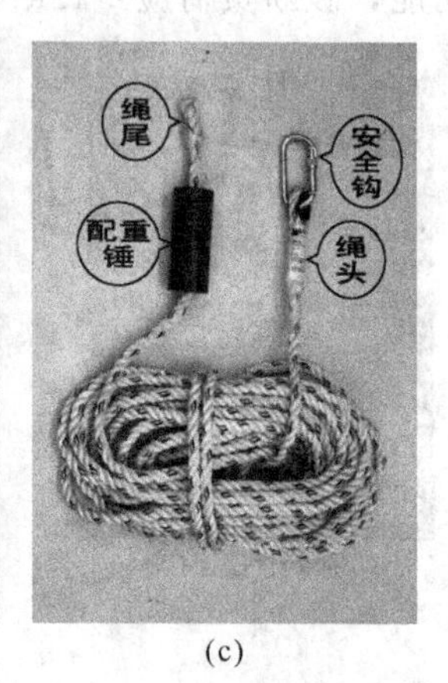

(c)

图 2-36 抓绳器与安全绳

⑤ 工作定位绳。工作定位绳用来实现作业人员的工作定位，并承受作业人员的重量，使作业人员可以腾出双手来进行工作。总长度一般选用 2～2.5m。如图 2-38 所示。

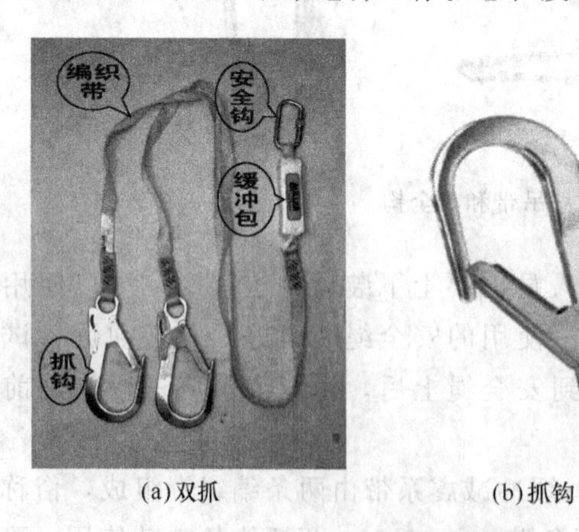

(a) 双抓

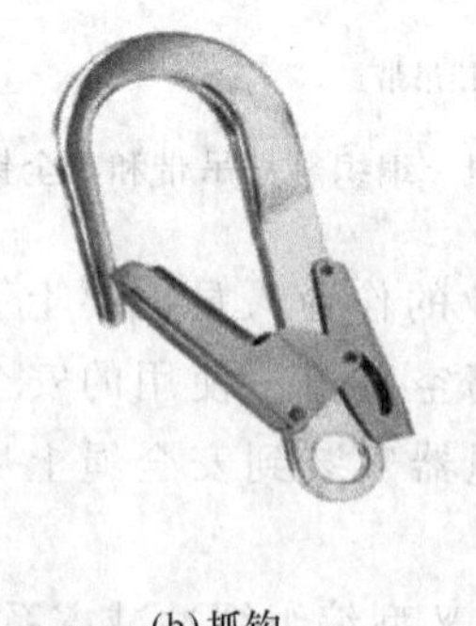

(b) 抓钩

图 2-37 双叉型编织缓冲减震系带

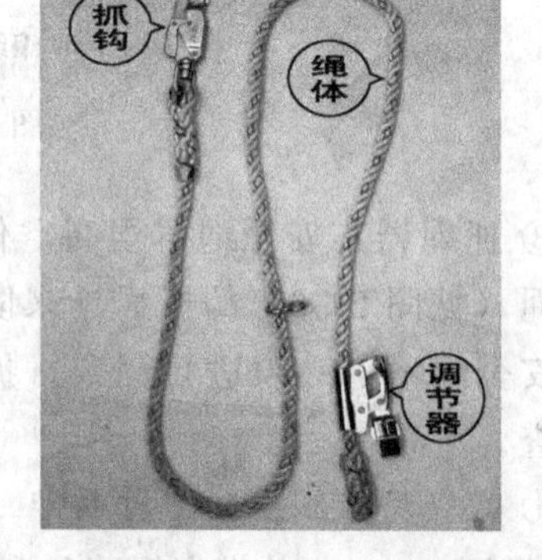

图 2-38 工作定位绳

(3) 全身式安全带 作业人员所穿戴的个人防护用具。其作用是在发生坠落时，可以分解作用力拉住作业人员，减轻对作业人员的伤害，不会从安全带中滑脱。防范高空坠落的安全带必须是全身式安全带。如图 2-39 所示。

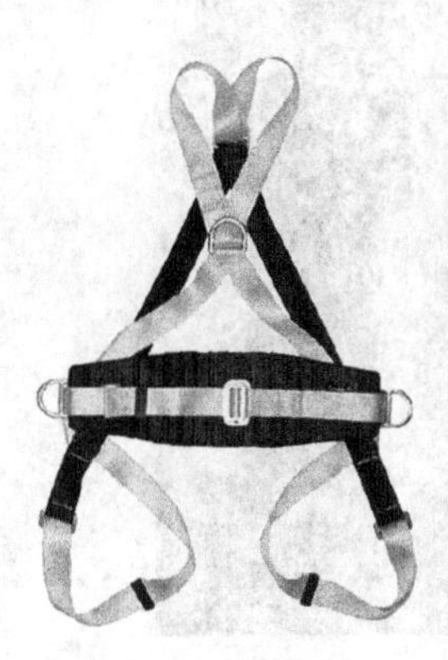

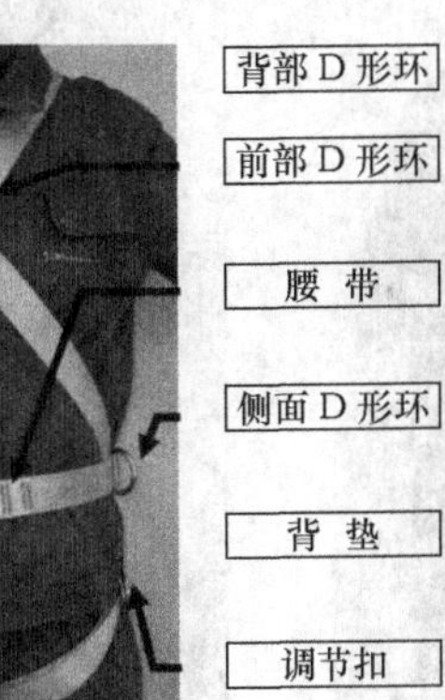

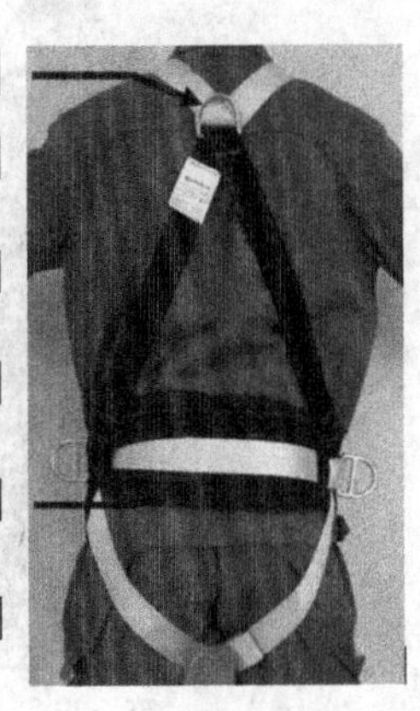

图 2-39　全身式安全带

安全带和绳必须用锦纶、维纶、蚕丝料。电工围杆可用黄牛带革。金属配件用普通碳素钢或铝合金钢。包裹绳子的套用皮革、轻带、维纶或橡胶制。腰带长 1300～1600mm，宽 40～50mm；护腰长 600～700mm，宽 80mm；安全绳总长（2000～3000)mm±40mm；背带长 1260mm±40mm。

任务实施

训练内容　使用安全带

一、教学准备/工具/仪器

多媒体教学（辅助视频）

图片展示

实物

二、操作规范及要求

① GB/T 23468—2009《坠落防护装备安全使用规范》；

② 正确着装，熟悉坠落防护用品的组成与功能等相关知识；

③ 练习使用全身式安全带；

④ 对不符合使用要求的说明其原因。

三、佩戴全身式安全带（如图 **2-40** 所示）

第一步：握住安全带的前部 D 形环。抖动安全带，使所有的编织带回到原位。如果胸带、腿带和腰带被扣住时，则松开编织带并解开带扣；

第二步：将胸带背在双肩；

第三步：拉住前部 D 形环，把肩带由背后拉起、分开后从头部套入，让前部、后部 D 形环处于两肩中间的位置；

第四步：从两腿之间穿腿带，扣好带扣，按同样的方法扣好第二根腿带；

第五步：扣好腰带，腰带必须处于胸带下方；

第六步：全部组件都扣好后，收紧所有带子，让安全带尽量贴紧身体，但又不会影响活动，将多余的带子穿到带夹中防止松脱。

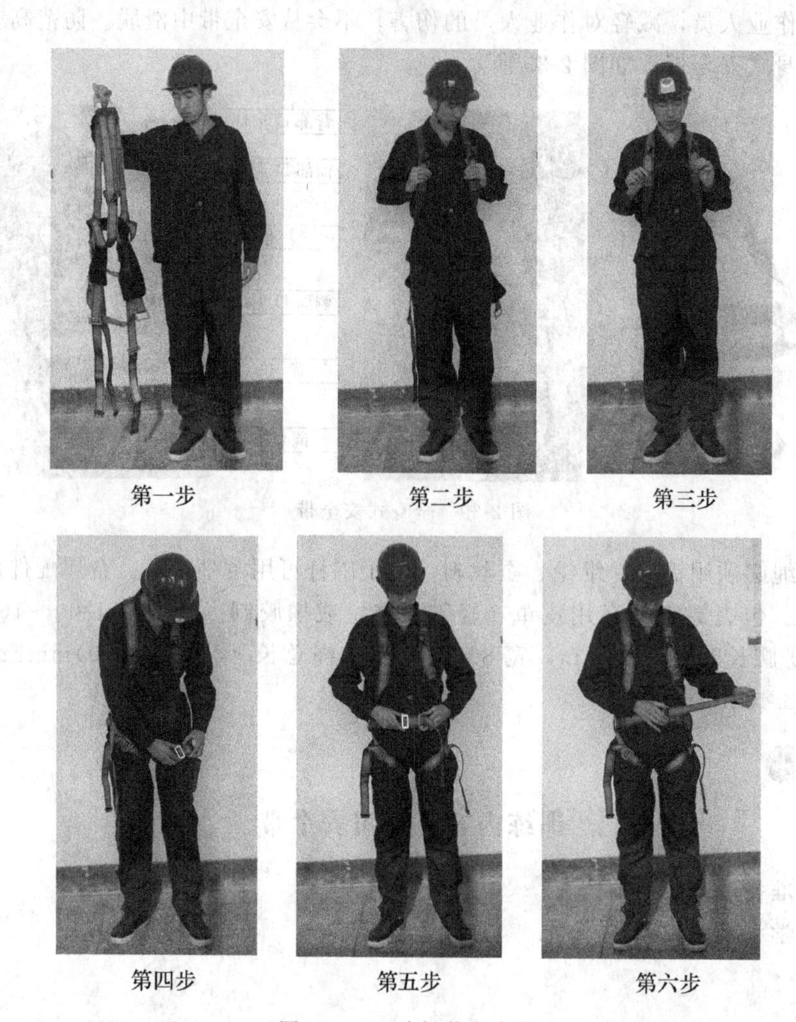

图 2-40　正确佩戴安全带

全身式安全带穿戴完毕后，腰带必须处于胸带下方。脱下全身式安全带的程序与穿的顺序相反。

四、系挂安全带挂点的选择判断

如图 2-41、图 2-42 所示。

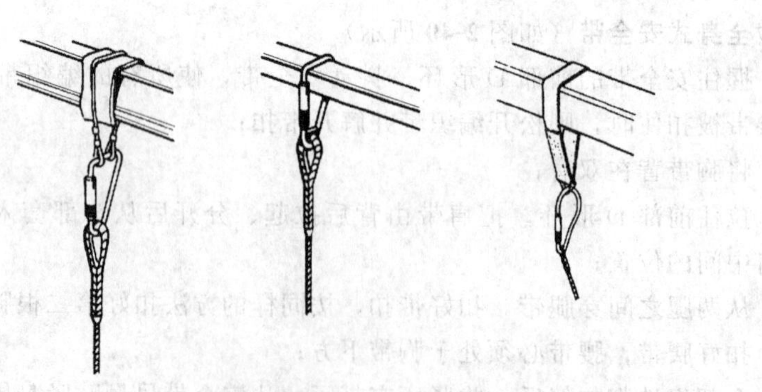

图 2-41　系挂安全带挂点正确选择

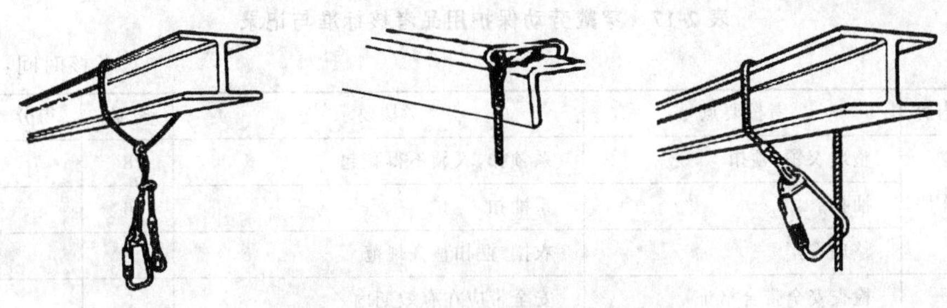

图 2-42 系挂安全带挂点错误选择

考核与评价

一、穿戴劳动保护用品

1. 考核要求

(1) 正确穿戴劳动保护用品。

(2) 考核前统一抽签，按抽签顺序对学生进行考核。

(3) 符合安全、文明生产要求。

2. 准备要求

材料准备见表 2-16。

表 2-16 材料准备表

序号	名 称	规 格	数 量	备 注
1	安全帽		1 顶	
2	工作服		1 套	
3	安全带		1 副	
4	手套		3 副	

3. 操作考核规定及说明

(1) 操作程序

① 准备工作。

② 工作服的穿着。

③ 安全带的使用。

④ 手套、安全帽的佩戴。

(2) 考核规定及说明

① 如操作违章，将停止考核。

② 考核采用 100 分制，然后按权重进行折算。

(3) 考核方式说明　该项目为实际操作，考核过程按评分标准及操作过程进行评分。

(4) 考核时限　以学生顺利完成考核为准。

(5) 考核标准与记录　见表 2-17。

二、使用过滤式防毒面具

1. 准备要求

(1) 材料、设备准备（见表 2-18）

表 2-17 穿戴劳动保护用品考核标准与记录

考核时间：5min

序号	考核内容	考核要点	考核要求	分数	得分	备注
1	穿工作服	整理衣领、领扣	系领扣，衣领不得翻起	8		
		袖扣	系袖扣	6		
		整理衣摆	衣摆、摆扣整齐规范	6		
2	佩戴安全带	检查安全带合格证	安全带应在有效期内	5		
		检查安全带是否完好	应检查安全带的外观，组件完整性、无短缺、无伤残破损	10		
		正确佩戴安全带	腰带应平顺，系带方法要正确	10		
		正确使用安全带	安全带应高挂低用，绑定牢固	10		
3	戴安全帽	检查安全帽合格证书	安全帽应在有效期内	10		
		检查安全帽是否完好	应查看安全帽组件的完好性、帽衬与帽壳的间隙应该足够	10		
		安全帽佩戴正确	安全帽下颌带应系好，后箍调整紧凑，保证安全帽不脱落	10		
4	戴手套	选择耐酸碱手套	应检查手套的外观，完整性、无短缺、无伤残破损	5		
5	安全文明操作	维护工具	工具归位，摆放整齐	5		
		严格按操作规程操作	严格遵守操作规程	5		
		合计		100		

表 2-18 材料、设备准备表

序号	名称	规格	数量	备注
1	橡胶面罩		1个	
2	滤毒罐		3个	

（2）工具准备（见表 2-19）

表 2-19 工具准备表

序号	名称	规格	数量	备注
1	手套	布	1副	

2. 操作程序规定说明

（1）操作程序说明 佩戴防毒面具。

（2）考核规定说明

① 如违章操作该项目终止考核。

② 考核采用百分制，考核项目得分按权重进行折算。

（3）考核方式说明 该项目为实际操作题，全过程按操作标准结果进行评分。

（4）技能考核说明 本项目主要考核学生对使用过滤式防毒面具的掌握程度。

3. 考核时限

① 准备时间：1min（不计入考核时间）。

② 操作时间：10min。

③ 从正式操作开始计时。

④ 考核时，提前完成不加分，超过规定操作时间按规定标准评分。

4．考核标准与记录表

见表 2-20。

表 2-20　使用过滤式防毒面具考核标准与记录

考核时间：10min

序号	考核内容	考核要点	分数	评分标准	得分	备注
1	佩戴防毒面具	判断毒气的种类	10	判断不正确扣 10 分		
		选择滤毒罐	10	选择不正确扣 10 分		
		检查橡胶面罩的完好状况，检查视窗、活门、本体等部件完好情况	15	未检查橡胶面罩的完好状况扣 10 分，未检查视窗、活门、本体等部件完好情况扣 5 分		
		检查防毒面具的气密性，带好面罩，用掌心堵住面罩接口，吸气，然后感觉到面罩紧贴面部为准	15	未检查防毒面具的气密性扣 10 分，面罩内未成负压扣 5 分		
		将滤毒罐上封盖拧下	10	未将滤毒罐上封盖拧下扣 10 分		
		将滤毒罐下封盖拧下	10	未将滤毒罐下封盖拧下扣 10 分		
		将橡胶面罩与滤毒罐连接	15	未将橡胶面罩与滤毒罐连接扣 10 分，连接不规范扣 5 分		
		佩戴好防毒面具	15	未佩戴好防毒面具扣 10 分，佩戴不规范扣 5 分		
2	安全文明操作	按国家或企业颁布的有关规定执行		违规操作一次从总分中扣除 5 分，严重违规停止本项操作		
3	考核时限	在规定时间内完成		按规定时间完成，每超时 1min，从总分中扣 5 分，超时 3min 停止操作		
合计			100			

归纳总结

个人防护用品是指劳动者在劳动过程中为免遭或减轻职业病危害而随身穿戴和配备的各种物品的总称。正确使用防护用品是保障从业人员安全和健康的一个非常关键的环节。劳动防护用品是保护职工安全所采取的必不可少的辅助措施，在某种意义上说，它是劳动者防止职业伤害的最后一项措施。

《安全生产法》规定："生产经营单位必须为从业人员提供符合国家标准或行业标准的劳动防护用品。"《职业病防治法》规定："用人单位必须采用有效的职业病预防措施，并为劳动者提供个人使用的职业病防护用品"，并且"提供的职业病防护用品必须符合防治职业病的要求，不符合要求的不得使用"。

以上两法中都使用了"必须"词语，第一层含义是强调劳动防护用品的重要性，不是可有可无的物质福利待遇，而是保障安全生产、预防工伤事故和职业病的必需品；第二层含义是强调劳动防护用品的质量，不符合国家标准或行业标准的劳动防护用品不能使用。

各种防护用品具有消除或减轻事故的作用。但防护用品对人的保护是有限度的，当伤害超过允许防护范围时，防护用品也将失去其作用。

我国对劳动防护用品采用以人体防护部位为法定分类标准（《劳动防护用品分类与代

码》），共分为十大类：

① 头部防护用品；

② 呼吸器官防护用品；

③ 眼面部防护用品；

④ 听觉器官防护用品；

⑤ 手部防护用品；

⑥ 躯体防护用品；

⑦ 足腿防护用品；

⑧ 坠落防护用品；

⑨ 皮肤防护用品；

⑩ 其他防护用品。

巩固与提高

一、简答题

1. 什么是劳动保护用品？并举例说明。
2. 安全帽的作用是什么？
3. 根据防毒原理，防毒面具分为几类？过滤式防毒面具的适应范围是什么？
4. 正压式空气呼吸器在使用时应注意哪些事项？
5. 常见的眼面部防护用品可以大致分成几类？
6. 听觉器官防护用品主要有哪些？
7. 选择安全鞋要考虑哪些因素？
8. 防止高处坠落伤害的三种方法是什么？
9. 全身式安全带穿戴的步骤是什么？

二、看图找错误

1. 如图 2-43 所示，操作员正将一种具有腐蚀性的物质倒入桶内，该工作所需的劳动防护用品如图所示。观察这位员工是否受到保护，将这位员工未受保护的部分选出来。

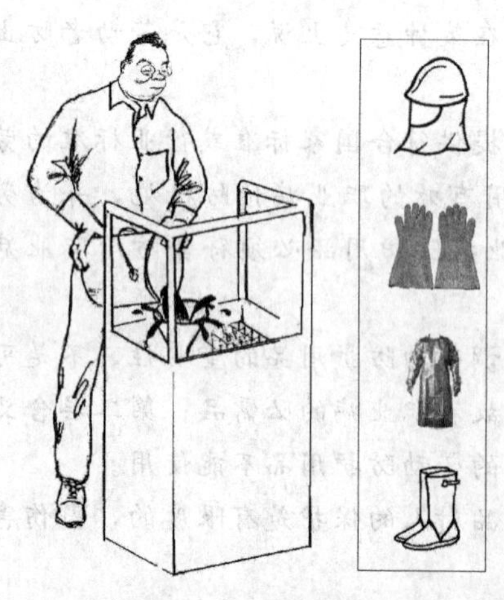

图 2-43 倾倒废液示意图

□ 头部

安全帽、防酸头罩、发网

□ 眼部

安全眼镜、面罩、防喷溅护目镜、焊接帽

□ 耳部

耳塞、耳罩

□ 呼吸系统

呼吸防护具、输气管面罩、防尘面罩、供氧呼吸防护具

□ 手臂与手部

手套：皮革制、抗化学药物、抗热或抗割；长袖

□ 躯干

围裙、安全带、防火衣物、全身衣物、连身工作服、防坠保护

□ 腿部与脚部

安全鞋、护胫、抗化学物长靴、橡皮靴

2. 指出图 2-44～图 2-47 中的安全违章。

图 2-44

图 2-45

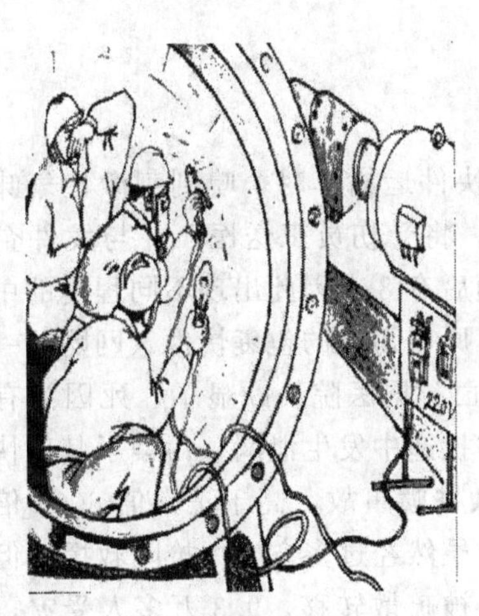

图 2-46

图 2-47

项目三 防止现场中毒伤害

任务一 了解石油化工常见危险化学品

任务介绍

2013 年 11 月 29 日，武汉某快递公司人员在卸载快件运输车时，嗅到刺激性气味，两名员工呕吐。对此，该公司的处理措施只是疏散员工，将受伤员工送医，并与发件企业联系，但发件企业一句谎话就把这件事轻易遮掩过去。随后有 8 人因此出现不同程度的中毒症状，其中家住山东省东营市广饶县一居民因收到被化工原料污染的包裹快件（网购的一双鞋子），几小时后出现呕吐、腹痛等症状，经抢救无效死亡。据医院诊断显示，死因为有毒化学液体氟乙酸甲酯中毒。此事缘于氟乙酸甲酯作为快件投递中发生泄漏，污染了其他快件。

2003 年 12 月 23 日晚上，重庆开县发生天然气特大井喷事故，高于正常值 6000 倍的硫化氢气体迅速顺风扩散，扑向毫无准备的村庄、集镇。虽然经过多方全力抢险救援，但仍然有 243 人因硫化氢中毒死亡，4000 多人受伤，6 万多人被疏散转移，9.3 万多人受灾，门诊病人累计达 1.4 万余人，直接经济损失高达 6432.31 万元。当地的干部和农民事先均对可能面对的危险一无所知，多数村民不知道硫化氢是什么，它有哪些危害，出了事故如何防护，应该怎样逃生。如果他们了解这些危险化学物质，恐怕就不会造成这么严重的后果。

就危险化学品而言，只有正确地分析、了解和掌握危险化学物质的基本特性，才能在生产过程中有针对性地采取措施，保证生产生活的安全。具体要掌握以下几点。

① 正确辨识化学品安全标签，理解作业场所化学品安全标签上的信息及其含义。

② 了解化学品安全技术说明（有毒有害化学物质信息卡）的内容及其含义。

③ 正确识别和理解作业场所内使用的图形、颜色、编码、标识等安全标志。

④ 了解不同化学品进入人体的途径及其对人体的危害和防护急救方法。

⑤ 了解危险化学品安全使用、储存、操作处置、废弃的程序和注意事项。

⑥ 了解紧急状态下的应急处理程序和措施。

任务分析

危险源是可能导致伤害或疾病、财产损失、工作环境破坏或这些情况组合的根源或状态。危险源由三个要素构成：潜在危险性、存在条件和触发因素。例如，从全国范围来说，对于危险行业（如石油、化工等）具体的一个企业（如炼油厂）就是一个危险源。而从一个企业系统来说，可能是某个车间、仓库或危险化学品就是危险源。

目前世界上大约有 800 万种化学物质，其中常用的化学品就有 7 万多种，每年还有上千种新的化学品问世。在品种繁多的化学品中，有些物质能够直接对机体造成危害，有些物质虽不会直接产生危害，但当数量增加到一定程度或在一定条件下通过生物转化后即可表现出某些毒性。危险化学品是指化学品中具有易燃、易爆、有毒及腐蚀等特性，会对人员、设施、环境造成伤害或损害的化学品。

化工事故案例史表明，对加工的化学物质及相关的物理、化学原理不甚了解，忽视过程与操作的安全及违章操作是酿成化工事故的主要原因。据有关资料介绍，在各类工业爆炸事故中，化工爆炸占 32.4%，所占比例最大；事故造成的损失也以化学工业为最大，约为其他工业部门的五倍。

危险化学品事故预防与控制一般包括技术控制和治理控制两个方面。技术控制的目的是通过采取适当的措施，消除和降低化学品工作场所的危害，防止工人在正常作业时受到有害物质的侵害；治理控制是指按照国家法律、标准所建立起来的治理程序和措施，对作业场所进行危险识别、安全生产禁令、张贴警示标志、操纵规程、贴制安全标签、产品安全技术说明书等，是预防作业场所中化学品危害的一个重要方面。

● 必备知识

一、危险化学品的概念

化学品中具有易燃、易爆、有毒、有害及有腐蚀等危险特性，对人员、设施、环境造成伤害或损害的属于危险化学品。

二、危险化学品的危险特性

危险化学品的危险特性主要体现在以下几方面：

① 绝大部分危险化学品为易燃易爆物品；

② 相当一部分危险化学品具有毒性；

③ 许多危险化学品具有腐蚀性，这类物质能灼伤人体组织，对金属、动植物机体、纤维制品等具有强烈的腐蚀作用。

三、危险化学品的分类

依据 GB 13690—2009《化学品分类和危险性公示　通则》分类，共分三大类：理化危险、健康危险、环境危险。第一大类含爆炸物等 16 类；第二大类含急性毒性等 10 类；第三大类含危害水生环境等 7 类。如图 3-1～图 3-3 所示。

根据《危险货物分类和品名编号》（GB 6944—2012）和《危险货物品名表》（GB 12268—2012）按危险货物具有的危险性或最主要的危险性将其分为 9 个类别。

第一类：爆炸品。

爆炸品指在外界作用下（如受热、摩擦、撞击等）能发生剧烈的化学反应，瞬间产生大量的气体和热量，使周围的压力急剧上升，发生爆炸，对周围环境、设备、人员造成破坏和伤害的物品。爆炸品在国家标准中分 5 项，其中有 3 项包含危险化学品，另外 2 项专指弹药等。

第 1 项：具有整体爆炸危险的物质和物品，如高氯酸。

第 2 项：具有燃烧危险和较小爆炸危险的物质和物品，如二亚硝基苯。

第 3 项：无重大危险的爆炸物质和物品，如四唑并-1-乙酸。

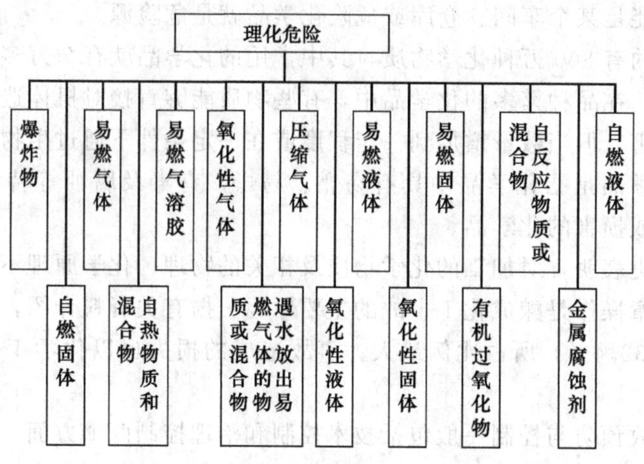

图 3-1 按理化危险性分类示意图

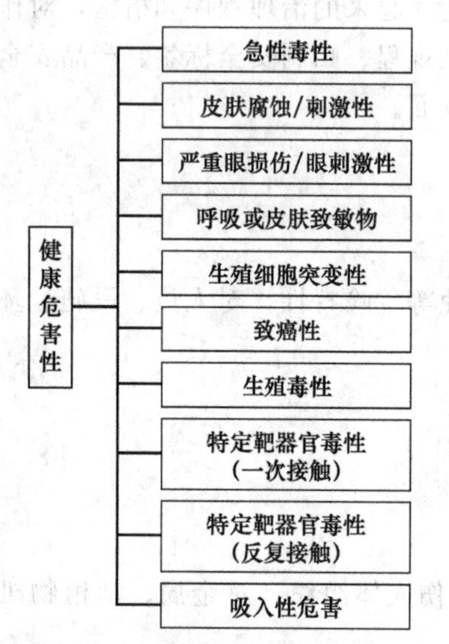

图 3-2 按健康危险性分类示意图

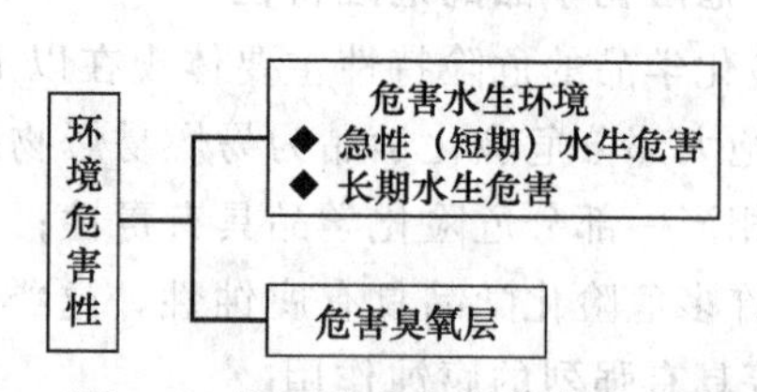

图 3-3 按环境危险性分类示意图

第二类：压缩气体和液化气体。

指压缩的、液化的或加压溶解的气体，当受热、撞击或强烈震动时，容器内压力急剧增大，致使容器破裂，物质泄漏、爆炸等。它分 3 项。

第 1 项：易燃气体，如氨气、一氧化碳、甲烷、氢气、乙烷、乙烯、丙烯等。

第 2 项：不燃气体（包括助燃气体），如氮气、氧气、氩气等。

第 3 项：有毒气体，如氯（液化的）、氨（液化的）、二氧化硫、二氧化氮、氟化氢、氯化氢等。

第三类：易燃液体。

本类物质在常温下易挥发，其蒸气与空气混合能形成爆炸性混合物。它分 3 项。

第 1 项：低闪点液体，即闪点低于－18℃的液体，如乙醛、丙酮、乙酸甲酯等。

第 2 项：中闪点液体，即闪点在－18～23℃的液体，如苯、甲醇、乙醇等。

第 3 项：高闪点液体，即闪点在 23～61℃的液体，如环辛烷、氯苯、苯甲醚、糠醛等。

第四类：易燃固体、自燃物品和遇湿易燃物品。

这类物品易于引起火灾，按燃烧特性分为 3 项，如金属钠、金属钾。

第 1 项：易燃固体，指燃点低，对热、撞击、摩擦敏感，易被外部火源点燃，迅速燃烧，能散发有毒烟雾或有毒气体的固体。如红磷、硫黄等。

第 2 项：自燃物品，指自燃点低，在空气中易于发生氧化反应放出热量，而自行燃烧的物品。如黄磷、三氯化钛等。

第 3 项：遇湿易燃物品，指遇水或受潮时，发生剧烈反应，放出大量易燃气体和热量的物品，有的不需明火，就能燃烧或爆炸。如金属钠、氢化钾等。

第五类：氧化剂和有机过氧化物。

这类物品具有强氧化性，易引起燃烧、爆炸，按其组成分为 2 项。

第 1 项：氧化剂，指具有强氧化性、易分解放出氧和热量的物质，对热、震动和摩擦比较敏感。如氯酸铵、高锰酸钾等。

第 2 项：有机过氧化物，指分子结构中含有过氧键的有机物，其本身易燃易爆、极易分解，对热、震动和摩擦极为敏感。如过氧化苯甲酰、过氧化甲乙酮等。

第六类：毒害品。

毒害品指进入人（动物）机体后，累积达到一定的量能与体液和组织发生生物化学作用或生物物理作用，扰乱或破坏机体的正常生理功能，引起暂时或持久性的病理改变，甚至危及生命的物品。如各种氰化物、砷化物、化学农药等。

第七类：放射性物品。

它属于危险化学品，但不属于《危险化学品安全管理条例》的管理范围，国家还另外有专门的“条例”来管理。

第八类：腐蚀品。

腐蚀品指能灼伤人体组织并对金属等物品造成损伤的固体或液体。这类物质按化学性质分为 3 项。

第 1 项：酸性腐蚀品，如硫酸、硝酸、盐酸、磷酸、乙酸、甲酸等。

第 2 项：碱性腐蚀品，如氢氧化钠、氢氧化钙、氢氧化钾等。

第 3 项：其他腐蚀品，如二氯乙醛、苯酚钠等。

第九类：杂项危险物质和物品，包括危害环境物质。

四、危险化学品编号

（1）危险货物编号（简称危规号）　根据 GB 12268—2012《危险货物品名表》给出的全国统一编号，危险货物编号由五位阿拉伯数字组成。第一位数表示该危险货物按此国标分类（共九类）所属类别；第二位数表示按此国际分项项别；第三至五位三位数表示该危险货物品名的顺序号。按此国标，将危险货物共分为九类 23 项。如硫化氢的危险货物编号为 21006。

（2）UN 编号　UN 编号是联合国《关于危险货物运输的建议书》对危险货物制订的编号，如硫化氢为 1053。

另外，美国化学会的下设组织化学文摘社（Chemical Abstracts Service，CAS）负责为每一种出现在文献中的物质分配一个 CAS 编号，这是为了避免化学物质有多种名称的麻烦，使数据库的检索更为方便。例如硫化氢的编号为 7783-06-4，乙醇的 CAS 编号为 64-17-5。

五、化学品安全技术说明书

国际上称作化学品安全信息卡，简称 MSDS 或 CSDS。安全技术说明书结构如图 3-4 所示。

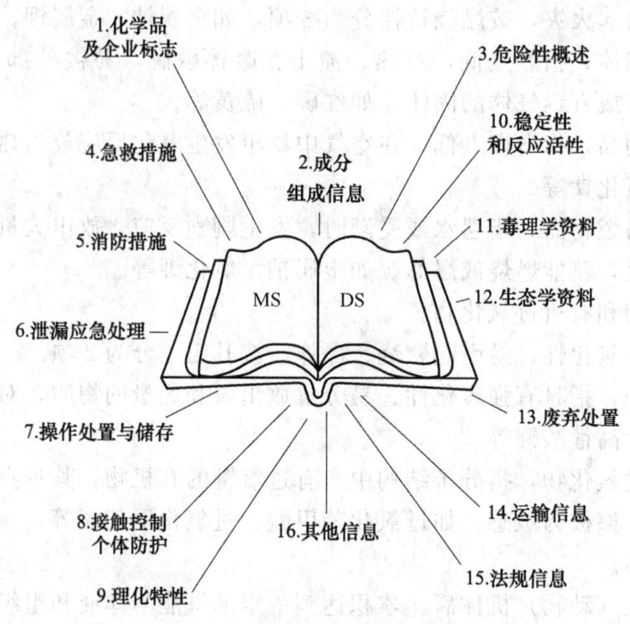

图 3-4 安全技术说明书结构

六、混合危险物质

一种物质与另一种物质接触时发生激烈的反应，甚至发火或产生危险性气体时，这些物质称为混合危险物质，这些物质的配伍称为危险配伍或不相容配伍。表 3-1 为常见混合危险配伍。

表 3-1 常见混合危险配伍

物质 A	物质 B	可能发生的某些现象	物质 A	物质 B	可能发生的某些现象
氧化剂	可燃物	生成爆炸性混合物	过氧化氢	胺类	爆炸
氯酸盐	酸	混触发火	醚	空气	生成爆炸性过氧物
亚氯酸盐	酸	混触发火	烯烃	空气	生成爆炸性过氧物
次氯酸盐	酸	混触发火	氯酸盐	铵盐	生成爆炸性铵盐
三氧化铬	可燃物	混触发火	亚硝酸盐	铵盐	生成不稳定铵盐
高锰酸钾	可燃物	混触发火	氯酸钾	红磷	生成对冲击摩擦敏感的爆炸物
高锰酸钾	浓硫酸	爆炸	乙炔	铜	生成对冲击摩擦敏感的铜盐
四氯化铁	碱金属	爆炸	苦味酸	铅	生成对冲击摩擦敏感的铅盐
硝基物	碱	生成高感度物质	浓硝酸	胺类	混触发火
亚硝基物	碱	生成高感度物质	过氧化钠	可燃物	混触发火
碱金属	水	混触发火	亚硝胺	酸	混触发火

任务实施

训练内容 认识安全标志与危险化学品的标志

一、教学准备/工具/仪器

多媒体教学（辅助视频）

图片展示

典型案例

二、操作规范及要求

① GB 13690—2009《常用危险化学品的分类及标志》；

② 根据典型案例做出分析；

③ 认识安全标志；

④ 认识危险化学品的标志及特性。

三、认识安全标志与危险化学品的标志

1. 安全色

安全色是用来表达禁止、警告、指令、提示等安全信息含义的颜色。它的作用是使人们能够迅速发现和分辨安全标志，提醒人们注意安全，以防发生事故。

国家标准 GB 2893—2001《安全色》中规定了采用红、蓝、黄、绿四种颜色为安全色，黑白两种颜色为对比色，具体如表 3-2 所示。

表 3-2　安全色的含义及用途

颜色	含义	用途举例
红色	禁止 停止	禁止标志 停止信号：机器、车辆上的紧急停止手柄或按钮，以及禁止人们触动的部位
	红色也表示防火	
蓝色	指令 必须遵守	指令标志：如必须佩戴防护用具，道路上指引车辆和行人行驶方向的指令
黄色	警告 注意	警告标志 警戒标志：如厂内危险机器和坑池周围引起注意的警戒线 行车道中线 机械上齿轮箱内部 安全帽
绿色	安全 通行	提示标志 车间内的安全通道 行人和车辆通行标志 消防设备和其他安全防护设备的位置

2. 对比色相间条纹

对比色相间条纹的含义见表 3-3。

表 3-3　对比色相间条纹的含义及标志

对比色相间条纹的含义	标志
红色和白色间隔条纹的含义是禁止通过，如交通、公路上用的防护栏杆	

续表

对比色相间条纹的含义	标　志
黄色与黑色间隔条纹的含义是警告、危险。如工矿企业内部的防护栏杆、吊车吊钩的滑轮架、铁路和公路交叉道口上的防护栏杆	

3．安全标志

安全标志是由安全色、几何图形和形象的图形符号构成的，用以表达特定的安全信息，是一种国际通用的信息。

安全标志分禁止标志、警告标志、指令标志、提示标志，其具体含义和常见标志如表3-4所示。

表3-4　安全标志

类型	含义	安全标志
禁止标志	禁止人们不安全行为；其基本形式为带斜杠的圆形框。圆形和斜杠为红色，图形符号为黑色，衬底为白色	禁止带火种　禁止穿带钉鞋　禁止穿化纤服装
警告标志	提醒人们对周围环境引起注意，以避免可能发生的危险；其基本形式是正三角形边框。三角形边框及图形符号为黑色，衬底为黄色	当心泄漏　当心触电　噪声有害
指令标志	强制人们必须做出某种动作或采用防范措施；其基本形式是圆形边框。图形符号为白色，衬底色为蓝色	必须戴防护眼镜　必须戴防尘口罩　必须戴护耳器

续表

类型	含义	安全标志
提示标志	向人们提供某种信息(如标明安全设施或场所等)。其基本形式是正方形边框。图形符号为白色,衬底色为绿色	

4. 安全线

企业中用以划分安全区域与危险区域的分界线。厂房内安全通道的标志线、铁路站台上的安全线都属于此列。根据国家有关规定，安全线用白色，宽度不小于60mm。在生产过程中，有了安全线的标示，我们就能区分安全区域和危险区域，有利于我们对危险区域的认识和判断。

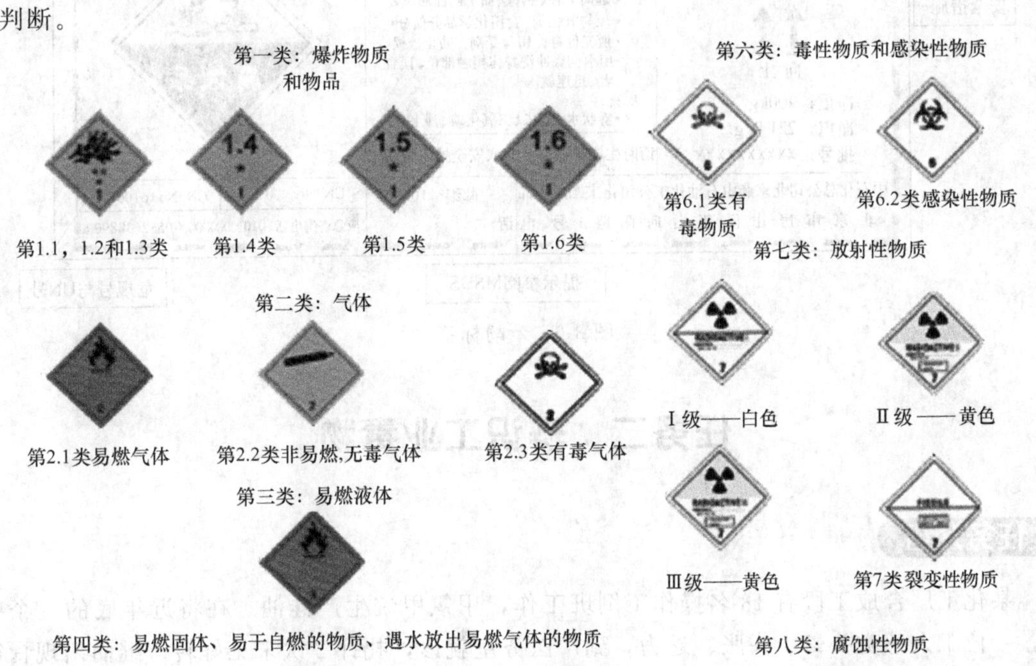

第一类：爆炸物质和物品

第1.1，1.2和1.3类　第1.4类　第1.5类　第1.6类

第二类：气体

第2.1类易燃气体　第2.2类非易燃,无毒气体　第2.3类有毒气体

第三类：易燃液体

第六类：毒性物质和感染性物质

第6.1类有毒物质　第6.2类感染性物质

第七类：放射性物质

Ⅰ级——白色　Ⅱ级——黄色

Ⅲ级——黄色　第7类裂变性物质

第四类：易燃固体、易于自燃的物质、遇水放出易燃气体的物质

第4.1类易燃固体

第4.2类易自燃物质

第4.3类遇水放出易燃气体的物质

第八类：腐蚀性物质

第五类：氧化性物质和有机过氧化物

第5.1类 氧化剂(物质)

第5.2类 有机过氧化物

第九类：杂类危险物质和物品

图 3-5　危险化学品的标志

5. 认识危险化学品的标志

GB 13690—2009《化学品分类和危险性公示　通则》规定了危险化学品的标志。摘录如图 3-5 所示。

6. 认识危险化学品标签

危险化学品标签（苯酚）如图 3-6 所示。

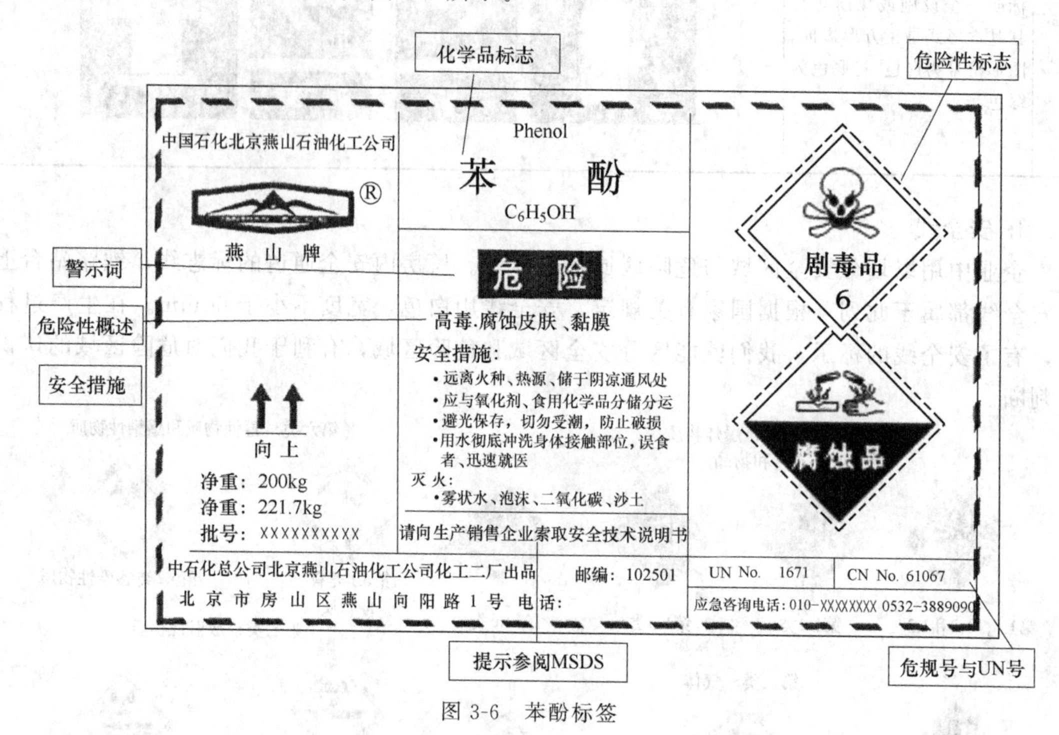

图 3-6　苯酚标签

任务二　辨识工业毒物

任务介绍

某化工厂合成工段有 13 名操作工倒班工作，用氯甲烷生产硅油。在将近年底的一个中午，一位工人感觉头晕、头胀、乏力，到厂医务室就诊，扎针 2 次未见好转。继而出现食欲减退、恶心、嗜睡、全身无力、两手发抖、拿物不稳，被送到医学院附属医院就诊。诊断为精神分裂症，建议该病员到精神病院治疗。患者没去，而症状逐渐加重，两眼视物模糊，并有复视现象，语言不清，走路不稳，跌倒数次，大小便失禁。接下来几天同工段另 12 名操作工人陆续出现类似症状不能上班，分别到市级各医院就诊，诊断各异："精神分裂症""胃炎""神经衰弱""梅尼埃综征"等。

而工厂医师则怀疑这 13 名病员的疾病与车间毒物有关，向有关部门报告并开展调查。合成工段操作室面积 $12m^2$，内有 6 个管道通过。经检查发现有 2 个阀门开关松开。当时正值严冬季节，室内门窗紧闭。随即测定室内空气中氯甲烷浓度为 $3000mg/m^3$（氯甲烷的最高容许浓度规定 $40mg/m^3$）。上述 13 名病员被确诊为急性氯甲烷中毒，经过半个多月治疗才好转。

上述案例从反面教育我们，在有毒有害作业环境中，要让员工清楚认识介质的物理和化学性质及毒害性质，熟悉作业环境内的每台设备、管线的自身特性和工艺流程，知道环境重点毒害部位，掌握作业环境内有毒有害介质防范应急措施，做到会检查、会防范、会处理、会逃生、会急救。

任务分析

工业毒物其毒性的大小与毒物本身的理化特性及毒物的剂量、浓度和作用时间有关，还与机体的健康状况、劳动强度、中毒环境有关。

在一定条件下，它们可引起人体功能性或器质性损害。主要来源包括：生产原料、辅助材料、中间产品、成品副产品和废弃物。在生产过程中常以气体、蒸气、雾、烟和粉尘五种形态污染车间空气。它们主要经呼吸道和皮肤进入人体，经消化道进入较少。在石化企业中，生产性毒物的来源是多方面的。在生产过程中的存在也是多种形式，有的作为原料，如制造硫酸二甲酯的甲醇和硫酸；有的作为中间体或副产物，如苯制造苯胺的中间产物以及苯生产二硝基苯的副产物硝基苯；有的作为成品，如化肥厂的产品氨、农药厂的产品有机磷；有的作为催化剂，如生产氯乙烯的催化剂氯化汞；有的作为燃料，如汽油；有的作为夹杂物，如电石中的砷和磷以及乙炔中的砷化氢和磷化氢；氯碱厂水银电解法的阴极用汞，以及氩弧焊作业中产生的臭氧和氮氧化物等，多数都是毒性物质。另外，塑料工业、橡胶工业中所用的增塑剂、防老剂、润滑剂、稳定剂、填料等，以及生产的废气、废液、废渣等排放物均属于工业毒性物质。

必备知识

一、石油化工生产不安全因素

① 所使用的原料多属于易燃、易爆、有腐蚀性的物质。

② 高温、高压设备多。

③ 工艺复杂，操作要求严格。

④ 三废多，污染严重。

⑤ 事故多，损失重大。

二、生产性毒物及分类

生产过程中使用或产生的有毒物质，称为工业毒物或生产性毒物。生产性毒物在一定条件下可通过不同途径进入人体而引起中毒，或引起免疫功能或其他生理功能改变，因而使人易患病或促使原有疾病的病情加重，病程延长。有的毒物具有局部刺激、致敏及腐蚀作用，有的还可致肿瘤、致畸胎及诱发遗传变异等作用。

生产性毒物的分类很多，按其化学成分可分为金属、类金属、非金属、高分子化合物毒物等；按物理状态可分为固态、液态、气态毒物；按毒理作用可分为刺激性、腐蚀性、窒息性、神经性、溶血性和致畸、致癌、致突变性毒物等。一般将生产性毒物按其综合性分为以下几类，如表 3-5 所示。

三、生产性毒物可能出现的重点环节

(1) 原料加工与提炼　加工过程中可形成粉尘，如锰矿中的锰尘；逸散出蒸气，冶炼过程中可产生大量蒸气或烟，如炼铅。

(2) 材料搬运与储藏　液态材料因包装渗透而经皮肤进入人体，如苯的氨基、硝基化合

表 3-5 工业毒物的分类

分 类	举 例
金属及类金属毒物	铅、汞、锰、镉、铬、砷、磷等
刺激性和窒息性毒物	氯、氨、氮氧化物、一氧化碳、氰化氢、硫化氢等
有机溶剂	苯、甲苯、汽油、四氯化碳等
苯的氨基和硝基化合物	苯胺、三硝基甲苯等
高分子化合物	塑料、合成橡胶、合成纤维、黏合剂、离子交换树脂等
农药	杀虫剂、除草剂、植物生长调节剂、灭鼠剂等

物，储存气态毒物的钢瓶泄漏可经呼吸道进入人体。

(3) 加料　在加料过程中，固态原料可导致粉尘飞扬，液态原料有蒸气溢出或有液体飞溅。

(4) 化学反应　某些化学反应如控制不当或加料失误可导致意外事故发生，如产热或产气的反应进行太快可发生冒锅或冲料，使物料喷出反应釜，化学反应过程中释放出有毒气体或蒸气，有的可同时带出有害雾滴。

(5) 工业三废处理　工业生产中产生的废气、废水、废渣含有多种有毒、有害物质，如二氧化碳、二硫化碳、硫化氢等。

(6) 检修　管道、设备维修、检修，容器清洗等过程可有气体逸出，或有液体溢出、喷溅而污染双手或体表等。

(7) 其他　如进入地窖、阴沟、废巷道时，会有硫化氢逸出等。

四、工业毒物的毒性指标与分级

1. 工业毒物的毒性指标

毒性是指毒物引起机体损害的强度。工业毒物的毒性大小，可用毒物的剂量与反应之间的关系来表示。评价毒性的指标最通用的是计算毒物引起实验动物死亡的剂量（或浓度），所需剂量（浓度）愈小，则毒性愈大。常用的指标有以下几种。

绝对致死剂量或浓度（LD_{100}或LC_{100}）：全组染毒动物全部死亡的最小剂量或浓度。

半数致死剂量或浓度（LD_{50}或LC_{50}）：染毒动物半数死亡的剂量或浓度。

最小致死量或浓度（MLD或MLC）：染毒动物中个别动物死亡的剂量或浓度。

最大耐受量或浓度（LD_0或LC_0）：染毒动物全部存活的最大剂量或浓度。

其中半数致死量常用来反映各种毒物毒性的大小。按照毒物的半数致死量大小，可将毒物的毒性分成剧毒、高毒、中等毒、低毒和微毒五级，具体如表 3-6 所示。

表 3-6 化学物质的急性毒性分级

毒性分级	小鼠一次经口 LD_{50}/(mg/kg)	小鼠吸入染毒 2h 的 LC_{50}/(mg/m^3)	兔经皮的 LD_{50}/(mg/kg)
剧 毒	<10	<50	<10
高 毒	11～100	51～500	11～50
中等毒	101～1000	501～5000	51～500
低 毒	1001～10000	5001～50000	501～5000
微 毒	>10000	>50000	>5000

2. 空气中有害物质的最高容许浓度

车间空气中工业毒物的最高容许浓度（MAC）是衡量车间空气污染程度的卫生标准。

我国 TJ 36—79《工业企业设计卫生标准》中规定了生产车间空气中有害物质的最高容许浓度，标明在长期接触中均不应超过的数值，以保证劳动者不致引起职业性损害。

刺激性气体的刺激作用，随其浓度的增加而增强，可以根据人体和动物对刺激作用的阈值，划分刺激作用等级。刺激性气体刺激作用分级如表 3-7 所示。

表 3-7 刺激性气体刺激作用分级 单位：mg/m^3

刺激作用分级	人类有主观感觉	大鼠呼吸系统变化	兔呼吸系统变化	猫唾液分泌增加
极端刺激	≤20	≤50	≤500	≤900
高度刺激	20～200	50～500	500～5000	900～9000
中等刺激	200～2000	500～5000	5000～50000	9000～90000
轻度刺激	＞2000	＞5000	＞50000	＞90000

● 任务实施

训练内容 对毒物危险度进行分级，熟悉毒物进入人体的途径

一、教学准备/工具/仪器

多媒体教学（辅助视频）

图片展示

典型案例

二、操作规范及要求

① GBZ 230—2010《职业性接触毒物危害程度分级》；

② GB 12268—2012《危险货物品名表》；

③ GB 13690—2009《化学品分类和危险性公示 通则》；

④ 炼油生产中主要工业毒物辨识；

⑤ 根据典型案例做出分析。

三、确定化学品危险性

确定某种化学品是否为危险化学品，一般可按下列程序（见图 3-7）。

对于现有的化学品，可以对照 GB 12268—2012《危险货物品名表》和 GB 13690—2009《化学品分类和危险性公示 通则》两个标准，确定其危险性类别和项别。

对于新的化学品，可首先检索文献，利用文献数据进行危险性初步评估，然后进行针对性实验；对于没有文献资料的，需要进行全面的物化性质、毒性、燃爆、环境方面的试验，然后依据 GB 6944—2005《危险货物品名表》和 GB 13690—2009《化学品分类和危险性公示 通则》两个标准进行分类。试验方法和项目参照联合国《关于危险货物运输的建议书》进行。

四、职业性接触毒物危险程度分级方法

GBZ 230—2010《职业性接触毒物危害程度分级》规定，职业性接触毒物危害程度以毒物的急性毒性、扩散性、蓄积性、致癌性、生殖毒性、致敏性、刺激与腐蚀性、实际危害后果与预后等 9 项分项指标为基础进行分级。

由职业性接触毒物分项指标（权重数）计算毒物危害指数，按毒物危害指数确定毒物的危害程度分级。

职业性接触毒物分项指标（权重数）按该标准附表确定，毒物危害指数计算：

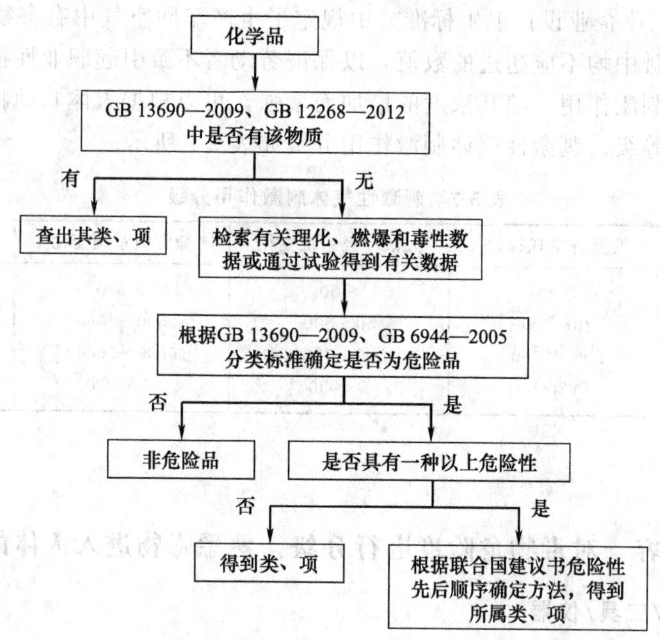

图 3-7　确定化学品危险性程序

$$\mathrm{THI}=\sum_{n=1}^{k}(k_iF_i)$$

式中　THI——毒物危害指数；

k——分项指标权重数；

F——分项指标积分值。

毒物危害程度的分级范围见表 3-8。

表 3-8　职业性接触毒物危害程度的分级

毒性危害指数	THI<35	35≤THI<50	50≤THI<65	THI≥65
危害程度分级	Ⅳ(轻度危害)	Ⅲ(中度危害)	Ⅱ(高度危害)	Ⅰ(极度危害)

毒物按毒理作用分类见表 3-9。

表 3-9　典型毒物分类举例

毒物分类	刺激性毒物	窒息性毒物	神经性毒物
对人体危害	刺激或灼伤皮肤、呼吸道和眼睛等	侵入人体血液后，造成人体组织缺氧	对神经中枢有麻痹作用
主要代表物	氯气、氨气、二氧化硫、氮氧化物等	单纯窒息性气体如氮气，血液窒息性气体如一氧化碳、细胞窒息性气体如氰化物、硫化氢等	苯及苯的衍生物、氯乙烯、二硫化碳、有机磷农药等

五、炼油生产中主要工业毒物辨识

炼油生产中主要工业毒物辨识见表 3-10。

表 3-10 炼油生产中主要工业毒物辨识

炼油装置	主要工业毒物
炼油生产装置包括常减压蒸馏及电脱盐、催化裂化、延迟焦化、减黏、氧化沥青、脱硫、硫黄回收、脱臭、气体分馏、叠合、制氢、加氢裂化、渣油轻质化、加氢精制、石蜡加氢、丙烷脱沥青等	脂肪烃[主要是烷、烯烃(碳原子数在10以下)]、硫化物(二氧化硫、硫化氢及硫醇)、一氧化碳和氮氧化物、氨(常减压、丙烷脱沥青)、二硫化碳(加氢裂化)、催化剂粉尘(催化裂化)、焦炭粉尘(延迟焦化)、滑石粉尘(氧化沥青)、硫黄粉(硫黄回收)

任务三 预防工业中毒

任务介绍

某化工厂生产部原料站的环氧乙烷储存罐氮气阀门损坏，3 名维修工人进入现场维修。维修时，维修工人均未戴防毒面具，45min 后，工人开始出现头晕、恶心、呕吐、胸部不适等中毒症状。因救治及时，未出现死亡病例。

某甲醇厂巡检工李某发现合成气压缩机机间换热器封头漏气（净煤气）严重，把情况报告给值班长，值班长找来钳工王某处理。在处理的过程中，王某没有采取必要的安全防护措施，也没人提醒或制止，一段时间后感到头晕，离开作业部位 3m 处晕倒。监护人员及当班人员护送王某去医院抢救，没有酿成严重后果。

上述两起典型中毒事故，都是可以预防和避免的。如果预先采取了有针对性的预防措施，完全可以避免。无数个可以预防的个体加起来，便能使所有事故得以避免。

因此我们要从化工生产中的中毒原因入手，掌握预防中毒的方法。

任务分析

职业中毒的发生必须具有某些条件：生产环境中存在某种有毒有害化学物质，而且，这种化学物质要达到可导致人中毒的浓度或数量，生产者必须接触一定的时间且吸收了达到或超过中毒量的有毒物质。所以，职业中毒的发生实际上是有毒物质、生产环境及劳动者三者之间相互作用的结果，只要切断三者之间的联系，职业中毒是完全可以预防的。

首先，应对作业场所使用或产生的毒物种类进行识别，通过现场检测评估劳动者的暴露水平，采取综合管理措施。其次，要加强健康教育，普及职业卫生知识，严格操作规程。最后，要根据毒物存在的形式和侵入人体的主要途径，有针对性地进行防护，个体防护用品包括各类呼吸器、安全防护眼镜、护目镜、防护面屏、防护服、防护帽、防护手套和涂抹类皮肤防护用品等。有毒物质如果通过呼吸道进入人体，就必须采取呼吸防护；毒物经皮肤吸收，或作业中手直接接触毒物，应重点考虑皮肤防护，包括使用防护手套和防护服；如果毒物刺激眼睛，或作业方式导致毒物喷溅伤及眼、面，应采取眼、面部的防护。在有毒物质作业场所，还应设置必要的卫生设施，如盥洗设备、淋浴室、更衣室等，对能经皮肤吸收或局部作用危害大的毒物，还应配备皮肤和眼冲洗设施。

必备知识

一、生产性毒物进入人体的途径

生产性毒物进入人体的途径主要有呼吸道、皮肤和消化道。

（1）呼吸道　这是最常见和主要的途径。呈气体、气溶胶（粉尘、烟、雾）状态的毒物均可经呼吸道进入人体，其主要部位是支气管和肺泡。经呼吸道吸收的毒物吸入肺泡后，很快能通过肺泡壁进入血液循环中，毒物随肺循环血液而流回心脏，然后不经过肝脏解毒，即直接进入体循环而分布到全身各处。

（2）皮肤　在生产中，毒物经皮肤吸收而中毒者也较常见。某些毒物可透过完整的皮肤进入体内。皮肤吸收的毒物一般是通过表皮屏障到达真皮，进入血液循环的。脂溶性毒物可经皮肤直接吸收，如芳香族的氨基、硝基化合物，有机磷化合物，苯及苯的同系物等。个别金属如汞亦可经皮肤吸收。某些气态毒物，如氰化氢，浓度较高时也可经皮肤进入体内。皮肤有病损时，不能经完整皮肤吸收的毒物，也能大量吸收。

（3）消化道　在生产环境中，单纯从消化道吸收而引起中毒的机会比较少见。往往是由于手被毒物污染后直接用污染的手拿食物吃，而造成毒物随食物进入消化道。见表3-11。

表3-11　工业毒物进入人体的途径及危害

工业毒物形式	侵入体内途径	发生作用→造成危害→严重引起尘肺、致癌、致畸、致突变
气体 蒸气 雾烟 粉尘	呼吸道 皮肤 消化道	 引起皮炎 　引起眼部疾患 　引起职业性哮喘 缺氧 　昏迷和麻醉 　全身中毒

二、职业中毒种类

职业中毒根据其发生的时间和过程，可以分为急性中毒、慢性中毒和亚急性中毒三种类型，亚急性中毒介于急性中毒与慢性中毒之间。急性中毒是由于较大量的毒物在短时期内侵入人体后突然发生的病变现象。慢性中毒是由于较小量的毒物持续或经常地侵入人体内所逐渐产生的病变现象。在生产中所发生的职业中毒中，慢性中毒最为常见，而急性中毒则往往是由于意外事故或突发事件造成的。

三、窒息性气体中毒的人体生理变化

窒息性气体中毒的人体生理变化见图3-8。

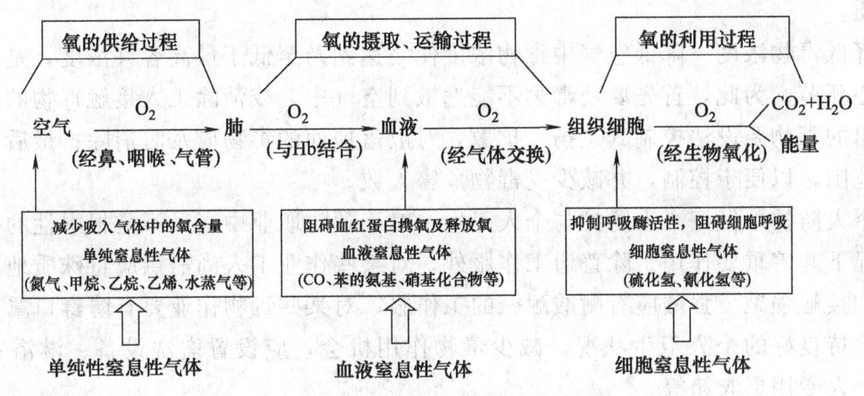

图 3-8　窒息性气体中毒的人体生理变化

任务实施

训练内容　分析几种典型中毒症状

一、教学准备/工具/仪器

多媒体教学（辅助视频）

图片展示

典型案例

二、操作规范及要求

① GBZ 188—2007《职业健康监护技术规范》；

② 掌握几种典型中毒症状；

③ 中毒的原因分析。

三、中毒的原因分析

引起急性中毒的原因很多，根据石油化工系统近几年来的统计，大多数急性中毒事故的原因是违章操作，占全部事故的 60%～70%。如超压运行，操作温度过高或过低，物料多加或少加，或开错阀门、忘记关阀门等使大量毒物泄漏，造成急性中毒。如某树脂厂环氧树脂车间在水洗树脂时，操作工未按规程要求降温即加苯，引起容器爆炸，大量苯外溢，造成多人急性中毒。

引起慢性中毒的原因主要有：

① 设备陈旧、工艺流程不合理、物料腐蚀等原因，造成毒物的跑、冒、滴、漏，使作业环境毒物浓度超过国家规定的最高容许浓度。

② 安全防护设施差，作业岗位缺少通风排毒装置或使用效果不好，或搁置不用，或维护不善，均可造成作业环境毒物超标。

③ 防毒知识缺乏和个人卫生不良，如在有毒岗位进食，不注意个人防护和不按要求使用防护用具，下班不洗澡、更衣等。

四、职业中毒的一般性预防措施

（1）组织管理措施　企业的各级领导必须十分重视预防职业中毒工作；在工作中认真贯彻执行国家有关预防职业中毒的法规和政策；结合企业内部接触毒物的性质，制订预防措施及安全操作规程，并建立相应的组织领导机构。

（2）消除毒物　在生产中，利用科学技术和工艺改革，使用无毒或低毒物质代替有毒或高毒的物质。

（3）降低毒物浓度　降低空气中毒物浓度使之达到乃至低于最高容许浓度，是预防职业中毒的中心环节。为此，首先要使毒物不能逸散到空气中，或消除工人接触毒物的机会；其次，对逸出的毒物要设法控制其飞扬、扩散，对散落地面的毒物应及时消除；最后，缩小毒物接触的范围，以便于控制，并减少受毒物危害人数。

（4）个人防护　做好个人防护与个人卫生，对于预防职业中毒虽不是根本性的措施，但在许多情况下起着重要作用。除普通工作服外，对某些作业工人尚需供应特殊质地或式样的防护服。如接触强碱、强酸应有耐酸耐碱的工作服，对某些毒物作业要有防毒口罩与防毒面具等。为保持良好的个人卫生状况，减少毒物作用机会，应设置盥洗设备、淋浴室及存衣室，配备个人专用更衣箱等。

（5）增强体质　合理实施有毒作业保健待遇制度，因地制宜地开展体育锻炼，注意安排夜班工人的休息，组织青年进行有益身心的业余活动，以及做好季节性多发病的预防等，对提高机体抵抗力有重要意义。

（6）严格进行环境监测、生物材料监测与健康检查　要定期监测作业场所空气中毒物浓度，将其控制在最高容许浓度以下。实施就业前健康检查，排除职业禁忌证者参加接触毒物的作业。坚持定期健康检查，早期发现工人健康情况并及时处理。

任务四　中毒的急救

● 任务介绍

某化工厂四氯化硅蒸馏岗位在处理生产工艺的故障时，参加处理的人员因违反工艺及安全规定，缺乏自我防护意识，未戴防毒面具疏通管路，含 HCl、SiO_2、$SiCl_4$ 的气、固、液态的混合物料突然从阀门下端泄出，瞬间白色烟雾向室内空间弥散并从敞开的窗户、门和楼板设备安装孔向该四氯化硅粗储罐所在二楼楼下及楼外扩散，当场造成两人死亡。

事故发生后该工段长见到厂房外有烟雾，立即安排他人向上级报告事故并联系救援人员，并急忙找来防毒面具戴好后冒着浓烟雾进入事故发生地找到管道阀门将其关闭，并与他人将倒在地上的刘某和侯某拖离现场，安排送医院。另有在现场一楼进行电气作业的电工陈某等四人受泄漏物料侵害面部疼痛，同时气短或呼吸困难，但均自行跑到楼外安全处，急救车赶到后停在距现场约 150m 的上风处对电工陈某等四人及李某、高某采用大量清水冲洗面部、眼部等暴露部位，并予吸氧后送往医院。现场经该厂内消防员喷洒泡沫剂及水雾稀释烟雾后未再有其他人受伤。

在作业现场发生中毒事故以后，如果能在第一时间及时采取科学、正确的现场急救方法，就可以大大地降低受伤人员的死亡率，给生命更多的机会，同时可以减轻受伤人员伤愈的后遗症。因此每位化工生产一线从业人员都应熟悉并掌握现场急救的简单方法，以便在事故发生以后进行自救、互救。

● 任务分析

有毒化学品生产和运输中发生泄漏或爆炸事故时，一般人很难判断泄漏或产生的毒气是什么物质。发现突然有大量毒气散发时，要迅速戴上适合的防毒面具。如果身旁无个人防护用品，可拿湿毛巾、手帕或衣物包住口、鼻，并立即离开毒源向上风向跑。皮肤和眼睛受到毒物沾染时，迅速用清水彻底冲洗。接触大量毒物后，如感到不适，要及时找医生检查。

吸入中毒的患者，应首先从中毒现场抢运到新鲜空气处，保持安静、保暖。解开衣扣和裤带，保持呼吸道通畅。经皮肤吸收中毒的患者，立即脱去被污染的衣服，用大量清水或解毒液彻底冲洗皮肤，要特别注意冲洗头发及皮肤皱褶处。

经口中毒的患者及时催吐、洗胃、导泻，但强酸、强碱等腐蚀性毒物经口中毒后不宜催吐、洗胃，可服牛奶、蛋清以保护胃黏膜。抢救时要仔细检查，抓住重点。

如果呼吸困难，应立即用氧气吸入。心跳呼吸停止者进行胸外心脏挤压术和口对口人工呼吸。现场若备有特效解毒药品，要及时使用。经初步抢救后迅速转运到附近医院进一步抢救治疗。

必备知识

一、中毒急救程序（见图 3-9）

二、进入染毒区域的原则

① 救援人员进入染毒区域必须事先了解染毒区域的地形、建筑物分布、有无爆炸及燃烧的危险、毒物种类及大致浓度，选择合适的防毒用品，必要时穿好防护衣。对于高浓度的硫化氢、一氧化碳等毒物污染区以及严重缺氧环境，必须立即通风，参加救护人员需佩戴供气式防毒面具，采取有效防护措施方可入内救护。

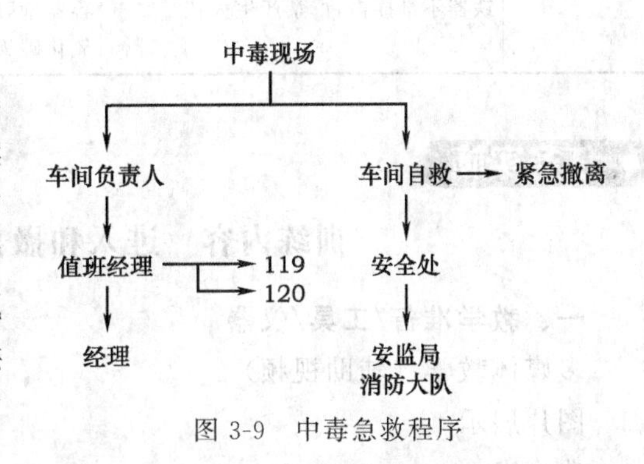

图 3-9　中毒急救程序

② 应至少 2～3 人为一组集体行动，以便互相监护照应。所用的救援器材需具备防爆功能。

③ 进入染毒区的人员必须明确一位负责人，指挥协调在染毒区域的救援行动，最好配备一部对讲机随时与现场指挥部及其他救援队伍联系。

三、撤离染毒区域的原则

（1）做好防护再撤离　染毒区人员撤离前应自行或相互帮助戴好防毒面罩或者用湿毛巾捂住口鼻，同时穿好防毒衣或雨衣（风衣）把暴露的皮肤保护起来免受损害。

（2）迅速判明上风方向　撤离现场的人员应迅速判明风向，利用厂内风向标、风向袋或旗帜、手帕来辨明风向。

（3）防止继发伤害　染毒区人员应尽可能利用交通工具向上风向作快速转移。撤离时，应选择安全的撤离路线，避免横穿毒源中心区域或危险地带，防止发生继发伤害。

（4）应在安全区域实行急救　遇呼吸心跳骤停的病伤员应立即将其运离染毒区后，就地立即实施人工心肺复苏，并通知医务人员前来抢救，或者边做心肺复苏边就近转送医院。

（5）发扬互帮互助精神　染毒区人员应在自救的基础上，帮助同伴一起撤离染毒区域，对于已受伤或中毒的人员更需要他人的救助。

四、石化企业典型中毒急救

石化企业典型中毒急救见表 3-12。

表 3-12 石化企业典型中毒急救

中毒急救	原油	汽油	硫化氢
中毒现场急救措施	①迅速脱离毒区，擦掉皮肤上的油液；②迅速脱掉污染衣物，用肥皂水冲洗皮肤；③用大量净水冲洗眼睛；保持呼吸畅通，必要时给氧	①迅速脱离毒区，必要时佩戴防毒面具；②迅速脱掉污染衣物，用净水或肥皂水冲洗皮肤；③用净水或者3%碳酸氢钠溶液冲洗眼睛；④保持呼吸畅通，必要时给氧	①迅速脱离毒区，立即佩戴防毒面具；②安静、保暖，保持呼吸畅通，必要时吸氧；③窒息者立即施行人工呼吸；④用清水或2%碳酸氢钠溶液冲洗眼睛
急救药品种类	①大量肥皂水、净水；②氧气	①碳酸氢钠；②大量肥皂水；③抗生素眼膏；④氧气瓶供氧，主要供重度以上伤员使用	①碳酸氢钠；②氧气瓶供氧
急救器材	供氧设施	①供氧设施；②防毒面具	①供氧设施；②防毒面具；③人工呼吸器
现场处理	①干沙土吸收残液，通风排气；②用干粉、泡沫、二氧化碳灭火剂或者黄沙灭火；③不准穿带铁钉的鞋，铁器不准撞击，严禁产生火花	①救护人员戴正压自给式呼吸器，穿隔绝式防护服；②收集漏液密封，用干沙土吸收残液；③加强通风，严格防止产生火花；④着火时用水喷淋容器壁，应该选择干粉、泡沫或者二氧化碳灭火剂扑灭火灾	①救护人员应佩戴正压自给式呼吸器；②进行强制通风；③用雾状水或者石灰水进行消毒；④防止产生火花

任务实施

训练内容 进入和撤离中毒现场及急救方法

一、教学准备/工具/仪器

多媒体教学（辅助视频）

图片展示

典型案例

二、操作规范及要求

① GB 8789—88《职业性急性硫化氢中毒诊断标准及处理原则》；

② 熟悉进入染毒区域、撤离染毒区域的原则；

③ 掌握中毒急救方法；

④ 根据典型案例做出分析。

三、训练项目

1. 在现场实施病员救护程序

① 离开毒气区；

② 报警，附近没有合适的报警系统，就大声警告在毒气区的其他人；

③ 戴呼吸装置；

④ 救护中毒者，确定风向，确定进出线路，估计中毒情况，选择一个合适的救护技术，避免自身中毒；

2. 现场救护病人的搬运及方式

① 拖两臂法（如图 3-10 所示）。

② 两人抬四肢法（如图 3-11 所示）。

③ 拖衣服法（如图 3-12 所示）。

图 3-10　拖两臂法

图 3-11　两人抬四肢法

图 3-12　拖衣服法

四、心肺复苏操作流程

心肺复苏操作流程见表 3-13。

表 3-13　心肺复苏操作流程

步骤	程序	具体内容
1	判断，呼救	呼唤患者同时轻拍肩部(左右两次)，判断有无呼吸或呼吸是否正常，记下此时时间，呼救援助
2	判断脉搏	触摸颈动脉无搏动、观察肢体有无活动(判断意识、呼吸和脉搏的时间在 10s 内)
3	取复苏体位	去枕仰卧位，置于硬板或平地上
4	胸外按压	按压部位：胸骨下 1/2 段，或剑突上 2 指处 按压方式：双手掌跟重叠，十指相紧扣，双臂绷直，垂直按压胸骨 按压深度：5cm 以上 按压频率：100 次/min 以上(大于 30 次/18s)

续表

步骤	程序	具 体 内 容
5	人工呼吸	打开气道,清理呼吸道 口对口人工呼吸 2 次,每次吹气时间不少于 1s,吹气是否有效(胸廓有起伏为标准)
6	CPR 循环	胸外按压与人工呼吸比:30∶2 每 5 个循环(约 2min)判断呼吸、循环体征 1 次 持续半小时无效,宣布死亡 出现复苏有效指征,进行下一步
7	整理	协助患者取复原体位 实施进一步救治

任务五 职业危害因素的综合治理

● 任务介绍

近年来，辽河油田通过细化基础管理、狠抓健康风险防控、创新机制等手段，投入 7.5 亿元专项资金集中整治了油管厂噪声超标、生产性毒物硫化氢治理等重大隐患 17 项，消除现有噪声、毒物、粉尘、放射线等职业危害因素作业场所 620 个。员工作业环境得到明显改善，职业危害防范能力明显增强，连年实现职业健康零事故目标。以前，兴隆台采油厂油管厂的修复车间，相隔一米的员工，说话都要大声喊。如今，辽河油田为类似车间都安装了吸声板，在管材碰撞处安装了胶皮管。治理后，员工隔着五六米正常说话都能听得清楚。辽河油田安全环保处相关领导介绍，近年来，辽河油田共整改 110 个噪声场所，治理后噪声值由 90～136dB 下降到 85dB 以下。

职业病危害因素按性质可分为化学因素、物理因素、生物因素。化工一线生产人员了解和掌握职业危害因素的综合治理措施是非常必要的。

● 任务分析

职业危害的病因是职业环境中的生产性毒物，故预防职业危害必须采取综合防治措施，从根本上消除、控制或尽可能减少对职工的危害。

健全的职业卫生服务在预防职业危害中极为重要，职业卫生人员除积极参与以上工作外，应对作业场所空气中毒物浓度进行定期或不定期的监测和监督；对接触有毒物质的人群实施健康监护，认真做好上岗前和定期健康检查，排除职业禁忌，发现早期的健康损害，并及时采取有效的预防措施。

从生产工艺流程中消除有毒物质，可用无毒或低毒原料代替有毒或高毒原料。

减少人体接触毒物水平，以保证不对接触者产生明显健康危害是预防职业中毒的关键。

对生产有毒物质的作业，尽可能采取密闭生产，最大限度地减少操作者接触毒物的机会。

生产工序的布局不仅要满足生产上的需要，而且应符合职业卫生要求。有毒物逸散的作业，应根据毒物的毒性、浓度和接触人数等对作业区实行区分隔离，以免产生叠加影响。有害物质发生源，应布置在下风侧；在有毒物质的生产现场应采用局部通风排毒系统，将毒物排出。

有毒气体的生产工艺过程应布置在建筑物的上层。可产生有毒粉尘飞扬的厂房，建筑物结构表面应符合有关卫生要求，防止沾染尘毒及二次飞扬。

个体防护用品是预防职业中毒的重要辅助措施。平时经常培训并保持良好的维护，使其很好地发挥效用。

必备知识

一、职业病危害因素

职业病危害因素可概括为三类。

(1) 在生产过程中有关的职业性危害因素　与生产过程有关的原材料、工业毒物、粉尘、噪声、振动、高温、辐射、传染性因素等。

(2) 与劳动过程有关的职业性危害因素　领导制度与劳动组织不合理均可造成对劳动者健康的损害。

(3) 与作业环境有关的职业性危害因素　不良气象条件、厂房狭小、车间位置不合理、照明不良等。

以上三项属生产过程中的职业性危害因素，其性质可分为：

(1) 化学因素　如工业毒物、生产性粉尘。

(2) 物理因素　如高温、低温、辐射、噪声、振动。

(3) 生物因素　炭疽杆菌、霉菌、布氏杆菌、病菌、真菌等以及与劳动过程有关的劳动生理、劳动心理方面的因素，以及与环境有关的环境因素。

二、生产性毒物控制治理措施

从根本上解决毒物危害的首选办法是采用无毒、低毒物质代替有毒或高毒物质。

生产过程中解决毒物危害的根本途径是实行密闭化、自动化生产。具体的措施是：

① 采用密闭-通风排毒系统；

② 采用局部排气罩；

③ 对排出气体进行有效净化；

④ 加强个体防护。

三、工业有害气体排放常用的净化方法

通过采取适当的措施，消除或降低工作场所的危害，防止工人在正常作业时受到有害物质的侵害。采取的主要措施是替代、变更工艺、隔离、通风、个体防护和卫生。

任务实施

训练内容　生产性毒物的净化方法

一、教学准备/工具/仪器

多媒体教学（辅助视频）

图片展示

典型案例

二、操作规范及要求

① GB 12801—2008《生产过程安全卫生要求总则》、GBZ 158—2003《工作场所职业病

危害警示标识》、GBZ/T 203—2007《高毒物品作业岗位职业病危害告知规范》；

② 熟悉职业病危害告知制度；

③ 掌握典型控制方法；

④ 根据典型案例做出分析。

三、职业病危害告知卡

根据国家标准 GBZ 158—2003《工作场所职业病危害警示标识》及 GBZ/T 203—2007《高毒物品作业岗位职业病危害告知规范》，职业危害告知卡（见图 3-13）一般悬挂在生产企业易产生职业危害的工作场所及入口处。

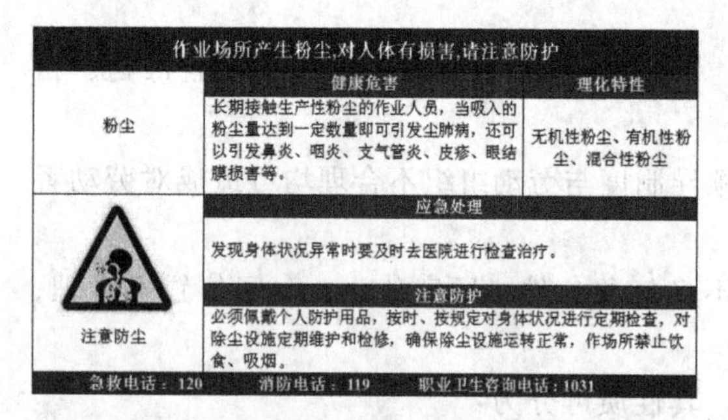

粉尘职业危害告知卡

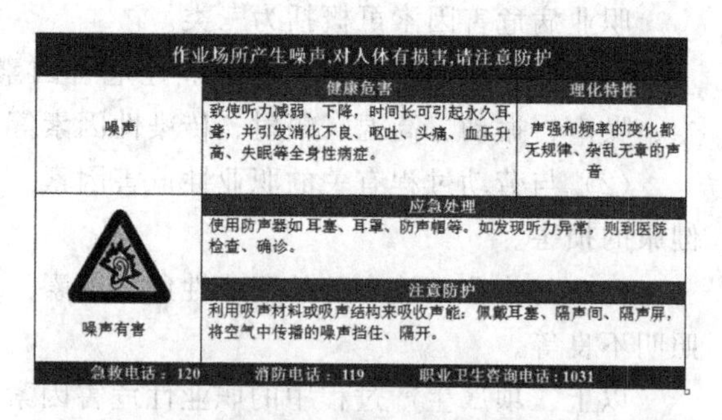

噪声职业危害告知卡

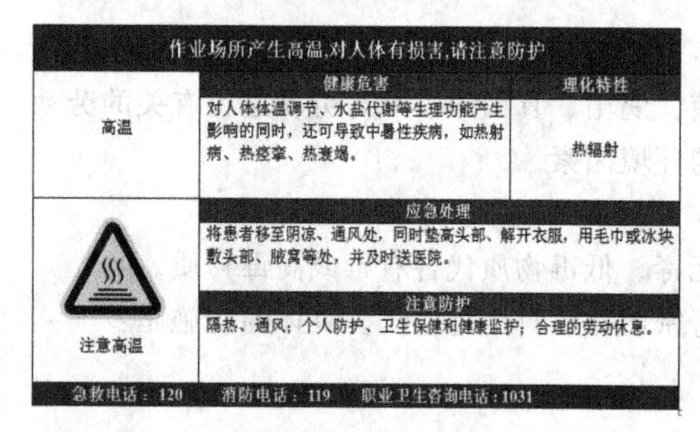

高温职业危害告知卡

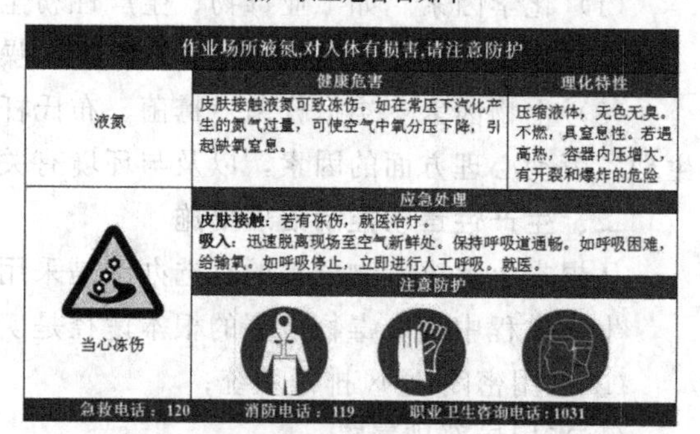

液氨职业危害告知卡

硫酸职业危害告知卡

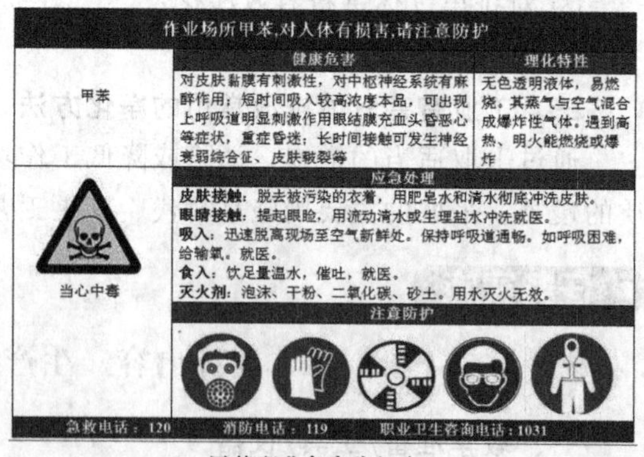

甲苯职业危害告知卡

图 3-13 职业危害告知卡举例

四、生产性毒物的净化方法

生产性毒物的净化方法见表 3-14。

表 3-14　生产性毒物的净化方法

净化方法	原　理	举　例
洗涤法	通过适当比例的液体吸收剂处理气体混合物，完成沉降、降温、聚凝、洗净、中和、吸收和脱水等物理化学反应，以实现气体的净化	冶金行业的焦炉煤气、高炉煤气、转炉煤气、发生炉煤气净化 化工行业的工业气体净化；机电行业的苯及其衍生物等有机蒸气净化 电力行业的烟气脱硫净化等
吸附法	吸附法是使有害气体与多孔性固体(吸附剂)接触，使有害物(吸附质)黏附在固体表面上(物理吸附)。吸附剂达到饱和吸附状态时，可以解吸、再生、重新使用	已广泛应用于机械、仪表、轻工和化工等行业，对苯类、醇类、酯类和酮类等有机蒸气的气体净化与回收工程，吸附效率为 90%～95%
袋滤法	在袋滤器内，粉尘通过滤介质而受阻，经过沉降、聚凝、过滤和清灰等物理过程，实现气体无害化排放	工业气体的除尘净化，如金属氧化物(Fe_2O_3 等)的烟气净化 还可以用做气体净化的前处理及物料回收
静电法	粒子在电场作用下，带电荷后，粒子向沉淀极移动，带电粒子碰到集尘极即释放电子而呈中性状态附着集尘板上，从而被捕捉下来，完成气体净化	在供电设备清灰和粉尘回收等方面应用较多
燃烧法	将有害气体中的可燃成分与氧结合，进行燃烧，使其转化为 CO_2 和 H_2O，达到气体净化与无害物排放的方法	直接燃烧法，如净化沥青烟、炼油厂尾气等 催化燃烧法，主要用于净化机电、轻工行业产生的苯、醇、酯、醚、醛、酮、烷和酚类等有机蒸气

考核与评价

1. 考核要求

① 正确使用空气呼吸器。

② 正确使用便携式硫化氢检测仪。

③ 考核前统一抽签，按抽签顺序对学生进行考核。

④ 符合安全、文明生产。

2. 准备要求

材料准备见表 3-15。

表 3-15　材料准备清单

序号	名称	规格	数量	备注
1	空气呼吸器		1 个	
2	便携式硫化氢报警仪		1 只	
3	警戒线		若干米	
4	电话		1 部	

3. 操作考核规定及说明

(1) 操作程序

① 准备工作。

② 工作防护用品的穿戴。

③ 设备准备。

(2) 考核规定及说明

① 如操作违章，将停止考核。

② 考核采用100分制，然后按权重进行折算。

（3）考核方式说明　该项目为实际操作，考核过程按评分标准及操作过程进行评分。

（4）考核时限　以学生顺利完成考核为准。

（5）考核内容

①便携式硫化氢检测仪的使用；②毒物泄漏事件的报警；③硫化氢中毒的现场救护。

（6）考核标准及记录表（见表3-16～表3-18）

表3-16　便携式硫化氢检测仪的使用

考核时间：10min

序号	考核内容	考核要点	配分	评分标准	得分	备注
1	准备工作	穿戴劳保用品	3	未穿戴整齐扣3分		
		工具、用具准备	2	工器具选择不正确扣2分		
2	使用方法	确认检测仪是否完好	10	未检查扣10分		
3		确认检测仪电量是否充足	10	未检查扣10分		
4		确认检测仪零位是否正确，如不正确则对其调节使其零位在正确位置	20	未确认零位扣10分 不会调整扣10分		
5		按规定的使用方法对测量点进行测量	20	使用方法不对扣10分 损坏测量仪扣10		
6		记录测量数据并准备好对下一点的测量	15	未记录扣10分		
				未准备好扣5分		
7		测量完毕后保存好测量仪	15	未保存好扣10分		
8	使用工具	使用工具	2	工具使用不正确扣2分		
		维护工具	3	工具乱摆乱放扣3分		
9	安全及其他	按操作规程规定		违规一次总分扣5分；严重违规停止操作		
		在规定时间内完成操作		每超时1min总分扣5分；超时5min停止操作		
		合计	100			

表3-17　毒物泄漏事件的报警记录表

考核时间：8min

序号	考核内容	考核要点	分数	评分标准	得分	备注
1	准备工作	穿戴劳保用品	3	未穿工作服或穿戴不整齐扣3分		
		工具、用具准备	2	未检查所需工具或用品扣2分		
2	操作内容	正确拨打报警电话号码110	10	未熟记报警电话扣5分		
				未正确拨打报警电话扣5分		
		打电话报警时，要沉着镇定，当电话接通后，得到对方确认是报警台时，方可报警	5	未确认就报警扣5分		

续表

序号	考核内容	考核要点		分数	评分标准	得分	备注
3		由学生抽签，根据设定的情景确定一项突发事件并进行报警操作	1. 突发毒气泄漏	25	未讲清发生泄漏单位详细地址扣5分		
					未讲清单位临近何处扣5分		
					未讲清毒气名称扣5分		
					未讲清泄漏发展情况扣5分		
					未讲清是否有人员被困扣5分		
			2. 跑冒毒性液体	25	未讲清发生跑冒液体单位的详细地址扣5分		
					未讲清单位临近何处扣5分		
					未讲清跑冒液体品种扣5分		
					未讲清跑冒毒性液体去向扣5分		
					未讲清可能造成的危害扣5分		
4	回答问题	要注意对方提问，并把自己报警用的电话号码和本人姓名告诉对方，以便联系		10	未讲清联系方式扣5分		
					未讲清本人姓名扣5分		
		在报警时应注意倾听报警台的询问，回答要准确、简明		20	表述、吐字、回答不清或情节描述不正确扣20分		
5	安全及其他	按国家法规或企业规定			违规一次总分扣5分；严重违规停止操作		
	合计			100			

表 3-18　硫化氢中毒的现场救护记录表

考核时间：15min

序号	考核内容	考核要点	分数	评分标准	得分	备注
1	准备工作	穿戴劳保用品	3	未穿戴整齐扣3分		
		工具、用具准备	2	工具选择不正确扣2分		
2	现场救护	佩戴空气呼吸器	10	未佩戴空气呼吸器扣3分		
				佩戴不正确扣5分		
		携带便携式硫化氢报警仪	10	未携带扣5分		
				未开启电源扣5分		
		两人以上到现场寻找硫化氢中毒人员，并搬离泄露区域	30	未寻找硫化氢中毒人员扣10分		
				未一人寻找一人监护扣10分		
				监护人员未站在上风口扣5分		
				未将中毒人员移至空气新鲜处扣5分		
		就地实施心肺复苏	20	未就地实施心肺复苏扣10分		
				心肺复苏方法错误扣10分		
		联系医院对硫化氢中毒人员实施抢救和设置警戒线	10	未设置警戒线扣5分		
				未联系医院扣5分		
3	使用工具	正确使用工具	2	正确使用不正确扣2分		
		正确维护工具	3	工具乱摆放扣3分		

续表

序号	考核内容	考核要点	分数	评分标准	得分	备注
4	安全文明操作	按国家或企业颁布的有关规定执行	5	违规操作一次从总分中扣除5分，严重违规停止本项操作		
5	考核时限	在规定时间内完成	5	按规定时间完成，每超时1min，从总分中扣5分，超时3min停止操作		
合计			100			

归纳总结

危险化学品管理控制主要包括：危害识别、安全标签、安全技术说明书、安全储运、安全处理与使用、废物处理、接触监测、医学监督和培训教育。

石油化学等工业在生产过程中往往使用或产生一些有毒物质，称为生产性毒物或工业毒物，其种类很多，且经常几种毒物同时存在。这些有毒物质在空气中的浓度达到或超过规定的最高容许浓度时，可使长期接触这些毒物的人们中毒，严重时造成死亡。有些工业毒物，不仅对作业人员本人有影响，还能影响其后代健康。工业中毒患者，有些经治疗可以恢复健康，有些尚无特效治疗方法。

一旦发生急性中毒，要采取科学、正确的现场急救方法，并注意避免二次事故发生。

预防职业中毒，要健全组织管理措施，可采取如下措施：①改革工艺技术，提高生产过程机械化和自动化程度；用无毒或低毒物质代替有毒或高毒物质；提高生产过程中的密闭程度和生产场所的通风，严格防止跑、冒、滴、漏的现象。②采用防护器材，如在毒物浓度比较高的特殊环境中，可使用防毒面具等。③对工厂加强卫生监督，对工人进行安全操作教育，严防意外事故发生。④从事接触工业毒物作业的工人要进行就业前体检和定期检查，及时发现就业禁忌证及毒物吸收状态。根据情况采取有效的防护措施。⑤对于毒物作业工人，提供保健膳食，以增强身体的抵抗力，保护易受毒物损害的器官。

巩固与提高

一、填空题

1. 危险化学品对人体的毒害作用主要是通过（　　）、（　　）和（　　）三种途径侵入人体内而被吸收，从而造成对人体组织器官的损害。

2. GBZ 230—2010《职业性接触毒物危害程度分级》将毒物的危害程度分为四级：（　　）、（　　）、（　　）、（　　）。

3. 窒息性气体一般分为三大类，即单纯窒息性气体、（　　）、血液窒息性气体。

4. 工业毒物的形态通常有粉尘、烟尘、（　　）、（　　）、蒸气等形态。

5. 毒物的急性毒性可按 LD_{50}、（　　）分级。据此将毒物分为剧毒、高毒、中毒、低毒、微毒五级。

6. 个人防护也是防毒的预防措施之一。按对劳动者防护的部位可分两大类：（　　）和（　　）。

二、选择题

1. （　　）对人体骨髓造血功能有损害。

A. 二氧化硫中毒　　B. 铅中毒　　C. 氯化苯中毒

2. 甲苯的危害性是指（　　）。

A. 易燃、有毒性　　B. 助燃性　　C. 刺激性

3. 急性苯中毒主要表现为对中枢神经系统的麻醉作用，而慢性中毒主要为（　　）系统的损害？

A. 呼吸系统　　B. 消化系统　　C. 造血系统

4. 下列物质（　　）可经皮肤进入人体损害健康。

A. 汞　　B. 尘土　　C. 碳

5. 进行有关化学液体的操作时，应使用（　　）保护面部。

A. 太阳镜　　B. 防护面罩　　C. 毛巾

6. 消除粉尘危害的根本途径是（　　）。

A. 改革工艺、采用新技术　　B. 湿式作业

C. 密闭尘源　　D. 通风除尘

7. 有机过氧化物最危险的特性是（　　）。

A. 强还原性　　B. 稳定性　　C. 分解爆炸性　　D. 非极性

8. 化学品安全标签用文字、图形符号、（　　）组合形式表示化学品所具有的危险性和安全注意事项。

A. 分子量　　B. 分子式　　C. 元素符号　　D. 编码

9. 依据石化企业火灾危险性分类，甲B类物质是指（　　）。

A. 闪点低于28℃　　B. 闪点28～45℃　　C. 闪点45～60℃　　D. 沸点低于15℃

10. 下列包装材料错误的是（　　）。

A. 浓硝酸用铝罐盛装　　B. 氢氧化钠（固体）用铁桶装

C. 浓盐酸用瓷坛盛装　　D. 氢氟酸用玻璃瓶盛装

11. 包装材料或处理方法错误的是（　　）。

A. 浓硫酸用铁罐盛装　　B. 过氧化氢（双氧水）用铁桶装

C. 金属钠放在煤油中　　D. 黄磷保存在水中

12. 每种化学品最多可以选用（　　）标志，标志符号放在标签右边。

A. 一个　　B. 两个　　C. 三个　　D. 四个

13. 对于现场液体泄漏应及时进行（　　）、稀释、收容、处理。

A. 覆盖　　B. 填埋　　C. 烧毁　　D. 回收

三、问答题

1. 石油化工生产有哪些不安全因素？

2. 生产性毒物进入人体的途径有哪些？

3. 救援人员进入染毒区域的原则是什么？

4. 安全色含义如何？

5. 安全标志分为几类？各有什么含义？

6. 人员撤离染毒现场的原则是什么？

7. 现场救护病人的搬运方式有哪些？

8. 心肺复苏操作流程是什么？

9. 生产性毒物危害治理措施有哪些？

四、综合分析题

某独资制鞋有限公司，在一年内接连出现3例含苯化学物及汽油中毒患者（经职业病医院确诊），3名女性中毒者都是在该公司生产流水线上进行手工刷胶的操作工。

有关人员到工作现场调查确认：

① 在长70m，宽12m的车间内，并列2条流水线，有近百名工人进行手工刷胶作业；

② 车间内有硫化罐、烘干箱、热烤板等热源，但无降温、通风设施，室温高达37.2℃；

③ 企业为追求利润，不按要求使用溶剂汽油，改用价格较低、毒性较高的燃料汽油作为橡胶溶剂，使得配制的胶浆中的含苯化学物含量较高；

④ 所有容器（如汽油桶、亮光剂桶、胶浆桶及40多个胶浆盆等）全部敞口；

⑤ 操作工人没有穿戴任何个人防护用品。

经现场检测，车间空气中苯和汽油浓度分别超过国家卫生标准2.42倍和2.49倍。

1. 单项选择题

(1) 根据《职业病危害因素分类目录》，苯属于（　　）类职业病危害因素。

A. 放射性物质　　B. 粉尘　　C. 物理因素　　D. 化学物质

(2) 根据《职业病目录》，汽油可能导致（　　）类职业病。

A. 职业性眼病　　B. 职业性皮肤病　　C. 职业中毒　　D. 职业性肿瘤

2. 多项选择题

(3) 根据《职业病目录》，苯可能导致（　　）类职业病。

A. 放射性　　B. 职业性肿瘤　　C. 职业中毒　　D. 职业性眼病

(4) 根据《职业病防治法》，企业应对从事接触职业病危害作业的劳动者，按照有关规定组织（　　）的职业健康检查，并将检查结果如实告知劳动者。

A. 离岗时　　B. 在岗期间　　C. 上岗前　　D. 退休时

3. 简答题

(5) 试分析为什么该公司在较短时间内，会连续发生女刷胶工苯及汽油中毒事件？

(6) 根据《职业病防治法》规定，用人单位应当采取的职业病防治管理措施有哪些？

五、阅读资料

世界十大化工安全事件如表3-19所示。

表3-19　世界十大化工安全事件

时间	国家	事件	事件简介
1930年	比利时	马斯河谷烟雾事件	比利时马斯河谷工业区。在这个狭窄的河谷里有炼油厂、金属厂、玻璃厂等许多工厂。12月1～5日，河谷上空出现了很强的逆温层，致使13个大烟囱排出的烟尘无法扩散，大量有害气体积累在近地大气层，对人体造成严重伤害。一周内有60多人丧生，其中心脏病、肺病患者死亡率最高，许多牲畜死亡。这是20世纪最早记录的公害事件
1943年	美国	洛杉矶光化学烟雾事件	夏季，美国西海岸的洛杉矶市。该市250万辆汽车每天燃烧掉1100t汽油。汽油燃烧后产生的碳氢化合物等在太阳紫外线照射下引起化学反应，形成浅蓝色烟雾，使该市大多数市民患了红眼病、头疼病。后来人们称这种污染为光化学烟雾。1955年和1970年洛杉矶又两度发生光化学烟雾事件，前者有400多人因五官中毒、呼吸衰竭而死，后者使全市四分之三的人患病
1948年	美国	多诺拉烟雾事件	美国的宾夕法尼亚州多诺拉城有许多大型炼铁厂、炼锌厂和硫酸厂。1948年10月26日清晨，大雾弥漫，受反气旋和逆温控制，工厂排出的有害气体扩散不出去，全城14000人中有6000人眼痛、喉咙痛、头痛、胸闷、呕吐、腹泻。17人死亡

续表

时间	国家	事件	事 件 简 介
1952年	英国	伦敦烟雾事件	自1952年以来，伦敦发生过12次大的烟雾事件，祸首是燃煤排放的粉尘和二氧化硫。烟雾逼迫所有飞机停飞，汽车白天开灯行驶，行人走路都困难，烟雾事件使呼吸疾病患者猛增。1952年12月，5天内有4000多人死亡，两个月内又有8000多人死去
1953～1956年	日本	水俣病事件	日本熊本县水俣镇一家氮肥公司排放的废水中含有汞，这些废水排入海湾后经过某些生物的转化，形成甲基汞。这些汞在海水、底泥和鱼类中富集，又经过食物链使人中毒。当时，最先发病的是爱吃鱼的猫。中毒后的猫发疯痉挛，纷纷跳海自杀。没有几年，水俣地区连猫的踪影都不见了。1956年，出现了与猫的症状相似的病人。因为开始病因不清，所以用当地地名命名。1991年，日本环境厅公布的中毒病人仍有2248人，其中1004人死亡
1955～1972年	日本	骨痛病事件	镉是人体不需要的元素。日本富山县的一些铅锌矿在采矿和冶炼中排放废水，废水在河流中积累了重金属“镉”。人长期饮用这样的河水，食用浇灌含镉河水生产的稻谷，就会得“骨痛病”。病人骨骼严重畸形、剧痛，身长缩短，骨脆易折
1968年	日本	米糠油事件	先是几十万只鸡吃了有毒饲料后死亡。人们没深究毒的来源，继而在北九州一带有13000多人受害。这些鸡和人都是吃了含有多氯联苯的米糠油而遭难的。病人开始眼皮发肿，手掌出汗，全身起红疙瘩，接着肝功能下降，全身肌肉疼痛，咳嗽不止。这次事件曾使整个西日本陷入恐慌中
1984年	印度	博帕尔事件	12月3日，美国联合碳化公司在印度博帕尔市的农药厂因管理混乱，操作不当，致使地下储罐内剧毒的甲基异氰酸酯因压力升高而爆炸外泄。45t毒气形成一股浓密的烟雾，以每小时5000m的速度袭击了博帕尔市区。死亡近两万人，受害20多万人，5万人失明，孕妇流产或产下死婴，受害面积$40km^2$，数千头牲畜被毒死
1986年	前苏联	切尔诺贝利核泄漏事件	4月26日，位于乌克兰基辅市郊的切尔诺贝利核电站，由于管理不善和操作失误，4号反应堆爆炸起火，致使大量放射性物质泄漏。西欧各国及世界大部分地区都测到了核电站泄漏出的放射性物质。31人死亡，237人受到严重放射性伤害。基辅市和基辅州的中小学生全被疏散到海滨，核电站周围的庄稼全被掩埋，少收2000万吨粮食，距电站7km内的树木全部死亡，此后半个世纪内，10km内不能耕作放牧，100km内不能生产牛奶……这次核污染飘尘给邻国也带来严重灾难。这是世界上最严重的一次核污染
1986年	瑞士	剧毒物污染莱茵河事件	11月1日，瑞士巴塞尔市桑多兹化工厂仓库失火，近30t剧毒的硫化物、磷化物与含有水银的化工产品随灭火剂和水流入莱茵河。顺流而下150km内，60多万条鱼被毒死，500km以内河岸两侧的井水不能饮用，靠近河边的自来水厂关闭，啤酒厂停产

项目四 防止燃烧爆炸伤害

任务一 了解石油化工燃烧爆炸的特点

任务介绍

我国的石油化学工业几乎遍布全国，为国民经济的迅速发展和人民生活水平的改善做出了巨大贡献。与此同时，石油化工行业也是一个火灾爆炸危险性大，而且一旦发生火灾爆炸事故，则损失大、伤亡大、影响大的行业，一直是消防保卫的重点。

2013 年 11 月 22 日，中石化东黄复线管道一输油管道（山东省青岛市黄岛区）发生破裂事故造成原油泄漏。上午 10 时维修过程中引发起火爆炸，事故造成 55 人死亡、9 人失踪，住院伤员 145 人。

2013 年 6 月 2 日，中石油大连石化分公司发生油渣罐爆炸事故，造成 2 人失踪，2 人受伤。

2011 年 11 月 6 日，吉林松原石化公司厂房发生闪爆事故并引发火灾，造成 3 死 8 伤。

2011 年 8 月 9 日，中石油大连石化分公司厂区，一台 2 万立方米柴油储罐爆炸起火。

2011 年 7 月 16 日，中石油大连石化分公司，厂区一装油罐发生泄漏起火，大火燃烧 6 小时后才被扑灭。

2010 年 12 月 15 日，中石油大连新港储油罐区附近区域起火，火灾离 103 号油罐仅相隔 80m，3 人在火灾中丧生。

面对严峻的职业安全环境，有效地了解掌握石油化工燃烧爆炸风险的可能性及其危害程度，将会使生产过程中发生事故的可能性和后果的严重程度大大降低。作为石油化工企业的一线操作工，必须掌握燃烧与爆炸的基本规律，了解石油化工燃烧爆炸的特点。

任务分析

由于人们的疏忽和麻痹，最安全的地方往往变得最危险。

石油化工企业生产工艺复杂，化工设备塔釜成群，压力管道纵横交错，生产原料和产品大多具有易燃易爆、毒害和腐蚀性，生产工艺操作复杂、连续性强，生产危险性大，发生火灾爆炸概率高。

1. 原材料与产成品

石化生产过程中所使用的原材料、辅助材料半成品和成品绝大多数属易燃、可燃物质，一旦泄漏，易形成爆炸性混合物而发生燃烧、爆炸；许多物料是高毒和剧毒物质，极易导致人员伤亡。诸如在炼油装置所使用的原油，生产的汽油、柴油、液化石油气等；重整装置使用的石脑油，生产的苯、甲苯、二甲苯、氢气等；裂解装置使用的裂解汽油，生产的乙烯、甲烷等；环氧乙烷/乙二醇装置使用的乙烯，生产出的环氧乙烷均属于易燃易爆介质。

2. 工艺过程

石油化工装置生产的核心是化学反应，其中包括氧化反应、还原反应、聚合反应、裂化反应、歧化反应、重整反应、硝化反应等，在这些化学反应过程中均存在着不同程度的火灾危险性，不同的化学反应过程的火灾危险性往往不同。

3. 单元操作与生产装置

物料输送、加热、冷却、蒸馏、搅拌、干燥、筛分、粉碎是石油化工生产中主要的单元操作，虽然相对比较固定，但是仍然存在一定的火灾危险性。生产工艺流程危险性较高的主要有常减压装置、重油催化裂化装置、两脱装置（气体脱硫、汽油脱硫醇装置）、催化重整装置、柴油加氢装置、延迟焦化装置、硫黄回收装置、气体分馏装置、MTBE 装置等。

必备知识

一、燃烧

燃烧是可燃物与氧化剂作用发生的放热反应，通常伴有火焰、发光和（或）发烟的现象。燃烧的类型见表 4-1。

表 4-1 燃烧的类型

燃烧的类型	概念解释
闪燃	一定温度下，液体表面上产生的可燃蒸气，遇火源能产生一闪即灭的燃烧现象
着火	可燃物与火源接触，达到某一温度，产生有火焰的燃烧并在火源移去后能持续燃烧的现象
自燃	无外部火花、火焰等火源的作用下，靠受热或自身发热并蓄热所产生自行燃烧的现象
爆炸	由于物质急剧氧化或分解反应产生温度、压力增加或两者同时增加的现象

燃烧必须同时具备三个条件：可燃物、助燃物、点火源（见图 4-1）。

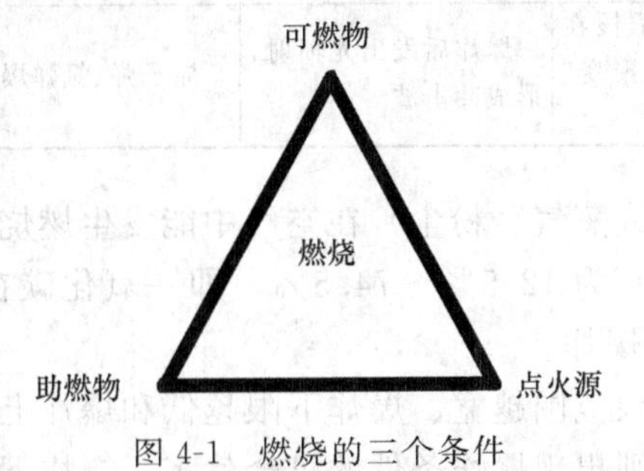

图 4-1 燃烧的三个条件

着火源的种类如表 4-2 所示。

二、火灾

在时间和空间上都失去控制的燃烧称为火灾。根据国家标准 GB/T 4968—2008《火灾分类》，将火灾分为六类（见表 4-3）。

表 4-2 着火源的种类

种类	举例
明火	焊接与切割、酒精灯等
火花、电弧	焊接、切割火花、汽车排气喷火，电火花、撞击火花、电弧
炽热物体	电炉、烙铁、熔融金属、白炽灯
化学能	氧化、硝化、分解和聚合等化学反应

表 4-3 火灾分类

火灾分类	燃烧特性	举例
A 类	固体物质火灾	木材、棉、毛、麻、纸张火灾
B 类	液体或可熔化的固体物质火灾	汽油、煤油、柴油、原油、甲醇、乙醇、沥青火灾
C 类	气体火灾	煤气、天然气、甲烷、乙烷、丙烷、氢气火灾
D 类	金属火灾	钾、钠、钛、锆、锂、铝镁合金火灾
E 类	带电火灾，物体带电燃烧的火灾	发电机、电缆、家用电器火灾
F 类	烹饪器具内的烹饪物	动植物油脂火灾

三、爆炸与爆炸极限

爆炸分类见表 4-4。

表 4-4 爆炸分类

分类		原因	特点	举例
爆炸	物理性爆炸	由物理因素如状态、温度、压力、等变化而引起的爆炸	爆炸前后物质的性质和化学成分均不改变	压力容器、气瓶、锅炉等超压发生的爆炸
	化学性爆炸	物质发生激烈的化学反应，使压力急剧上升而引起的爆炸	爆炸前后物质的性质和化学成分发生了本质变化	1. 简单分解爆炸（爆炸所需热量是由爆炸物本身分解产生的，不发生燃烧反应） 2. 复杂分解爆炸（爆炸时伴有燃烧反应，燃烧所需的氧是由本身分解时供给，所有炸药均属此类所需热量是由爆炸物本身分解产生的，不发生燃烧反应） 3. 爆炸性混合物的爆炸（可燃气体、蒸气、薄雾、粉尘或纤维状物质等与空气混合成一定比例遇火源引起的爆炸）
	核爆炸	由物质的原子核在发生"裂变"或"聚变"的连锁反应	爆炸后发出光辐射，形成冲击波	原子弹、氢弹爆炸

爆炸极限是可燃气体（或蒸气、粉尘）在空气中能发生燃烧或爆炸的浓度范围。如一氧化碳的爆炸极限（体积分数）为 12.5%～74.5%，即一氧化碳在空气中的浓度低于 12.5%或高于 74.5%都不能燃烧或爆炸。

可燃性混合物的爆炸极限范围越宽、爆炸下限越低和爆炸上限越高时，其爆炸危险性越大。这是因为爆炸极限越宽则出现爆炸条件的机会就多；爆炸下限越低则可燃物稍有泄漏就会形成爆炸条件；爆炸上限越高则有少量空气渗入容器，就能与容器内的可燃物混合形成爆炸条件。应当指出，可燃性混合物的浓度高于爆炸上限时，虽然不会着火和爆炸，但当它从容器或管道里逸出，重新接触空气时却能燃烧，仍有发生着火的危险。

爆炸极限值受各种因素变化的影响，主要有：初始温度、初始压力、惰性介质及杂质、混合物中氧含量、点火源等。

初始温度越高，爆炸范围越大。这是由于其分子内能增大，使爆炸下限降低、爆炸上限增高。

混合物中加入惰性气体，使爆炸极限范围缩小，特别对爆炸上限的影响更大。

混合物含氧量增加，爆炸下限降低，爆炸上限上升。

四、火灾、爆炸、危险性物质及着火源间的相互联系

火灾、爆炸、危险性物质及着火源间的相互联系见图 4-2。

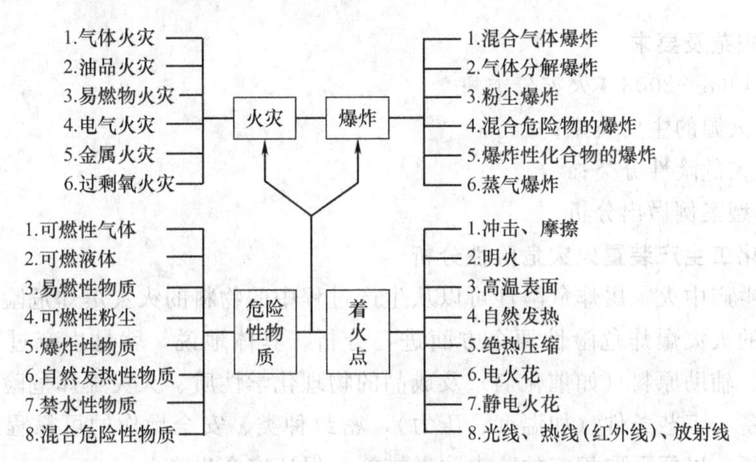

图 4-2　火灾、爆炸、危险性物质及着火源间的相互联系

五、石油化工火灾的特点

石油化工火灾的特点如图 4-3 所示。

(a) 爆炸性火灾居多

(b) 大面积流淌性火灾多

(c) 立体性火灾多

(d) 火势发展速度快

(e) 火情复杂扑救困难

图 4-3　石油化工火灾的特点

任务实施

训练内容 对石油化工生产装置火灾危险性进行分析

一、教学准备/工具/仪器

多媒体教学（辅助视频）

图片展示

典型案例

二、操作规范及要求

① GB/T 4968—2008《火灾分类》；

② 掌握点火源的主要类型；

③ 掌握火灾危险性分类；

④ 根据典型案例做出分析。

三、石油化工生产装置火灾危险性分析

石油化工生产中火灾爆炸危险性可以从生产过程中的物料的火灾爆炸危险性和生产装置及工艺过程中的火灾爆炸危险性两个方面进行分析。具体地说，就是生产过程中使用的原料、中间产品、辅助原料（如催化剂）及成品的物理化学性质、火灾爆炸危险程度，生产过程中使用的设备、工艺条件（如温度、压力），密封种类、安全操作的可靠程度等，综合全面情况进行分析，以便采取相应的防火防爆措施，保证安全生产。

1. 石油化工生产中使用物料的火灾爆炸危险性

石油化工生产中，所用的物料绝大部分都具有火灾爆炸危险性，从防火防爆的角度，这些物质可分为七大类。

① 爆炸性物质，如硝化甘油等。

② 氧化剂，如过氧化钠、亚硝酸钾等。

③ 可燃气体，如苯蒸气等。

④ 自燃性物质，如磺磷等。

⑤ 遇水燃烧物质，如硫的金属化合物等。

⑥ 易燃与可燃液体，如汽油、丁二烯等。

⑦ 易燃与可燃固体，如硝基化合物等。

2. 生产装置及工艺过程中的火灾爆炸危险性

① 装置中储存的物料越多，发生火灾时灭火就越困难，损失也就越大。

② 装置的自动化程度越高，安全设施越完善，防止事故的可能性就越高。

③ 工艺程度越复杂，生产中物料经受的物理化学变化越多，危险性就越大。

④ 工艺条件苛刻，高温、高压、低温、负压，也会增加危险性。

⑤ 操作人员技术不熟练，不遵守工艺规程，事故状态时欠镇静、处理不力，也会造成大事故。

⑥ 装置设计不符合规范，布局不合理，一旦发生事故，还会波及邻近装置。

3. 常减压蒸馏装置的火灾危险性

常减压蒸馏装置是原油加工的第一道工序，是石化企业的“龙头”装置，它为后续的装置提供原料，在石化企业中占有举足轻重的位置。该装置主要包括电脱盐、常压蒸馏、减压蒸馏、柴油电精制等四个系统。其工艺原理是利用原油中各组分沸点的不同，通过加热，使其全部或部分汽化，反复地通过冷凝与汽化，将各种烃类混合物进行分离。装置采用计算机和集散控制系统（DCS）管理，实行中心控制室一体化统一控制。该装置的重点部位有：电脱盐系统、常压系统、减压系统、加热炉（包括煤气回收利用）、热油泵房等。

常减压主要物料理化性质见表4-5。

表4-5 常减压主要物料理化性质

物　料	相对密度	闪点/℃	沸点或自燃点/℃	爆炸极限/%
原油	0.78～0.97	－0.667～32.22	350(自)	1.1～6.4
汽油	0.67	－50	40～200(沸)	1.3～6
柴油	0.85	90～120	250～360(沸)	1.5～4.5
煤气	最低点燃能量0.28MJ		570～750(自)	1.1～16

常减压装置火灾危险性：

① 常压、减压蒸馏从原料到成品以及副产品都属易燃液体、可燃气体，闪点都在28℃以下，泄漏后遇明火、静电等发生燃烧或爆炸；

② 在生产过程中高温、高压，液体泄漏后能自燃，辐射热很强，蔓延速度快；

③ 装置设备多，塔釜林立，管线阀门、泵、炉相连通。如遇损坏、破裂，易在压力作用下喷出造成大面积火灾，构成立体燃烧，会使框架变形或倒塌，给扑救工作造成困难；

④ 在生产过程中，下水沟、管道井相连通，有时误将易燃、可燃液体、气体排入，遇明火发生爆炸着火，难以确定中心火点，给扑救工作带来极大难度；

⑤ 现代化操作技术使用大量电气设备和电缆，发生电气火灾概率大，火灾隐蔽性大，造成串连性火灾可能性大，给火灾侦察、灭火造成困难，增加火灾扑救难度。

任务二 选择灭火剂

任务介绍

某化工厂氰化钠仓库失火。两只氰化钠桶发生爆炸，掀掉桶盖，火焰窜上房顶，库内大量氰化钠桶和毗连的建筑受到火势威胁，其中建筑物火势需用水控制，而氰化钠遇水剧烈反应。消防官兵果断采取措施，先用干粉扑灭氰化钠桶火焰，把桶转走，再出水枪控制和扑救屋顶火势，只用了8min就将火扑灭。

某生物工程公司一楼百余平方米仓库于夜间发生火灾，消防人员迅速用水将火扑灭，但未料到的是，火刚扑灭就有阵阵毒烟逸出。原来该仓库放置的是氯粉、三氯乙腈等化学物品，水与仓库中的化学药品发生了化学反应，产生的大量二氧化氯等“毒气”冲彻云霄，公安、巡警、120救护车等也迅速赶往现场。民警和消防队员挨家挨户通知上千户熟睡中的居民紧急撤离，因此并未造成人员伤亡。

1986年11月1日，瑞士巴塞尔市圣多日化学仓库发生火灾，消防队员救火时使用了几百万加仑的水，结果灭火用水与约30t农药和其他化工原料混合流入西欧著名的莱茵河，造成大量鱼类和其他水生动植物死亡，严重破坏了生态环境。

上述案例说明，在火灾扑救中，正确选用灭火剂，能有效地扑灭火灾，对减少损失具有十分重要的意义。不同类型的灭火剂，适用于扑救不同类型的火灾，如果选用不当，不仅不能迅速灭火，甚至容易造成扑救失利，加重火灾损失。近几年来，因灭火剂使用不当而使灭火失利的现象常有发生。灭火剂的品种繁多，了解其性质，掌握其使用条件，对预防和处置火灾意义十分巨大。

任务分析

选择灭火剂，应考虑环境因素、毒性、灭火效能、工程造价四个方面。

(1) 环境因素　当今绿色环保是我们倡导的主题，灭火剂应以不消耗大气臭氧层为首选原则。采用臭氧耗损潜能值为零的灭火剂。众所周知，哈龙灭火剂因对大气臭氧层有强烈的破坏作用，随之带来的温室效应成为全球性的社会问题，所以20世纪80年代初，各国相继采取措施，积极进行哈龙替代物的研究开发。

(2) 毒性　选择无毒性的灭火剂主要从两方面来衡量，一是灭火剂自身的毒性，二是灭火剂在火场温度下热分解产物的毒性。如二氧化碳因浓度太高，在灭火过程中可能使未能从防护区安全撤离的人员发生窒息死亡。灭火后产生的二氧化碳在空气中存活的寿命较长，对全球温室效应产生重大影响。

(3) 灭火效能　灭火效率高是选择灭火剂的重要因素之一。

(4) 工程造价　各种灭火剂的性能和灭火机理都不一样。所以选择灭火剂的同时也就决定了组成灭火系统工程造价的高与低。

必备知识

能够有效地在燃烧区破坏燃烧条件，达到抑制燃烧或中止燃烧的物质，称作灭火剂。灭火剂大体可分为两类：物理灭火剂和化学灭火剂。

物理灭火剂不参与燃烧反应，在灭火过程中起到隔绝空气、隔绝可燃物而达到灭火的效果，包括水、泡沫、二氧化碳、氮气、氦气及其他惰性气体。

化学灭火剂在燃烧过程中通过抑制火焰中的自由基连锁反应来抑制燃烧，主要有卤代物灭火剂、干粉灭火剂等多种。

一、灭火的基本原理

由燃烧所必须具备的几个基本条件可以得知，灭火就是破坏燃烧条件使燃烧反应终止的过程。其基本原理归纳为以下四个方面：冷却、窒息、隔离和化学抑制。如图4-4所示。

(1) 冷却灭火　对一般可燃物来说，能够持续燃烧的条件之一就是它们在火焰或热的作用下达到了各自的着火温度。因此，对一般可燃物火灾，将可燃物冷却到其燃点或闪点以下，燃烧反应就会中止。水的灭火机理主要是冷却作用。

(2) 窒息灭火　各种可燃物的燃烧都必须在其最低氧气浓度以上进行，否则燃烧不能持续进行。因此，通过降低燃烧物周围的氧气浓度可以起到灭火的作用。通常使用的二氧化碳、氮气、水蒸气等的灭火机理主要是窒息作用。

(3) 隔离灭火　把可燃物与引火源或氧气隔离开来，燃烧反应就会自动终止。火灾中，关闭有关阀门，切断流向着火区的可燃气体和液体的通道；打开有关阀门，使已经发生燃烧的容器或受到火势威胁的容器中的液体可燃物通过管道导至安全区域，都是隔离灭火的措施。

(4) 化学抑制灭火　就是使用灭火剂与链式反应的中间体自由基反应，从而使燃烧的链式反应中断使燃烧不能持续进行。常用的干粉灭火剂、卤代烷灭火剂的主要灭火机理就是化学抑制作用。

(a) 冷却法　(b) 窒息法

(c) 隔离法　(d) 化学抑制

图 4-4　灭火的基本方法

二、常用灭火剂及选择

目前，我国常用的灭火剂种类有水、泡沫灭火剂、干粉灭火剂、卤代烷灭火剂、二氧化碳灭火剂。

常用的灭火剂有五大类十多个品种。使用时只有根据火场燃烧的物质性质、状态、燃烧时间和风向风力等因素，正确选择并保证供给强度，才能发挥灭火剂的效能，避免因盲目使用灭火剂而造成适得其反的结果和更大的损失。

常用的灭火剂的适用范围见表 4-6。

表 4-6　常用灭火剂的适用范围

灭火剂种类	灭火种类				
	木材等一般火灾	可燃液体		带电设备火灾	金属火灾
		非水溶性	水溶性		
直流水	○	×	×	×	×
泡沫灭火剂	○	○	×	×	×
二氧化碳、氮气	△	○	○	○	×
钾盐、钠盐干粉	△	○	○	○	×
碳酸盐干粉	○	○	○	○	×
金属火灾用干粉	×	×	×	×	○

注：○适用；△一般不用；×不适用。

任务实施

训练内容　选择和使用灭火剂

一、教学准备/工具/仪器

多媒体教学（辅助视频）

图片展示

典型案例

实物

二、操作规范及要求

① GB 17835—2008《水系灭火剂》、GB 4066.2—2004《ABC干粉灭火剂》、GB 4396—2005《二氧化碳灭火剂》、GB 15308—2006《泡沫灭火剂》；

② 掌握四种典型灭火剂的主要功能；

③ 根据燃烧物选择和使用灭火剂；

④ 根据典型案例做出分析。

三、选择和使用灭火剂的技术要点

1. 水

水主要应用于扑救A类（固体）火灾，在某些条件下，水对B类（液体）火灾和C类（气体）火灾也有一定程度的控制和灭火作用。水用于灭火时，是通过喷水设备施放到燃烧区或燃烧物表面而实现灭火作用的，在实际应用中，不同的喷水设备施放出的水有不同的形态，而不同形态的水则适用于不同的对象。水流使用形态不同，灭火效果也不同。水应用于灭火时的形态一般分为密集水流、开花水流、喷雾水流和水蒸气。

不能用水或必须用特定形态的水扑救的物质和设备火灾。

① 不能用水扑救遇水发生化学反应的物质的火灾。如钾、钠、钙、镁等轻金属和电石等物质火灾，绝对禁止用水扑救。用水扑救时会造成爆炸或火场人员中毒。

② 遇水容易被破坏，而失去使用价值的物质与设备的火灾，不能用水扑救。如仪表、精密仪器、档案、图书等。

③ 对熔岩类和快要沸腾的原油火灾，不能用水扑救。因为水会被迅速汽化，形成强大的压力，促使其爆炸或喷溅伤人。

④ 储有大量硫酸、浓硝酸、盐酸的场所发生火灾时，不能用直流水或开花水扑救，以免引起酸液的发热、飞溅。必要时宜用雾状水扑救。

⑤ 堆积的可燃粉尘火灾，只能用雾状水和开花水扑救。使用直流水扑救，则有可能把粉尘冲起呈悬乳状态，形成爆炸性混合物。

⑥ 不能用直流水扑救高压电气设备火灾，因为水具有一定的导电性能，容易造成扑救人员触电。但保持适当距离，可使用喷雾水扑救。

⑦ 高温设备不宜使用直流水扑救。如裂解炉、高温管线、容器等设备，使用密集水柱易使局部地方快速降温，造成应力变形。

2. 泡沫灭火剂

① 蛋白泡沫灭火剂属于低倍泡沫灭火剂，主要用于扑救一般非水溶性易燃和可燃液体火灾，也可用于一般可燃固体物质的火灾扑救。

使用蛋白泡沫灭火剂施救原油、重油储罐火灾，要注意可能引起的油沫沸溢或喷溅。

② 氟蛋白泡沫灭火剂主要适用扑救各种非水溶性可燃、易燃液体和一些可燃固体火灾。广泛应用于大型储罐、散装仓库、输送中转装置、石化生产装置、油码头及飞机火灾等。

③ 抗溶性泡沫灭火剂主要用于扑救乙醇、甲醇、丙酮、乙酸乙酯等一般水溶性可燃易燃液体火灾。聚合性抗溶泡沫灭火剂主要用于扑救极性和非极性可燃易燃液体火灾。多功能

型抗溶泡沫灭火剂适用扑救甲醇、乙醇、乙醚、丙酮类火灾。

④ 高倍数泡沫灭火火剂主要适用于扑救非水溶性可燃、易燃液体火灾和一般固体物质火灾以及仓库、地下室、地下管道、矿井、船舶等有限空间火灾。

⑤ 化学泡沫灭火剂中 YP 型化学泡沫灭火剂和 YPB 型化学泡沫灭火剂主要适用于扑救 A 类和 B 类火灾中的非极性液体火灾。YPD 型化学泡沫灭火剂还适用于扑救极性液体火灾。

3. 二氧化碳灭火剂

二氧化碳灭火剂不导电、不含水分、灭火后很快逸散，不留痕迹，不污损仪器设备。所以它主要适用于扑救封闭空间的火灾扑，适用于扑救 A、B、C 类初期火灾，特别适用于扑救 600V 以下的电气设备、精密仪器、图书、资料档案类火灾。

二氧化碳不能扑救锂、钠、钾、镁、锑、钛、铀等金属及其氢化物火灾，也不能扑救如硝化棉、赛璐珞、火药等本身含氧的化学物质火灾。

4. 干粉灭火剂

干粉灭火剂主要应用于固定式干粉灭火系统、干粉消防车和干粉灭火器。

普通干粉灭火剂主要用于扑救各种非水溶性及水溶性可燃、易燃液体火灾，以及天然气和液化气等可燃气体和一般带电设备的火灾。在扑救非水溶性可燃、易燃液体火灾时，可与氟蛋白泡沫联用，可以防止复燃和取得更好的灭火效果。

多用途干粉灭火剂除有效地扑救易燃、可燃液（气）体和电气设备火灾外，还可用于扑救木材、纸张、纤维等 A 类固体可燃物质火灾。

5. 烟雾灭火剂

烟雾灭火剂目前是装在烟雾自动灭火装置内，用于扑救 2000m^3 以下的原油、柴油和渣油油罐，以及 1000m^3 航空煤油储罐的火灾。这种自动灭火装置的特点是灭火速度快、不用水、不用电、投资少。

6. 轻金属火灾灭火剂

原位膨胀石墨灭火剂主要应用于扑救金属钠等碱金属火灾和镁等轻金属火灾。灭火应用时，可盛于薄塑料袋中投入燃烧金属上灭火；也可以放在热金属可能发生泄漏处，预防碱金属或轻金属着火；还可盛于灭火器中在低压下喷射灭火。

7501 灭火剂主要灌装在储压式灭火器中，用于扑救镁、铝、镁铝合金、海绵状钛等轻金属火灾。

任务三　使用灭火器

任务介绍

某织布厂车间一台机器发动机过热起火，同时旁边的变电箱也烧了起来，工作人员赶忙用干粉灭火器灭火。由于喷嘴离火源太近，造成火星四射，引燃了周围的纺纱，造成火势失控，车间 25 台机器损坏 24 台，部分纺纱也被烧毁。原本不大的火势，因为灭火器使用不当，小火没灭掉，反而成了大火。

上海某有限公司发生火灾，起火时厂内员工曾经想用灭火器扑救，但因不会使用只能作罢，因而贻误了救火时机。持续一个多小时的大火使周边道路中行人车辆也因交通管制而受到影响。庆幸的是，当时并非上班时间，楼内为数不多的员工出逃及时，未造成人员伤亡。

某服装加工厂共有近200名员工，属消防安全重点单位。经消防人员检查，该厂尚未依法履行消防安全职责，如未定期组织员工开展消防安全培训和演练，导致从业人员几乎不掌握灭火器等消防器材使用方法，缺乏消防常识，消防安全意识极其淡薄。消防部门对此下发了《责令改正通知书》。

面临火灾，谁会正确使用相关的灭火器，谁就掌握灭火的主动权，谁就能把灾情减少到最小程度。因此要使我们面前的消防器材不成为摆设，关键时刻拎得起、喷得出，就必须在提高全员的消防安全意识上狠下功夫，应有的放矢地对各种灭火器的性能、使用方法、操作要领进行有针对性的防火演练，使人人都能成为使用消防器材的“熟练工”。

● 任务分析

灭火器是扑灭火灾的有效器具，常见的有手提式轻水泡沫灭火器、手提式干粉灭火器、手提式二氧化碳灭火器等。

正确使用灭火器的四字口诀：“拔、握、瞄、扫”。“拔”，即拔掉插销；“握”，即迅速握住瓶把及橡胶软管；“瞄”，即瞄准火焰根部；“扫”，即扫灭火焰部位。用手握住灭火器的提把，平稳、快捷地提往火场。在距离燃烧物5m左右地方，拔出保险销。一手握住开启压把，另一手握住喷射喇叭筒，喷嘴对准火源。喷射时，应采取由近而远、由外而里的方法。

另外，要注意：

① 灭火时，人应站在上风处。

② 不要将灭火器的盖与底对着人体，防止盖、底弹出伤人。

③ 不要与水同时喷射在一起，以免影响灭火效果。

④ 扑灭电器火灾时，应先切断电源，防止人员触电。

⑤ 持喷筒的手应握在胶质喷管处，防止冻伤。

● 必备知识

一、灭火器的型号

我国灭火器的型号是按照《消防产品型号编制方法》的规定编制的。它由类、组、特征代号及主要参数几部分组成。具体见表4-7。

表4-7 灭火器型号编制一览表

类	组	特征	代号	代号含义
灭火器,M	水,S	清水,Q	MSQ	清水灭火器
	泡沫,P	手提式,S	MP	手提式泡沫灭火器
		舟车式,Z	MPZ	舟车式泡沫灭火器
		推车式,T	MPT	推车式泡沫灭火器
	二氧化碳,T	手轮式,S	MT	手轮式二氧化碳灭火器
		鸭嘴式,Z	MTZ	鸭嘴式二氧化碳灭火器
		推车式,T	MTT	推车式二氧化碳灭火器
	粉末,F	手提式,S	MF	手提式粉末灭火器
		推车式,T	MFT	推车式粉末灭火器
		背负式,B	MFB	背负式粉末灭火器

例如：推车式二氧化碳灭火器 MTT24

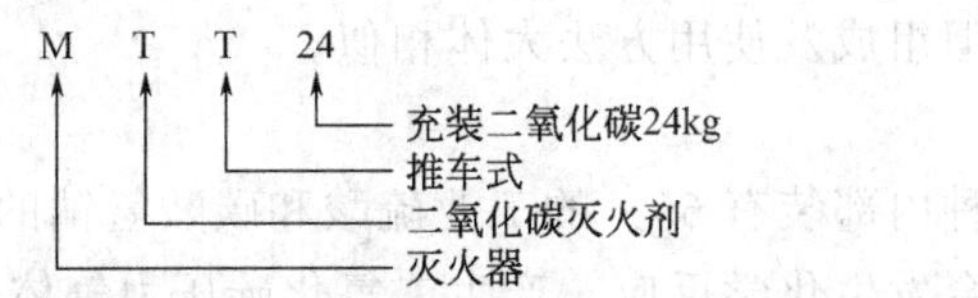

类、组、特征代号用大写汉语拼音字母表示；一般编在型号首位，是灭火器本身的代号。通常用“M”表示。

二、灭火器的结构

灭火器的本体通常为红色，并印有灭火器的名称、型号、灭火级别（灭火类型及能力）、灭火剂以及驱动气体的种类和数量，并以文字和图形说明灭火器的使用方法，如图 4-5所示。

图 4-5　常见灭火器

灭火器是由筒体、器头、喷嘴等部件组成的，借助驱动压力可将所充装的灭火剂喷出，达到灭火的目的。灭火器由于结构简单，操作方面，轻便灵活，使用面广，是扑救初起火灾的重要消防器材。

1. 泡沫灭火器

泡沫灭火器指灭火器内充装的灭火药剂为泡沫灭火剂，又分化学泡沫灭火器和空气泡沫灭火器。

（1）化学泡沫灭火器　化学泡沫灭火器内充装有酸性（硫酸铝）和碱性（碳酸氢钠）两种化学药剂的水溶液。使用时，将两种溶液混合引起化学反应生成灭火泡沫，并在压力的作用下喷射灭火。类型有手提式、舟车式和推车式三种，手提式化学泡沫灭火器如图 4-6 所示，推车式化学泡沫灭火器如图 4-7 所示。

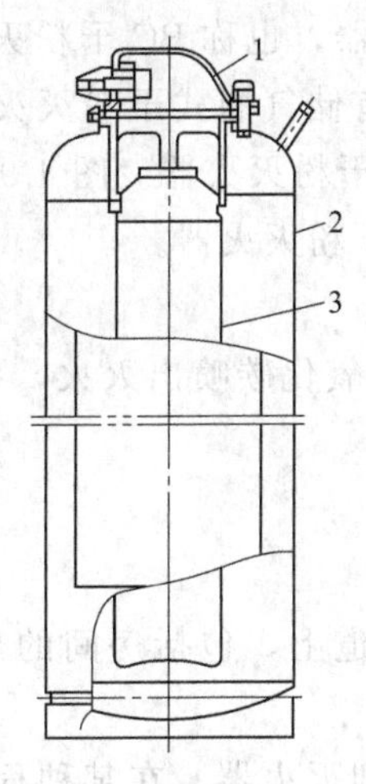

图 4-6　手提式化学泡沫灭火器
1—筒盖；2—筒体；3—瓶胆

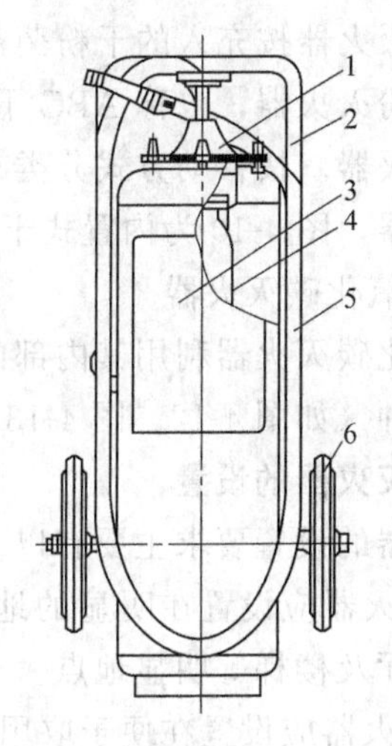

图 4-7　MPT 型推车式化学泡沫灭火器
1—筒盖；2—车架；3—筒体；
4—瓶胆；5—喷射软管；6—车轮

（2）空气泡沫灭火器　空气泡沫灭火器内部充装 90％的水和 10％的空气泡沫灭火剂。依靠二氧化碳气体将泡沫压送至喷射软管，经喷枪作用产生泡沫。按照所装灭火剂种类不同，可分蛋白泡沫灭火器、氟蛋白泡沫灭火器、抗溶性泡沫灭火器和“轻水”泡沫灭火器。虽然它们类型各异，但组成及使用方法大体相似。

2. 酸碱灭火器

酸碱灭火器是一种内部装有65%的工业硫酸和碳酸氢钠的水溶液作为灭火剂的灭火器。使用时，两种药液混合发生化学反应，产生二氧化碳压力气体，灭火剂在二氧化碳气体的压力下喷出灭火。酸碱灭火器如图4-8所示。

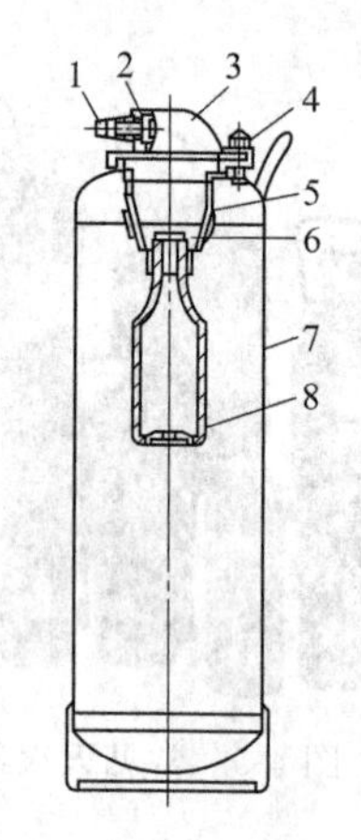

图4-8 MS型手提式酸碱灭火器
1—喷嘴；2—滤网；3—筒盖；4—密封垫圈；5—瓶夹；6—铅盖；7—筒体；8—瓶胆

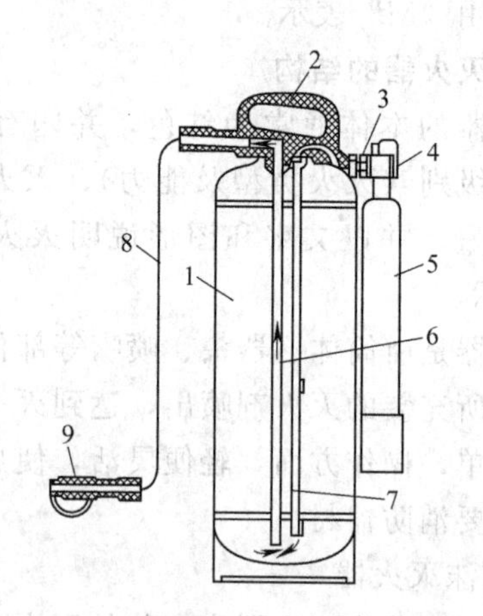

图4-9 MF型手提外挂式干粉灭火器
1—进气管；2—出粉管；3—二氧化碳钢瓶；4—螺母；5—提环；6—筒体；7—喷粉胶管；8—喷枪；9—拉环

3. 干粉灭火器

干粉灭火器以液态二氧化碳或氮气作为动力，将灭火器内干粉灭火药剂喷出而进行灭火。干粉灭火器按充入的干粉药剂分类，有碳酸氢钠干粉灭火器，也称BC干粉灭火器；磷酸铵盐干粉灭火器，也称ABC干粉灭火器。按加压方式分类有储气瓶式干粉灭火器和储压式干粉灭火器。按移动方式分类有手提式干粉灭火器和推车式干粉灭火器。图4-9为外挂式干粉灭火器，图4-10为内置式干粉灭火器，图4-11为推车式干粉灭火器。

4. 二氧化碳灭火器

二氧化碳灭火器利用其内部的液态二氧化碳的蒸气压将二氧化碳喷出灭火，有手轮式、鸭嘴式两种（如图4-12、图4-13所示）。

三、灭火器的设置

灭火器的设置要求主要有以下几点。

① 灭火器应设置在明显的地点。灭火器应设置在正常通道上，包括房间的出入口处、走廊、门厅及楼梯等明显地点。

② 灭火器应设置在便于取用的地点。能否方便安全地取到灭火器，在某种程度上决定了灭火的成败。因此，灭火器应设置在没有任何危及人身安全和阻挡碰撞、能方便取用的地点。

③ 灭火器的设置不得影响安全疏散。主要考虑两个因素：一是灭火器的设置是否影响人们在火灾发生时及时安全疏散；二是人们在取用各设置点灭火器时，是否影响疏散通道的畅通。

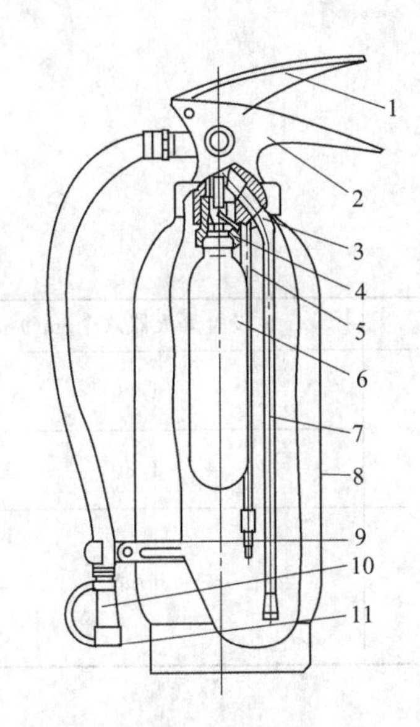

图 4-10 MF 型手提内置式干粉灭火器

1—压把；2—提把；3—刺针；4—密封膜片；5—进气管；6—二氧化碳钢瓶；7—出粉管；8—筒体；9—喷粉管固定夹箍；10—喷粉管（带提环）；11—喷嘴

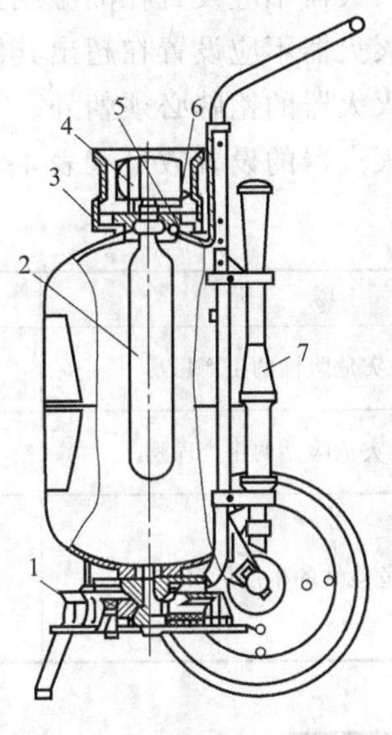

图 4-11 MFT 推车式干粉灭火器

1—出粉管；2—钢瓶；3—护罩；4—压力表；5—进气压杆；6—提环；7—喷枪

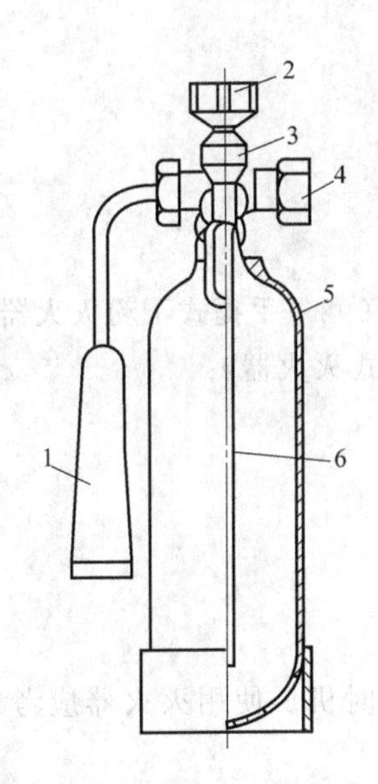

图 4-12 MT 型手轮式二氧化碳灭火器

1—喷筒；2—手轮；3—启闭阀；4—安全阀；5—钢瓶；6—虹吸管

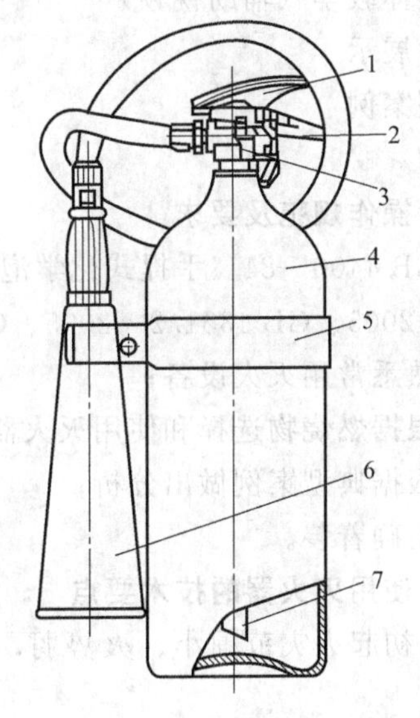

图 4-13 MTZ 型鸭嘴式二氧化碳灭火器

1—压把；2—提把；3—启闭阀；4—钢瓶；5—卡箍；6—喷筒；7—虹吸管

④ 灭火器设置位置要稳固。手提式灭火器设置在挂钩、托架上或灭火器箱内，其顶部距地面高度应小于 1.5m。底部离地面高度不宜小于 0.15m。设置在挂钩或托架上的手提式灭火器要竖直向上放置。设置在灭火器箱内的手提式灭火器，可直接放在灭火器箱的底面上，但其箱底面距地面高度不宜小于 0.15m。推车式灭火器不要设置在斜坡和地基不结实的地点。

⑤ 灭火器不应设置在潮湿或强腐蚀性的地点或场所。

⑥ 灭火器不应设置在超出其使用温度范围的地点。

⑦ 灭火器的铭牌必须朝外。

⑧ 灭火器的设置数量（表 4-8）。

表 4-8 灭火器的设置数量

场 所	类型选择	设置灭火器/(个/m²)
甲、乙类火灾危险性的生产厂房	泡沫灭火器 干粉灭火器	1/50
甲、乙类火灾危险性的生产库房	泡沫灭火器 干粉灭火器	1/80
丙类火灾危险性的生产厂房	泡沫灭火器 干粉灭火器 清水灭火器 酸碱灭火器	1/80

● 任务实施

训练内容 正确选择和使用灭火器

一、教学准备/工具/仪器

多媒体教学（辅助视频）

图片展示

典型案例

实物

二、操作规范及要求

① GB 4400—84《手提式化学泡沫灭火器》、GB 4402—1998《手提式干粉灭火器》、GB 4351.1—2005、GB 4351.2—2005、GB 4351.3—2005《手提式灭火器》；

② 熟悉常用灭火设备；

③ 根据燃烧物选择和使用灭火器；

④ 根据典型案例做出分析；

⑤ 正确着装。

三、使用灭火器的技术要点

（1）初起火灾范围小、火势弱，是用灭火器灭火的最佳时机。使用灭火器应考虑的因素有：

① 灭火器配置场所的火灾种类；

② 灭火器的灭火有效程度；

③ 对保护物品污损程度；

④ 设置点的环境温度；

⑤ 使用灭火器人员的素质；

⑥ 根据不同灭火机理选择不同类型的灭火器；

⑦ 在同一灭火器配置场所应尽量选用操作方法相同的灭火器；

⑧ 在同一灭火器配置场所，应选用灭火剂相容的灭火器。

(2) 灭火器选择与使用方法如表 4-9 所示。

表 4-9 灭火器的使用方法

名称	适用范围	手提式使用方法	推车式使用方法
泡沫灭火器	适用于扑救柴油、汽油、煤油、信那水等引起的火灾。也适用于竹、木、棉、纸等引起的初起火灾。不能用来扑救忌水物质的火灾	平稳将灭火器提到火场,用指压紧喷嘴,然后颠倒器身,上下摇晃,松开喷嘴,将泡沫喷射到燃烧物表面	将灭火器推到火场,按逆时针方向转动手轮,开启瓶阀,卧倒器身,上下摇晃几次,抓住喷射管,扳开阀门,将泡沫喷射到燃烧物表面
二氧化碳灭火器	灭火后不留任何痕迹,不导电,无腐蚀性。适用于扑救电气设备、精密仪器、图书、档案、文物等。不能用来扑救碱金属、轻金属的火灾	拔掉保险销或铅封,握紧喷筒的提把,对准火点,压紧压把或转动手轮,二氧化碳自行喷出,进行灭火	卸下安全帽,取下喷筒和胶管,逆时针方向转动手轮,二氧化碳自行喷出,进行灭火
干粉灭火器	用于扑救石油产品、涂料、可燃气体、电气设备等火灾	撕掉铅封,拔去保险销,对准火源,一手握住胶管,一手按下压把,干粉自行喷出,进行灭火	先取出喷管,放开胶管,开启钢瓶上的阀门,双手紧握喷管,对准火源,用手压开开关,灭火剂自行喷出,进行灭火
消防栓	使用扑救多种类型的火灾,水是分布最广、使用最方便、补给最容易的灭火剂。不能用于扑救与水能发生化学反应的物质引起的火灾,以及高压电气设备和档案、资料等引起的火灾	将存放消防栓的仓门打开,将水袋取出,平方打开,将阀头接在水袋上,对准火源,双手托起阀头,打开水阀,进行灭火	

手提式干粉灭火器的使用方法如图 4-14 所示。

(a) 取出灭火器

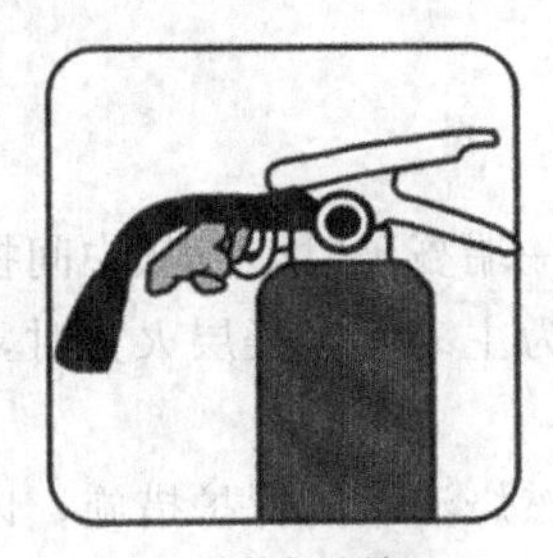
(b) 拔掉保险销

(c) 一手握住压把，一手握住喷管

(d) 对准火苗根部喷射（人站立在上风）

图 4-14 手提式干粉灭火器的使用方法

任务四 扑救生产装置初起火灾

任务介绍

四川一化工厂突发大火，厂区近十名工人、百余万元原料设备和成品油受到严重威胁，在消防官兵到达前，化工厂组织员工用厂区消防设施、灭火器材等开展自救，员工运用日常所学消防知识，在避免人员伤亡的同时有效地扼制了火势进一步蔓延，为消防部门最终扑灭大火赢得了时间。

某石化企业常减压装置，当班工人在巡检时发现换热区域突然腾起一股青烟，渣油换热器泄漏，并不断向外喷出温度高达300多摄氏度、压力为1.5MPa的渣油，同空气接触随时可能自燃着火。他们立即组织人员用消防蒸汽对漏油处进行掩护，同时沉着地关闭隔断阀，成功处置了装置的初起火灾。

在火灾发展变化中，火灾初起阶段，燃烧面积小，火势弱，是火灾扑救最有利的阶段，将火灾控制和消灭在初起阶段，就能赢得灭火的主动权，显著减少事故损失，反之就会被动，造成难以收拾的局面。

我们应该了解火灾的发展过程和特点，掌握灭火的基本原则，采取正确扑救方法，在灾难形成之前迅速将火扑灭。

任务分析

火场上，火势发展大体经历四个阶段，即初起阶段（起火阶段）、发展阶段（蔓延阶段）、猛烈阶段（扩大阶段）和熄灭阶段。在初起阶段，火灾比较易于扑救和控制，据调查，约有45%以上的初起火灾是由当事人或义务消防队员扑灭的。

作为石化企业生产一线技术工人，在预防火灾及初期灭火过程中要知道：

① 本公司有几种消防系统及分布情况；

② 各种救火工具的摆放位置；

③ 迅速报火警；

④ 使用灭火器灭火；

⑤ 掌握灭火方法和逃生方法。

必备知识

一、灭火的基本原则

1. 先控制，后消灭

（1）建筑物着火　当建筑物一端起火向另一端蔓延时，应从中间控制；建筑物的中间部位着火时，应在两侧控制。同时应以下风方向为主。发生楼层火灾时，应从上面控制，以上层为主，切断火势蔓延方向。

（2）油罐起火　油罐起火后，要采取冷却燃烧油罐的保护措施，以降低其燃烧强度，保护油罐壁，防止油罐破裂扩大火势；同时要注意冷却邻近油罐，防止因温度升高而着火。

（3）管道着火　当管道起火时，要迅速关闭上游阀门，断绝可燃液体或气体的来源；堵塞漏洞，防止气体扩散；同时要保护受火灾威胁的生产装置、设备等。

（4）易燃易爆部位着火　要设法迅速消灭火灾，以排除火势扩大和爆炸的危险；同时要掩护、疏散有爆炸危险的物品，对不能迅速灭火和疏散的物品要采取冷却措施，防止爆炸。

（5）货物堆垛起火　堆垛起火，应控制火势向邻垛蔓延；货区的边缘堆垛起火，应控制火势向货区内部蔓延；中间堆垛起火，应保护周围堆垛，以下风方向为主。

2. 救人重于救灾

救人重于救灾，是指火场如果有人受到火灾威胁，灭火的首要任务就是要把被火围困的人员抢救出来。人未救出前，灭火往往是为打开救人通道或减弱火势对人的威胁程度，从而更好地救人脱险，及时扑灭火灾创造条件。

3. 先重点，后一般

① 人和物比，救人是重点。

② 贵重物资和一般物资相比，保护和抢救贵重物资是重点。

③ 火势蔓延猛烈的方面和其他方面相比，控制火势猛烈的方面是重点。

④ 有爆炸、毒害、倒塌危险的方面和没有这些危险的方面相比，处置有这些危险的方面是重点。

⑤ 火场的下风方向与上风、侧风方向相比，下风方向是重点。

⑥ 易燃、可燃物品集中区和这类物品较少的区域相比，这类物品集中区域是保护重点。

⑦ 要害部位和其他部位相比，要害部位是火场上的重点。

二、人身起火的扑救方法

在石油化工企业生产环境中，由于工作场所作业客观条件限制，人身着火事故可能因火灾爆炸事故或在火灾扑救过程中引起，也有的由违章操作或意外事故所造成。

① 自救。因外界因素发生人身着火时，一般应采取就地打滚的方法，用身体将着火部分压灭。此时，受害人应保持清醒头脑，切不可跑动，否则风助火势，会造成更严重的后果；衣服局部着火，可采取脱衣、局部裹压的方法灭火。明火扑灭后，应进一步采取措施清理棉毛织品的阴火，防止死灰复燃。

② 化纤织品比棉布织品有更大的火灾危险性，这类织品燃烧速率快，容易粘在皮肤上。扑救化纤织品人身火灾，应注意扑救中或扑灭后，不能轻易撕扯受害人的烧残衣物，否则容易造成皮肤大面积创伤，使裸露的创伤表面加重感染。

③ 易燃可燃液体大面积泄漏引起人身着火，这种情况一般发生突然，燃烧面积大，受害人不能进行自救。此时，在场人员应迅速采取措施灭火。如将受害人拖离现场，用湿衣服、毛毡等物品压盖灭火；或使用灭火器压制火势，转移受害人后，再采取人身灭火方法。使用灭火器灭人身火灾，应特别注意不能将干粉、CO_2 等灭火剂直接对受害人面部喷射，防止造成窒息。也不能用二氧化碳灭火器对人身进行灭火，以免造成冻伤。

④ 火灾扑灭后，应特别注意烧伤患者的保护，对烧伤部位应用绷带或干净的床单进行简单的包扎后，尽快送医院治疗。

任务实施

训练内容　生产装置初起火灾的扑救

一、教学准备/工具/仪器

多媒体教学（辅助视频）

图片展示

典型案例

实物

二、操作规范及要求

① GB/T 4968—2008《火灾分类》；

② 掌握灭火的基本原则；

③ 会扑救人身起火，掌握生产装置初起火灾的扑救方法；

④ 根据典型案例做出分析。

三、扑救生产装置初起火灾的基本措施

(1) 及时报警

① 一般情况下，发生火灾后应一边组织灭火，一边及时报警。

② 当现场只有一个人时，应一边用通信工具呼救，一边进行处理，必须尽快报警，以便取得帮助。

图 4-15 火警电话

③ 发现火灾迅速拨打火警电话（图 4-15）。报警时沉着冷静，要讲清详细地址、起火部位、着火物质、火势大小、报警人姓名及电话号码，并派人到路口迎候消防车。

④ 消防队到场后，生产装置负责人或岗位人员，应主动向消防指挥员介绍情况，讲明着火部位、燃烧介质、温度、压力等生产装置的危险状况和已经采取的灭火措施，供专职消防队迅速做出灭火战术决策。

（2）调查情况　快速查清着火部位、燃烧物质及物料的来源，具体做到“三查”：

① 查火源——烟雾、发光点、起火位置、起火周边的环境等；

② 查火质——燃烧物的性质（固体物质、化学物质、气体、油料等），有无易燃易爆品，助燃物是什么；

③ 查火势——即查火灾处于燃烧的哪个阶段，5～7min 内为起火阶段，是扑灭火灾的最佳时间；7～15min 内为蔓延阶段；15min 以上为扩大阶段。

（3）根据具体情况，消除爆炸危险　带压设备泄漏着火时，应采取多种方法，及时采取防爆措施。如关闭管道或设备上的阀门，切断物料，冷却设备容器，打开反应器上的放空阀或驱散可燃蒸气或气体等。这是扑救生产装置初起火灾的关键措施。

如油泵房发生火灾后，首先应停止油泵运转，切断泵房电源，关闭闸阀，切断油源；然后覆盖密封泵房周围的下水道，防止油料流淌而扩大燃烧；同时冷却周围的设施和建筑物。

（4）正确使用灭火剂　根据不同的燃烧对象、燃烧状态选用相应的灭火剂，防止由于灭火剂使用不当，与燃烧物质发生化学反应，使火势扩大，甚至发生爆炸。对反应器、釜等设备的火灾除从外部喷射灭火剂外，还可以采取向设备、管道、容器内部输入蒸汽、氮气等灭火措施。

（5）扑灭外围火焰，控制火势发展　扑救生产装置火灾时，一般是首先扑灭外围或附近建筑的燃烧，保护受火势威胁的设备、车间。对重点设备加强保护，防止火势扩大蔓延。然后逐步缩小燃烧范围，最后扑灭火灾。

（6）利用生产装置现有的固定灭火装置冷却、灭火　石油化工生产装置在设计时考虑到火灾危险性的大小，在生产区域设置高架水枪、水炮、水幕、固定喷淋等灭火设备，应根据现场情况利用固定或半固定冷却或灭火装置冷却或灭火。

（7）及时采取必要的工艺灭火措施　对火势较大，关键设备破坏严重，一时难以扑灭的火灾，当班负责人应及时请示，同时组织在岗人员进行火灾扑救。可采取局部停止进料、开阀导罐、紧急放空、紧急停车等工艺紧急措施，为有效扑灭火灾，最大限度降低灾害创造条件。

任务五　防火防爆的安全措施

● 任务介绍

某硫酸厂在硫黄仓库内破碎硫黄渣、硫黄块时，使用铁制破碎机破碎硫黄块，运行过程中产生火花，撞击产生的火花能量远远超过硫黄粉的最小点火能量，从而点燃硫黄粉，引起硫黄粉尘燃烧，且燃烧速率极快，库内被刺激性气体 SO_2 烟雾笼罩，幸好操作人员能果断采取措施及时扑救。此案例虽然没有造成损失，但告诫我们要了解易燃易爆危险场所的防火防爆措施；掌握火源的控制和消除方法，掌握防火防爆的安全措施。

● 任务分析

石油化工生产过程是通过一系列的物理、化学变化完成的，生产原料和产品大多具有易燃易爆、毒害和腐蚀性，生产工艺操纵复杂、连续性强，具有生产危险性大、发生火灾爆炸概率高的特点。因此，防火防爆安全技术对于实现石油化工安全生产、保护职工的安全和健康发挥着重要作用。

防火防爆措施是以技术为主，是借助安全技术来达到劳动保护的目的，同时也要涉及有关劳动保护法规和制度、组织管理措施等方面的问题。

① 直接安全技术措施，即使生产装置本质安全化；

② 间接安全技术措施，如采用安全保护和保险装置等；

③ 提示性安全技术措施，如使用警报信号装置、安全标志等；

④ 特殊安全措施，如限制自由接触的技术设备等；

⑤ 其他安全技术措施，如预防性实验、作业场所的合理布局、个体防护设备等。

● 必备知识

石油化工企业防火防爆的安全措施

1. 火源控制

石油化工生产中，常见的着火源除生产过程本身的燃烧炉火、反应热、电火花等以外，还有维修用火、机械摩擦热、撞击火花、静电放电火花以及违章吸烟等。这些火源是引起易燃易爆物质着火爆炸的常见原因。控制这些火源的使用范围，对于防火防爆是十分重要的。

2. 火灾爆炸危险物的安全处理

① 按物质的物理化学性质采取措施；

② 系统密封及负压操作；

③ 通风置换；

④ 惰性介质保护。

3. 工艺参数的安全控制

石油化工生产中，工艺参数主要是指温度、压力、流量、液位及物料配比等。防止超温、超压和物料泄漏是防止火灾爆炸事故发生的根本措施。

① 温度控制；

② 投料控制；

③ 防止跑冒滴漏；

④ 紧急情况停车处理。

4. 自动控制与安全保险装置

在现代化化工生产中，系统安全保险装置是防止火灾爆炸事故的重要手段之一，能大幅度降低生产的危险度，提高生产的安全系数。安全保险装置按功能可分为以下四类。

(1) 报警信号装置　报警信号装置有安全指示灯、器、铃等，当生产中出现危险状态时

（如温度、压力、浓度、液位、流速、配比等达到设定危险程度时），自动发出声、光报警信号，提醒操作者，以便及时采取措施，消除隐患。

（2）保险装置　保险装置有安全阀、爆破片、防爆门、放空管等，当生产中出现危险状况时，能自动消除不正常状况，在出现超压危险时能够起跳、破裂或开启而泄压，避免设备破坏。安全阀和爆破片、放空管等保险装置一般安装在锅炉、压力容器及机泵的出口部位。

安全阀亦称单向阀、止逆阀、止回阀。生产中常用于只允许流体按一定的方向流动，阻止在流体压力下降时返回生产流程。有弹簧式安全阀、杠杆式安全阀和静重式安全阀三类（图4-16～图4-18）。

图4-16　弹簧式安全阀

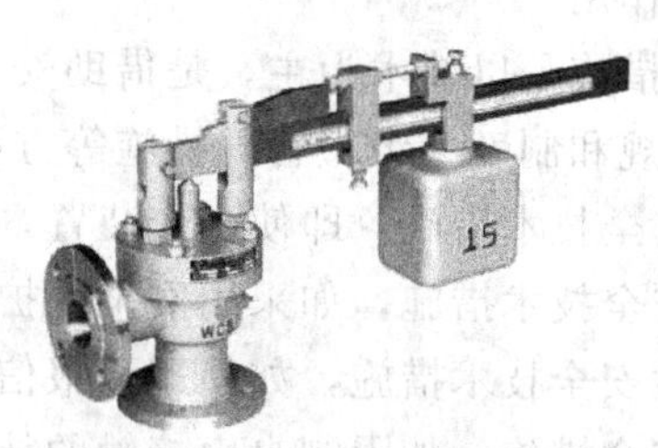

图4-17　杠杆式安全阀

图4-18　静重式安全阀

（3）安全联锁　安全联锁装置有联锁继电器、调节器、自动放空装置。安全联锁对操作顺序有特定的安全要求，是防止误操作的一种安全装置，一般安装在生产中对工艺参数有影响、有危险的部位。例如需要经常打开的带压反应器，开启前必须将器内压力排除，经常频繁操作容易造成疏忽，为此，可将打开孔盖与排除压力的阀门进行联锁，当压力没有排除时，孔盖无法打开。

（4）阻火设备　阻火设备包括安全液封、阻火器、阻火阀门等。

安全液封用于防止可燃气体、易燃液体蒸气逸出着火，起到熄火、阻止火势蔓延的作用。一般用于安装在低于0.2MPa的气体管线与生产设备之间，常用的安全液封有敞开式（图4-19）和封闭式（图4-20）两种。

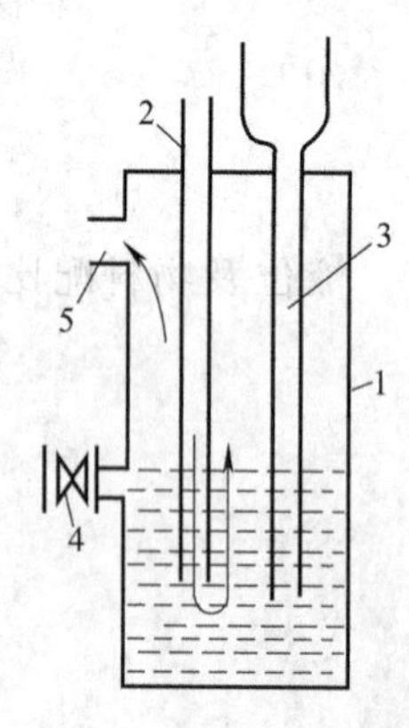

图4-19　敞开式液封

1—外壳；2—进气管；3—安全管；4—验水栓；5—气体出口

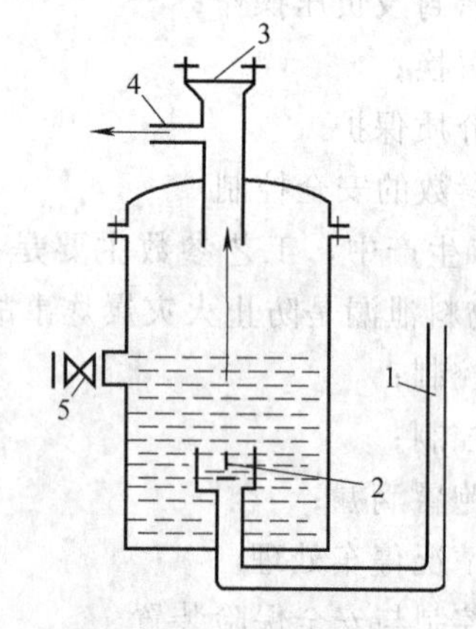

图4-20　封闭式液封

1—气体进口；2—单向阀；3—防爆膜；4—气体出口；5—验水栓

阻火器内装有金属网（图4-21）、金属波纹网、砾石（图4-22）等，当火焰通过狭小孔隙，由于热损失突然增大，致使燃烧不能继续而熄灭。阻火器一般安装在可燃易爆气体、液体蒸气的管线和容器、设备之间或排气管上。

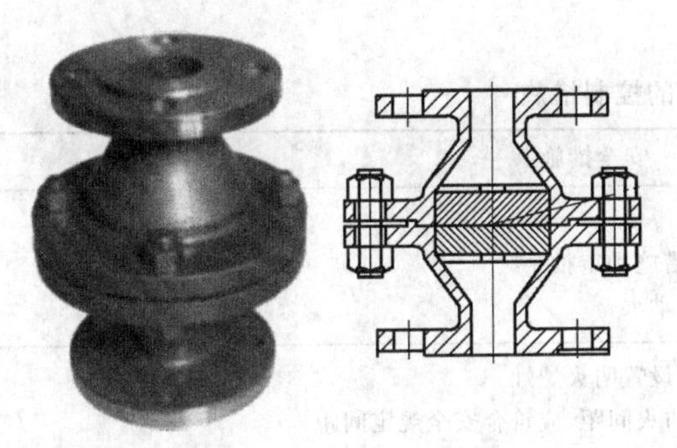

图4-21　金属网阻火器

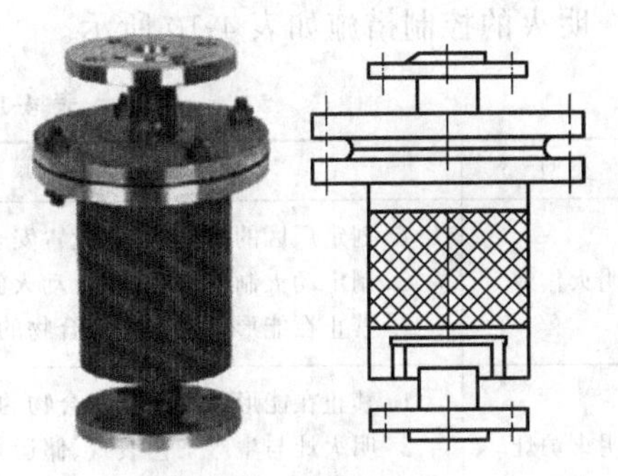

图4-22　砾石阻火器

阻火阀门（图4-23、图4-24）用于防止火焰沿通风管道或生产管道蔓延。自动阻火阀门一般安装在岗位附近，便于控制。对只允许液体向一定方向流动、防止高压窜入低压及防止回头火时，可采用单向阀。

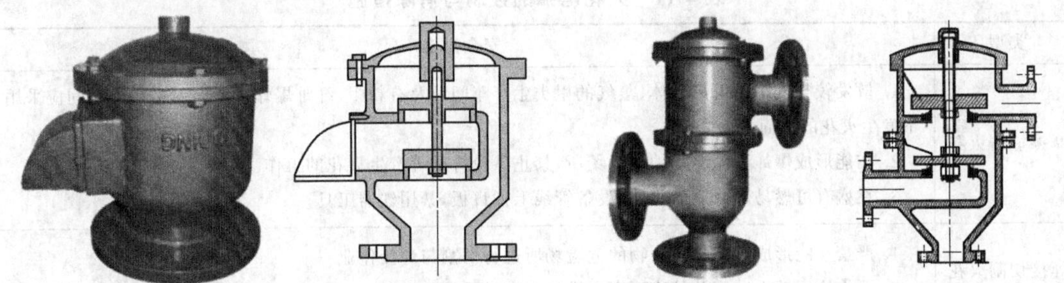

图4-23　防爆阻火呼吸阀　　　　图4-24　带双接管呼吸阀

5. 安全设计

安全生产，首先应当强调防患于未然，把预防放在第一位。石油化工生产装置在开始设计时，就要重点考虑安全，其防火防爆设计应遵守现行国家有关标准、规范和规定。

任务实施

训练内容　着火源控制与消除

一、教学准备/工具/仪器

多媒体教学（辅助视频）

图片展示

典型案例

实物

二、操作规范及要求

① GB 50183—2004《石油天然气工程设计防火规范》；

② 掌握火灾、爆炸的基本规律；

③ 掌握火源的控制和消除方法；

④ 根据典型案例做出分析。

三、着火源控制与消除方法

1. 明火的控制

明火的控制措施如表 4-10 所示。

表 4-10 明火的控制措施

类型	安全措施
明火作业	1. 划定厂区的禁火区域，设置安全标志 2. 制定动火制度，严格执行动火施工安全措施和审批手续 3. 禁止在能形成爆炸性混合物的危险场所动火
明火炉灶	1. 禁止在能形成爆炸性混合物的危险场所设置明火炉灶 2. 明火灶与生产工艺装置、储运装置等的防火间距，应符合安全规定间距 3. 禁火区域设置临时明火炉灶，应取得批准

2. 火花电弧的控制与消除

火花电弧的控制与消除措施如表 4-11 所示。

表 4-11 火花电弧的控制与消除措施

类型	安全措施
摩擦撞击火花	1. 散发较空气重的可燃气体、蒸气的甲类生产车间以及有粉尘、纤维爆炸危险的乙类生产车间应采用不发生火花的地面 2. 在能形成爆炸性混合物的危险场所，禁止砂轮打磨等产生火花的工作 3. 在盛有可燃易爆介质的容器、设备管线上插盲板，禁用铁器工具
焊接切割火花	1. 严禁在能形成爆炸性混合物的危险场所进行切割与焊接作业 2. 严格执行动火制度及其施工安全措施和审批手续
电气设备火花	1. 爆炸危险场所应按安全规定选用电气设备 2. 正常情况下不能形成，而仅在不正常情况下才能形成爆炸性混合物的场所临时使用非防爆电气设备，应同样办理动火批准手续
静电放电火花	1. 可燃气体、易燃液体的设备、管道等应进行防静电接地 2. 可燃气体、易燃液体的流速应符合安全规定 3. 氧气的流速应安全规定执行

3. 炽热物体的控制与消除

炽热物体的控制与消除措施如表 4-12 所示。

表 4-12 炽热物体的控制与消除措施

序号	安全措施
1	在能形成爆炸性混合物的危险场所不得携带或从事有烙铁、熔融沥青、金属等炽热物体的施工、检修工作
2	在能形成爆炸性混合物的危险场所动火，要办理动火手续，采取可靠的安全措施，方可进行
3	不允许在化工生产岗位的暖气片上烘烤油污的手套、衣服等可燃物品
4	易燃易爆场所严禁使用和安装电热器具、高热照明器具

考核与评价

一、使用干粉灭火器灭火

1. 准备要求

材料准备（见表 4-13）

表 4-13　材料准备清单

序号	名称	规格	数量	备注
1	油盘	直径 0.5m、深 200mm 圆盘	1 个	先往油盘加入约 90mm 深的水再加入 30mm 深的 70 号汽油
2	干粉灭火器	6kg	若干	
3	点火盆		1 个	
4	点火棍		1 个	
5	汽油、柴油		若干	
6	灭火布		1 个	

2. 操作考核规定及说明

（1）操作程序说明

① 携带灭火器跑至喷射线；

② 操作灭火器向油盘喷射；

③ 携带灭火器冲出终点线。

（2）考核规定说明

① 如操作违章或未按操作程序执行操作，将停止考核。

② 考核采用百分制，考核项目得分按鉴定比重进行折算。

③ 考核方式说明：该项目为实际操作，考核过程按评分标准及操作过程进行评分。

④ 考核技能说明：本项目主要考核学生对干粉灭火器操作的熟练程度。

3. 考核时限

① 准备时间：1min（不计入考核时间）。

② 正式操作时间：50s（从听到“开始”口令至举手示意喊“好”为止）。

③ 提前完成操作不加分，到时停止操作考核。

4. 评价标准及记录表（见表 4-14）

表 4-14　使用干粉灭火器灭火记录表　　考核时间：50s

序号	考核内容	考核要点	分数	评分标准	扣分	得分	备注
1	携带灭火器跑至喷射线	奔跑中拔出保险销 跑动中灭火器不能触地	10	未拔出保险销扣 10 分 灭火器触地扣 5 分			
		灭火器底部不得正对人体	10	灭火器底部对着人体扣 10 分			

续表

序号	考核内容	考核要点	分数	评分标准	扣分	得分	备注
2	操作灭火器向油盘喷射	右手握住开启压把	10	未握住开启压把扣10分			
		左手握住喷枪	10	未握住喷枪扣10分			
		用力捏紧开启压把	8	未捏紧开启压把扣8分			
		对准油盘内壁左右喷射使火焰完全熄灭	10	未对准内壁扣5分 未左右喷射扣5分 火焰未完全熄灭不计成绩			
		应占据上风或侧上风位置	10	未占据上风或侧上风位置扣10分			
		灭火中应拉下头盔面罩	10	未拉下头盔面罩扣10分			
		戴手套操作	10	未戴手套操作扣10分			
3	携带灭火器冲出终点线	灭火器不能触地	7	灭火器触地扣7分			
		冲出终点线后举手示意喊好	5	未举手示意喊好扣5分			
4	安全文明操作	按国家或企业颁发有关安全规定执行操作		每违反一项规定从总分中扣5分 严重违规取消考核			
5	考核时限	在规定时间内完成		到时停止操作考核			
合计			100				

二、防火防爆的安全设施识别

1. 准备要求

设备准备见表4-15。

表4-15 设备准备清单

序号	名称	规格	数量	备注
1	汽车阻火器		1个	选用阻火器、安全阀、阻火呼吸阀种类视现场情况确定
2	砾石阻火器		1个	
3	金属网阻火器		1个	
4	弹簧式安全阀		1个	
5	杠杆式安全阀		1个	
6	静重式安全阀		1个	
7	防爆阻火呼吸阀		1个	
8	带双接管呼吸阀		1个	

2. 操作考核规定及说明

(1) 操作程序

① 根据要求选择阻火器、安全阀、阻火呼吸阀类别，解释各符号含义，并对符号进行综合表述。

② 叙述阻火器、安全阀、阻火呼吸阀主要结构零部件。

③ 叙述阻火器、安全阀、阻火呼吸阀工作原理。

④ 叙述阻火器、安全阀、阻火呼吸阀用途。

⑤ 说明阻火器、安全阀、阻火呼吸阀开关动作情况。

⑥ 维护保养和操作注意事项。

（2）考核规定及说明

① 表述清楚、简洁明了。

② 回答问题思路清晰。

③ 考核采用百分制。

（3）考核方式说明　该项目为现场口述，考核过程按评分标准及操作过程进行评分。重点考查认知、了解、熟悉程度。

3. 考核时限

① 准备时间：1min（不计入考核时间）。

② 一人正式操作时间：4min。

③ 提前完成操作不加分，每超时10s从总分中扣2分，超时30s停止操作考核。

4. 评分记录表（见表4-16）。

表4-16　防火防爆设备识别考核记录表　　考核时间：4min

序号	考核内容	考核要点	分数	评分标准	得分	备注
1	选择设备	1. 识别、选择设备类别 2. 解释设备符号含义，表述正确	40	识别设备类型，错一次扣5分 未正确选择阀门扣40分 设备符号的含义解释错误一处扣2分 表述设备错误一处扣2分，未表述扣10分		
2	主要结构	叙述设备主要结构	15	设备的主要结构，错漏一处扣2分		
3	原理、用途	叙述设备工作原理、用途	20	设备工作原理错误扣10分 设备用途错误扣10分 开关方向错误各扣5分		
4	维护保养	叙述维护保养和操作注意事项	20	维护保养错误一处扣2分 操作注意事项错漏一处扣2分		
5	文明叙述	穿戴劳保，表述清楚	5	劳保穿戴齐全，未穿戴扣2分 回答时口齿清楚，声音洪亮，未做到扣3分		
6	考核时限	在规定时间内完成		要求在4min内完成，每超时10s扣2分，超时30s停止操作，未完成步骤不得分		
合计			100			

归纳总结

根据燃烧的三要素，燃烧爆炸的发生三个条件必须同时具备、相互作用、缺一不可。所以最理想的原则是把这三个要素同时消灭控制，但不经济，有时也不可能。火源很难控制，特别是一些静电火花。

一旦发生火灾，灭火剂和灭火器是必不可少的，它可以通过冷却、窒息、隔离及化学抑制达到破坏燃烧条件、终止燃烧的目的。灭火剂的类型有多种，有水、泡沫、干粉、二氧化碳等。灭火器按其移动方式可分为手提式和推车式；按驱动灭火剂的动力来源可分为储气瓶式、储压式、化学反应式；按所充装的灭火剂则又可分为泡沫、干粉、卤代烷、二氧化碳、酸碱、清水等，可以扑救各种不同类型的火灾。

要防止火灾爆炸事故，就应根据物质燃烧和爆炸原理，采取各种有效安全技术措施，比如可燃性粉尘处于堆积状态或处于在容器中密集收存的状态时，是不会爆炸的。

根据火灾发展过程的特点，应采取如下基本技术措施：

① 以不燃溶剂代替可燃溶剂；

② 密闭和负压操纵；

③ 透风除尘；

④ 惰性气体保护；

⑤ 采用耐火建筑；

⑥ 严格控制火源；

⑦ 阻止火焰的蔓延；

⑧ 抑止火灾可能发展的规模。

根据爆炸过程的特点，防爆主要应采取以下措施：

① 防止爆炸性混合物的形成；

② 严格控制点火能源；

③ 及时泄出燃爆开始时的压力；

④ 切断爆炸传播途径；

⑤ 减弱爆炸压力和冲击波对人员、设备和建筑物的破坏。

巩固与提高

一、填空题

1. 化学品的燃烧需要三要素：（　　）、（　　）和（　　）。缺少其中任何一个，燃烧便不能发生。

2. 通常，一般可燃物质在含氧量低于14%的空气中不能燃烧。目前大量的灭火剂以及灭火方法都是利用隔绝空气或降低空气中氧气含量的方法实现（　　）。

3. 爆炸是指一个物系从一种状态转化为另一种状态，并在瞬间以机械功的形式放出大量能量的过程。爆炸分（　　）爆炸和（　　）爆炸。

4. 通常的爆炸极限是在常温、常压的标准条件下测定出来的，它随温度、压力的变化而变化。爆炸极限的范围越宽，爆炸下限越低，爆炸危险性（　　）。

5. 固体物质形成持续燃烧的最低温度被称为（　　），它是评价固体物质危险性的重要特征参数之一。

6. 液态危险化学品的火灾爆炸危险主要来自常温下极易着火燃烧的液态物质，即易燃液体。这类物质大都是有机化合物，其中很多属于石油化工产品。我国规定，凡是闪点低于（　　）的都属于易燃液体。

7. 易燃液体的（　　）越低，火灾危险性就越大；比重（相对密度）越小，沸点越低，其蒸发速度越快，火灾危险性就越大。

8. 扑救毒害性、腐蚀性或燃烧产物毒害性较强的易燃液体火灾，扑救人员必须（　　），采取防护措施。

9. 在灭火器型号中灭火剂的代号：（ ）代表泡沫灭火剂；F代表（ ）灭火剂；T代表（ ）灭火剂。

10. 火灾按着火可燃物类别，一般分为五类：（ ）火灾；（ ）火灾；（ ）火灾；（ ）和金属火灾。

11. 广泛应用的灭火剂主要有（ ）、（ ）、（ ）、（ ）、卤代烷及特种灭火剂。

12. 防火防爆的基本措施主要有（ ），工艺过程的安全控制和（ ）。

13. 生产的火灾危险性分为以下五类，请填全下表。

类别	特　征
甲	1. 闪点＜（ ）的易燃液体
	2. 爆炸下限＜（ ）的可燃气体
	3. 常温下能自行分解或在空气中氧化即能导致迅速自燃或爆炸的物质
	4. 常温下受到水或空气中水蒸气的作用，能产生可燃气体并能引起燃烧或爆炸的物质
	5. 遇酸、受热、撞击、摩擦以及遇有机物或硫黄等易燃无机物，极易引起燃烧或爆炸的物质
	6. 受到撞击摩擦或与氧化剂有机物接触时能引起燃烧或爆炸的物质
	7. 在压力容器内物质本身温度超过自燃点的生产
乙	1.（ ）≤闪点＜（ ）
	2. 爆炸下限≤10%的可燃气体
	3. 助燃气体和不属于甲类的（ ）
	4. 不属于甲类的化学易燃危险固体
	5. 排出浮游状态的可燃纤维或粉尘，并能与空气形成爆炸性混合物
丙	1. 闪点≥60℃的可燃液体
	2. 可燃（ ）
丁	具有下列情况的生产
	1. 对非燃烧物质进行加工，并在高热或熔化状态下经常产生（ ）热、火花、火焰的生产
	2. 利用气体、液体、固体作为燃料或将气体、液体进行燃烧作其他用的各种生产
	3. 常温下使用或加工难燃烧物质的生产
戊	（ ）使用或加工非燃烧物质的生产

二、选择题

1. 使用二氧化碳灭火器时，人应站在（ ）。

A. 上风位　　B. 下风位　　C. 无一定位置

2. 使用水剂灭火器时，应射向火源哪个位置才能有效将火扑灭？（ ）

A. 火源底部　　B. 火源中间　　C. 火源顶部

3. 下列哪种灭火器不适用于扑灭电器火灾？（ ）

A. 二氧化碳灭火器　　B. 干粉剂灭火剂　　C. 泡沫灭火器

4. 如果因电器引起火灾，在许可的情况下，你首先必须（ ）。

A. 找寻适合的灭火器扑救　　B. 将有开关的电源关掉　　C. 大声呼叫

5. 爆炸现象的最主要特征是（ ）。

A. 温度升高　　B. 压力急剧升高　　C. 周围介质振动

三、判断题

1. 火灾通常指违背人们的意志，在时间和空间上失去控制的燃烧所造成的灾害。（ ）

2. 粉尘对人体有很大的危害，但不会发生火灾和爆炸。(　　)

3. 火灾发生后，如果逃生之路已被切断，应退回室内、关闭通往燃烧房间的门窗，并向门窗上泼水减缓火势发展，同时打开未受烟火威胁的窗户，发出求救信号。(　　)

4. 发生火灾时，基本的正确应变措施是：发出警报，疏散，在安全情况下设法扑救。(　　)

5. 火灾致命的最主要原因是人被人践踏。(　　)

6. 车间抹过油的废布废棉丝不能随意丢放，应放在废纸箱内。(　　)

7. 所有灭火器必须锁在固定物体上。(　　)

8. 为防止易燃气体积聚而发生爆炸和火灾，储存和使用易燃液体的区域要有良好的空气流通。(　　)

9. 为防止发生火灾，在厂内显眼的地方要设有严禁逗留标志。(　　)

四、简答题

1. 什么叫闪点？闪点与火灾危险性有什么关系？

2. 什么叫爆炸极限、爆炸范围？爆炸极限和爆炸范围与爆炸危险性有什么关系？

3. 什么叫自燃点？自燃点在防火中有何意义？

4. 石油化工火灾的特点是什么？

5. 灭火基本原理是什么？

6. 灭火剂的作用有哪些？

7. 哪些火灾不能用水扑救？(答出五类)

8. 生产装置初起火灾如何扑救？

五、综合分析题

某化工厂在生产对硝基苯甲酸过程中发生爆燃火灾事故，当场烧死2人，重伤5人，数日后又有2名伤员因抢救无效死亡。

当日下午3点左右，当班生产副厂长王某组织8名工人接班工作，接班后氧化釜继续通氧氧化，当时釜内工作压力0.75MPa，温度160℃。不久，工人发现氧化釜搅拌器传动轴密封填料处发生泄漏，当班班长文某在观察泄漏情况时，被泄漏出的物料溅到了眼睛，文某就离开现场去冲洗眼睛。之后工人刘某、李某在副厂长王某的指派下，用扳手直接去紧搅拌轴密封填料的压盖螺栓来处理泄漏问题，当工人刘某、李某对螺母上紧了几圈后，物料继续泄漏，且螺杆也跟着转动，无法旋紧，经副厂长王某同意，工人刘某将手中的2只扳手交给在现场的工人陈某，自己去修理间取管钳，当刘某离开操作平台约45s左右，操作平台上发生爆燃，接着整个生产车间起火。当班工人除文某、刘某离开生产车间之外，其余7人全部陷入火中，副厂长王某、工人李某当场烧死，陈某、星某在医院抢救过程中死亡，3人重伤。

1. 单项选择题

(1) 这起事故中，可以肯定泄漏物(　　)。

A. 产生了射流　　B. 与空气形成爆炸性混合气体

C. 与压盖螺栓摩擦产生了静电　　D. 与空气混合后发生激烈氧化而燃烧

(2) 这起事故中，可以肯定工人陈某用扳手紧压盖螺栓时(　　)。

A. 产生了静电　　B. 拧错了方向　　C. 速度太快　　D. 产生了火花

2. 多项选择题

(3) 由上述可以看出，操作工人(　　)。

A. 没有劳动保护

B. 不懂得安全操作规程

C. 根本不认识化工生产的危险特点

D. 不知道本企业生产的操作要求，尤其对如何处理生产中出现的异常情况更是不懂

(4) 这起事故中，生产副厂长王某（ ）。

A. 应负有直接责任 B. 违章指挥 C. 处理不当 D. 没有责任

3. 简答题

(5) 根据上述材料，分析事故的直接原因。

六、阅读资料

2005年11月13日，吉林石化公司双苯厂苯胺二车间化工二班一操作工替休假的硝基苯精馏岗位内操顶岗操作。该岗位工作内容是根据硝基苯精馏塔T102塔釜液组成分析结果，进行重组分的排残液操作。10时10分，该操作工进行排残液操作，在进行该项操作前，错误地停止了硝基苯初馏塔T101进料，但没有按照规程要求关闭硝基苯进料预热器E102加热蒸汽阀，导致硝基苯初馏塔进料温度升高，在15min时间内温度超过150℃量程上限，超温过程一直持续到11时35分。

在11时35分左右，该操作工回到控制室发现超温，关闭了硝基苯进料预热器蒸汽阀，硝基苯初馏塔进料温度开始下降，13时25分降至130.4℃。

13时21分，该操作工在T101进料时，再一次操作错误，没有按照“先冷后热”的原则进行操作，而是先开启进料预热器的加热蒸汽阀，7min后，进料预热器温度再次超过150℃量程上限。13时34分启动了硝基苯初馏塔进料泵向进料预热器输送粗硝基苯，当温度较低的26℃粗硝基苯进入超温的进料预热器后，由于温差较大，加之物料急剧气化，造成预热器及进料管线法兰松动，导致系统密封不严，空气被吸入到系统内，与T101塔内可燃气体形成爆炸性气体混合物，硝基苯中的硝基酚钠盐受震动首先发生爆炸，继而引发硝基苯初馏塔和硝基苯精馏塔相继发生爆炸，而后引发装置火灾和后续爆炸。

本次事故造成8人死亡、1人重伤、59人轻伤。在事故发生时，在现场作业和巡检的6名员工当场死亡；与双苯厂一墙之隔的吉林市吉丰农药有限公司一名员工在本单位厂房内作业时受爆炸冲击受伤，经抢救无效死亡；吉化集团通信公司一名员工在距双苯厂1000m以外的吉林市热电厂附近的徐州路上骑摩托车时被爆炸碎片击成重伤，经抢救无效于12月1日死亡。在受伤人员中有23名双苯厂员工，其他为企业外人员。

本次爆炸直接涉及的设备有硝基苯初馏塔T101、硝基苯精馏塔T102、粗硝基苯罐2个、硝酸罐2个、苯胺水罐、精硝基苯罐、空气罐、氮气罐、氢气缓冲罐、苯胺水捕集器2个、管架和原料罐区精硝基苯罐、苯罐2个，爆炸事故造成周边的企业和居民住宅门窗一定程度的破坏并引发松花江水污染事件。此次爆炸直接经济损失为6908.28万元，其中财产损失合计5082.71万元，人身伤亡后所支出的费用合计283.76万元，善后处理费用（含赔偿费用）合计1541.81万元。

项目五 防止现场触电伤害

任务一 安全用电

任务介绍

某化工厂办公室人员王某发现单位会议室有两个日光灯不亮，在带电的情况下擅自进行修理。他站在桌子上，在拆日光灯过程中，手接触到相线被电击，从桌子上掉了下来造成轻伤。

某化工车间分离工段2002年安装的板框压滤机，由于受到原料、环境的腐蚀作用，电缆绝缘层老化。2007年3月17日该工段操作工人在压滤第3批料过程中，料斗内突然着火并迅速扩大，而且引燃了压滤机顶棚的玻璃钢屋面。现场操作工与邻近车间、化验室职工共同努力用灭火器将大火扑灭。本次事故虽然无人员受伤，但造成压滤机部分烧毁，生产中断。事后查明原因是生产现场环境潮湿，造成电器线路打火，引发火灾。

某化工厂异丙苯车间烃化工段后处理岗位5名工人，负责清洗烃化工段主框架3楼平台回收苯塔的第一冷凝器，须使用水压喷雾器，泵的电源通过临时电源拖线板提供。为此，车间安全员安排1名工人请值班电工拆装电器。但是这名工人领了一支新插头，自己进行更换。结果把地线接于相线接头上，使相线与地线错位，造成泵的外壳带电，致使1名工人触电，经抢救无效死亡。

电本身看不见、摸不着，具有潜在的危险性，不遵守安全操作规程，会造成意想不到的电气故障，导致人身触电、电气设备损坏，甚至引起重大事故。

化工企业生产使用的电气设备品种繁多，无论是车间操作工还是机修工及其他工种，都要在各种设备上进行操作实践，都不可避免地接触、操作或控制到各种设备上的一些电气元件及电路设施。因此必须掌握电的基本规律，懂得用电的基本常识，增强对电气安全的意识和防范。

任务分析

操作工使用电器时存在以下几种倾向：一是表现出胆怯紧张，不敢触及电器，怕触电；二是胆大乱动无知，不计后果；三是出现电气问题及发生触电现象，则束手无策。

触电事故没有预兆，往往不是单一的原因，有组织管理方面的因素，也有工程技术方面的因素；有不安全行为方面的因素，也有不安全状态方面的因素。由于生产组织形式、生产方式和用电状态的变化，生产操作者应经常进行有关用电安全常识教育，企业要建立相关的制度，防止发生事故。

保证安全用电的基本条件是：

① 严格的电气安全管理制度；

② 完整的电气作业安全措施；

③ 细致的电气安全操作规程；

④ 用电人员素质的培养及提高；

⑤ 确保电气设备、元件、材料产品质量；

⑥ 确保电气工程的设计质量和安装质量；

⑦ 加强防止自然灾害侵袭的能力及措施；

⑧ 普及安全用电技术。

必备知识

一、安全电压

安全电压是指在各种不同环境和条件下，人体接触到有一定电压的带电体后，其各部分组织（如皮肤、心脏、呼吸器官、神经系统等）不受到任何伤害的电压。

最新国家标准 GB/T 3805—2008 按国际惯例将其定义为：特低电压（ELV）限值，并用表 5-1 作全面精确标识。

在需要电击防护的地方，采用不高于《特低电压（ELV）限值》GB/T 3805—2008 中规定的，不同环境下正常和故障状态时的电压限值（见表 5-1），则不会对人体构成危险。

表 5-1　正常和故障状态下稳定电压的限制

环境状况	电压限值/V					
	正常(无故障)		单故障		双故障	
	交流	直流	交流	直流	交流	直流
皮肤阻抗和对地电阻均忽略不计(如人体浸没水中)	0	0	0	0	16	35
皮肤阻抗和对地电阻降低(如潮湿条件)	16	35	33	70	不适用	
皮肤阻抗和对地电阻均不降低(如干燥条件)	33①	70②	55①	140②	不适用	
特殊状况(如电焊、电镀)	特殊应用					

① 对接触面积小于 1cm² 的不可握紧部件，电压限值分别为 66V、80V。

② 对电池充电，电压限值分别为 75V、150V。

在地面正常环境下，成年人人体的电阻为 1～2kΩ，发生意外时通过人体的电流按安全电流 30mA 计算，则相应的对人体器官不构成伤害的电压限制为：无故障时交流 33V、直流 70V；单故障时交流 55V、直流 140V。

在潮湿环境下人体电阻大大降低，约为 650Ω，无故障正常状态下的电压限值为：交流 16V、直流 35V。

二、安全距离

为防止人体触及或过分接近带电体，或防止车辆和其他物体碰撞带电体，以及避免发生各种短路、火灾和爆炸事故，在人体与带电体之间、带电体与地面之间、带电体与带电体之间、带电体与其他物体和设施之间，都必须保持一定的距离，这种距离称为电气安全距离。简称间距。

间距的大小取决于电压的高低、设备的类型及安装的方式等因素。大致可分为4种：各种线路的间距；变配电设备的间距；各种用电设备的间距；检维修时的间距。

各种线路、变配电设备及各种用电设备的间距，在电力设计规范及相关资料中均有明确而详细的规定。例如，在低压检修操作中，人体或其所携带工具等与带电体的距离不应小于0.1m；在高压无遮栏操作中，人体或其所携带工具与带电体之间的最小距离不应小于表5-2规定的值。当距离不足时，应装设临时遮栏，并应符合相关要求。

表5-2 高压无遮栏操作中人体或其所携带工具与带电体之间的最小距离

电压	10kV及以下	20～35kV
最小距离	0.7m	1m

三、常用安全用电工具

常用安全用电工具见表5-3。

表5-3 常用安全用电工具

分类			举例
安全用电工具	绝缘安全	基本安全用具	如高压绝缘棒、高压验电器、绝缘夹钳等
		辅助安全用具	如绝缘手套、绝缘靴(鞋)、绝缘垫、绝缘台等
	一般安全用具		携带型接地线、防护眼镜、临时遮栏、安全帽、安全带、标志牌，以及梯子、脚扣、脚踏板等登高工具

四、接地的基本概念

接地是将电气设备或装置的某一点（接地端）与大地之间做符合技术要求的电气连接。目的是利用大地为正常运行、绝缘损坏或遭受雷击等情况下的电气设备等提供对地电流流通回路，保证电气设备和人身的安全。

1. 接地装置

接地装置由接地体和接地线两部分组成，如图5-1所示。接地体是埋入大地中并和大地直接接触的导体组，它分为自然接地体和人工接地体。自然接地体是利用与大地有可靠连接的金属构件、金属管道、钢筋混凝土建筑物的基础等作为接地体。人工接地体是用型钢如角钢、钢管、扁钢、圆钢制成的。人工接地体一般有水平敷设和垂直敷设两种。电气设备或装

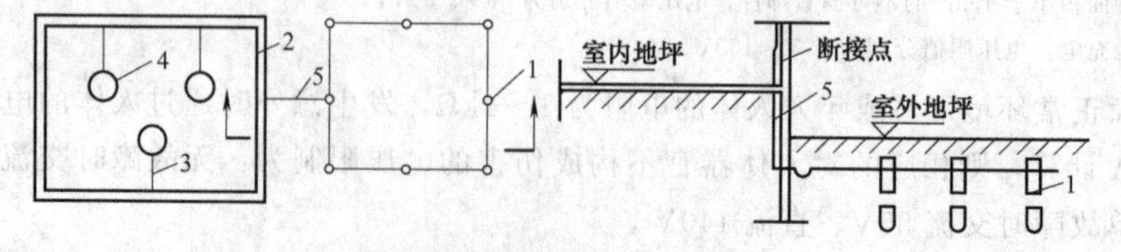

图5-1 接地装置示意图

1—接地体；2—接地干线；3—接地支线；4—电气设备；5—接地引下线

置的接地端与接地体相连的金属导线称为接地线。

2. 中性点与中性线

星形连接的三相电路中，三相电源或负载连在一起的点称为三相电路的中性点。由中性点引出的线称为中性线，用 N 表示，如图 5-2(a) 所示。

3. 零点与零线

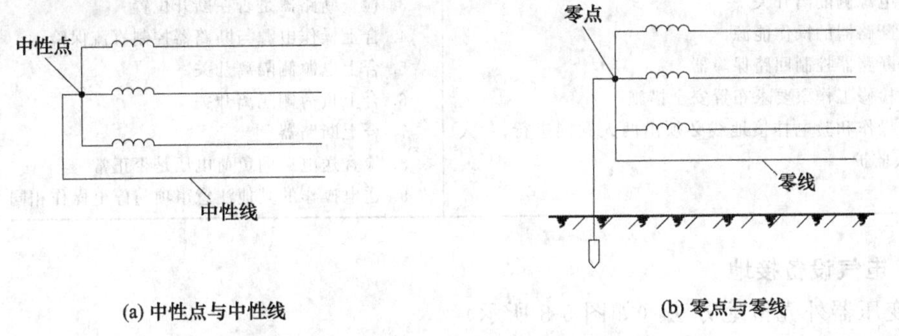

(a) 中性点与中性线　　(b) 零点与零线

图 5-2 中性点中性线和零点零线

当三相电路中性点接地时，该中性点称为零点。由零点引出的线称为零线，如图 5-2(b) 所示。

五、导线颜色

三相五线：指的是 3 根相线（A/B/C 或者 L1/L2/L3 或者 U/V/W）加一根中性线(N)、一根地线（PE）。一般用途最广的低压输电方式是三相四线制，采用三根相线加零线供电，零线由变压器中性点引出并接地，电压为 380/220V，取任意一根相线加零线构成 220V 供电线路供一般家庭用，三根相线间电压为 380V，一般供电动机使用。

依照国标《电工成套装置中导线颜色》(GB 2681—81)，电路导线颜色见表 5-4。

表 5-4 电路导线颜色

电路	A 相	B 相	C 相	零线或中性线(N)	安全用的接地线(PE)
颜色	黄色	绿色	红色	淡蓝色	黄和绿双色

任务实施

训练内容 停、送电操作，电气设备安全接地

一、教学准备/工具/仪器

多媒体教学（辅助视频）；图片展示；典型案例；实物。

二、操作规范及要求

① GB 50169—2006《电气装置安装工程接地装置施工及验收规范》；

② 正确选择电气设备安全防范措施；

③ 根据典型案例做出分析。

三、停、送电操作

在停电操作过程中通常容易发生的事故是带负荷拉隔离开关和带电挂接地线。在送电操作过程中通常容易发生的事故是带地线合闸。为了防止事故的发生，应采取如表 5-5 所列的措施。

表 5-5 停、送电操作程序

停电操作	送电操作
1. 检查有关表计指示是否允许拉闸；断开断路器 2. 检查断路器确在断开位置 3. 拉开负荷侧隔离开关 4. 拉开电源侧隔离开关 5. 切断断路器的操作能源 6. 拉开断路器控制回路保险器 7. 按照检修工作票要求布置安全措施 8. 停电操作和验电挂接地线必须由两人共同进行，一人操作，一人监护	1. 检查设备上装设的各种临时安全措施接地线，是否确已完全拆除 2. 检查有关的继电保护和自动装置确已按规定投入 3. 检查断路器是否在断开位置 4. 合上操作电源与断路器控制直流保险 5. 合上电源侧隔离开关 6. 合上负荷侧隔离开关 7. 合上断路器 8. 检查送电后的负荷电压是否正常 9. 送电操作的其他注意事项与停电操作相同

四、电气设备接地

1. 变压器外壳接地方法（如图 5-3 所示）

2. 电动机接地方法（如图 5-4 所示）

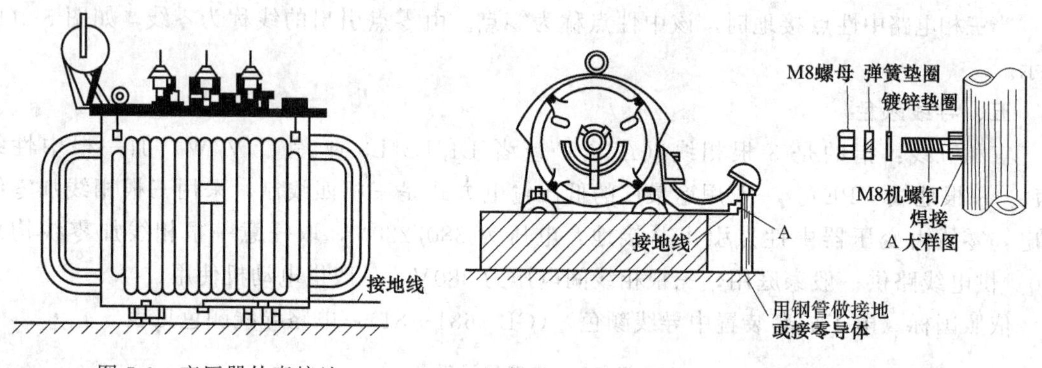

图 5-3 变压器外壳接地　　图 5-4 电动机接地

3. 电器金属与外壳接地方法（如图 5-5 所示）

4. 金属构架接地方法（如图 5-6 所示）

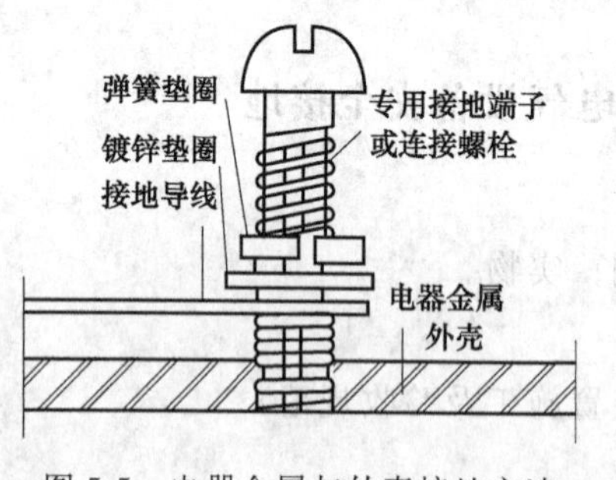

图 5-5 电器金属与外壳接地方法

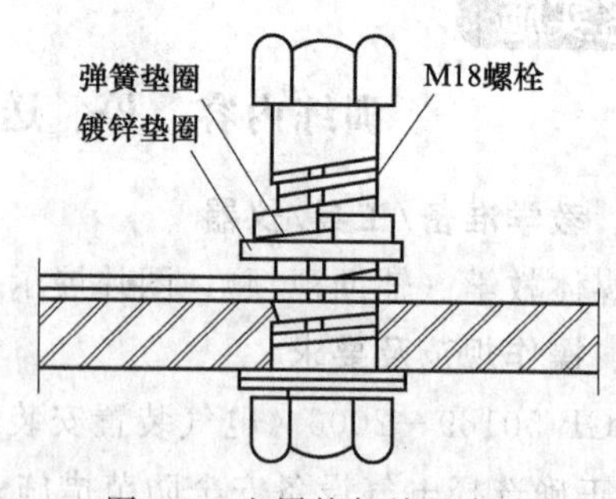

图 5-6 金属构架接地方法

5. 钢管接地方法（如图 5-7 所示）

6. 其他保护接地

（1）过电压保护接地　为了消除雷击或过电压的危险影响而设置的接地。

（2）防静电接地　为了消除生产过程中产生的静电而设置的接地。

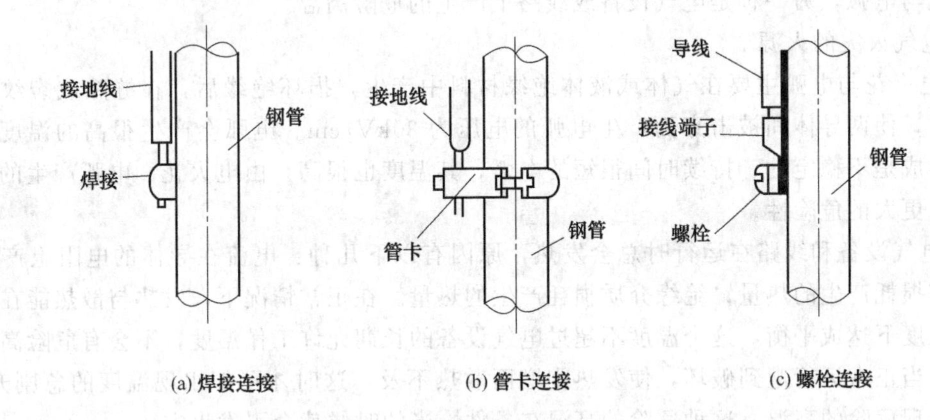

图 5-7　钢管接地的三种方法

(3) 屏蔽接地　为了防止电磁感应而对电力设备的金属外壳、屏蔽罩、屏蔽线的外皮或建筑物金属屏蔽体等进行的接地。

任务二　预防电气火灾

任务介绍

2013 年 5 月 31 日，中国储备粮管理总公司黑龙江分公司林甸直属库发生火灾事故，造成 80 个粮囤、揽堆过火，直接经济损失 307.9 万元。经调查，事故直接原因是：粮库作业过程中，带式输送机在振动状态下电源导线与配电箱箱体孔洞边缘产生摩擦，导致电源导线绝缘皮破损漏电并打火，引燃可燃物苇栅和麻袋，造成火灾。

2013 年 6 月 3 日 6 时 10 分许，位于吉林省长春市德惠市的吉林宝源丰禽业有限公司主厂房一车间女更衣室西面和毗连的二车间配电室的上部电气线路短路，引燃周围可燃物。当火势蔓延到氨设备和氨管道区域，燃烧产生的高温导致氨设备和氨管道发生物理爆炸，大量氨气泄漏，介入了燃烧。主厂房发生特别重大火灾爆炸事故，共造成 121 人死亡、76 人受伤，17234m^2 主厂房及主厂房内生产设备被损毁，直接经济损失 1.82 亿元。

电气的过载、短路、漏电、电弧、电火花故障，则会引起设备烧毁、火灾爆炸、人员触电伤亡事故的发生。另外，配电线路、开关、熔断器、插销座、电热设备、照明灯具、电动机等均有可能引起电伤害，成为火灾的点燃源。而石化企业物品本身就具有易燃易爆物的特点，如遇到上述电气故障，会产生更严重的危害，因此作为一线操作人员，必须要了解电气火灾的主要原因，掌握电气火灾的防护措施，并能进行初期电气火灾的扑救。

任务分析

电能通过电气设备及线路转化成热能，并成为火源所引发的火灾，统称为电气火灾。根据化学定义，使氧化物质失去电子、伴随有热和光同时发生的强烈的氧化反应称为燃烧，超出有效范围形成灾害的燃烧称为火灾。一场火灾得以发生，火源、可燃物、助燃剂（氧化剂）是必不可少的条件，其中火源是最根本的条件。电气火灾的火源主要有两种形式，一种是电火花与电弧，另一种是电气设备或线路上产生的危险高温。

1. 电气火灾的火源

① 电火花与电弧主要在气体或液体绝缘材料中产生，损坏绝缘后，在缝隙或裂纹间会发生电弧，使两导体间被击穿而产生电弧的电压为30kV/cm。电弧会产生很高的温度。电火花可看成是不稳定的、持续时间很短的电弧，其温度也很高，由电火花、电弧产生的二次火源有着更大的危险性。

② 电气设备和线路在运行时总会发热，原因有以下几种：电流在导体的电阻上产生热量；铁芯损耗产生的热量；绝缘介质损耗产生的热量。在正常情况下，发热与散热能在一个较低的温度下达成平衡，这个温度不超过电气设备的长期允许工作温度，不会有危险高温出现，只有当正常运行遭到破坏，使发热剧增而散热不及，这时才可能出现温度的急剧升高，以至于出现危险的高温，这种危险的高温在条件恰当的时候就会引发火灾。

2. 电气火灾引起途径

电弧与电火花均属于明火，其引起火灾的途径是直接的。

高温引发火灾的途径比较复杂，主要有软化绝缘、分解物质产生可（易）燃气体、直接烤燃物质。

必备知识

1. 电气火灾的产生

引起电气设备发热及电气火灾的主要原因是短路、过载、接触不良，具体发生原因见表5-6。

表 5-6 电气火灾的发生原因

引起火灾的原因	情　形
短路	1. 电气设备的绝缘老化变质，受机械损伤，在高温、潮湿或腐蚀的作用下使绝缘破坏 2. 雷击等过电压的作用，使绝缘击穿 3. 安装和检修工作中，由于接线和操作的错误 4. 由于管理不严或维修不及时，有污物聚集、小动物钻入等
过载	1. 设计选用的线路或设备不合理，以致在额定负载下出现过热 2. 使用不合理。如超载运行，连接使用时间过长，超过线路或设备的设计能力，造成过热 3. 设备故障运行造成的设备和线路过载。如三相电动机断相运行，三相变压器不对称运行，均可造成过热
接触不良	1. 不可拆卸的接头连接不牢、焊接不良或接头处混有杂物，都会增加接触电阻而导致接头过热 2. 可拆卸的接头不紧密或由于振动而松动，也会造成过热 3. 活动触头，如刀开关的触点、接触器的触点、插入式短路器的触点、插销的触点等活动触点，如没有足够的接触压力或接触粗糙不平，都会导致过热 4. 对于铜铝接头，由于铜和铝的性质不同，接头处易受电解作用而腐蚀，从而导致过热

2. 电气火灾的预防要求

针对电气装置起火的原因，必须注意以下几点事项。

① 电气装置要保证符合规定的绝缘强度。

② 限制导线的载流量，不得超载。

③ 严格按安装标准装设电气装置，要确保质量合格。

④ 要经常监视负荷，不能超载。

⑤ 防止由于机械损伤破坏绝缘，以及接线错误等原因造成设备短路。

⑥ 导线和其他导体的接触点必须牢靠，防止氧化。

⑦ 生产过程中产生静电时，要设法消除。

● 任务实施

训练内容　初期电气火灾的扑救

一、教学准备/工具/仪器

多媒体教学（辅助视频）

图片展示

典型案例

实物

二、操作规范及要求

① GB 14287.1-3—2005《电气火灾》；

② 进行初期电气火灾的扑救；

③ 根据典型案例做出分析。

三、设置安全标志

安全标志一般设置在光线充足、醒目、稍高于视线的地方。

① 对于隐蔽工程（如埋地电缆），在地面上要有标志桩或依靠永久性建筑挂标志牌，注明工程位置。

② 对于容易被人忽视的电气部位，如封闭的架线槽、设备上的电气盒等，要用红漆画上电气箭头。

③ 在电气工作中常用标志牌，以提醒工作人员不得接近带电部分，不得随意改变刀闸的位置等。

④ 移动使用的标志牌要用硬质绝缘材料制成，上面要有明显标志。标志牌应按规定使用。其有关资料见表 5-7。

表 5-7　电气标志牌及悬挂位置

安全标志	悬挂位置
禁止合闸 有人工作	在一经合闸即可送电到达工作地点的断路器设备和隔离开关的操作手柄(检修设备挂此牌)
禁止合闸 线路有人工作	应悬挂在一经合闸即可送电到达工作地点的断路器设备和隔离开关的操作手柄(检修线路挂此牌)

续表

安全标志	悬挂位置
禁止攀登 高压危险	工作人员上下铁架邻近可能上下的另外的铁架上； 运行中变压器的梯子上； 输电线路的铁塔上； 室外高压变压器台支柱杆上
止步 高压危险	室外工作地点的围栏上； 室外电气设备的架构上； 工作地点邻近带电设备的遮栏、横梁上； 禁止通行的过道上； 高压试验地点
已接地	看不到接地线的工作设备上
从此上下	工作人员上下的铁架梯子上
在此工作	室内和室外工作地点或施工设备上

四、扑救电气火灾的操作要点

发生电气火灾时，最重要的是必须首先切断电源，随后采取必要的救火措施，并及时报警。

应选用二氧化碳灭火剂或黄沙灭火，但应注意不要将二氧化碳喷射到人体的皮肤和脸上，以防冻伤和窒息。在没有确知电源已被切断时，绝不允许用水或普通灭火器来灭火，否则很可能会有触电的危险。电气灭火时的注意事项：

① 为了避免触电，人体与带电体之间应保持足够的安全距离；

② 对架空线路等设备灭火时，要防止导线断落伤人；

③ 如果带电导线跌落地面，要划出一定的警戒区，防止跨步电压伤人；

④ 电气设备发生接地时，室内扑救人员不得进入距故障点 4m 以内的区域，室外扑救人员不得接近距故障点 8m 以内的区域。

任务三　触 电 急 救

● 任务介绍

某楼房已建起 5 层，其正面斜上方 2 米多高处就是一根 10kV 高压电线。工人们正在房上施工。向楼上吊运一根15m长的钢筋时，1名工人和张某的妻子程某在4楼扶着。不料钢筋一头突然触到上方高压线，工人和程某当即被电流吸住浑身发颤。房主张某闻讯后赶紧从5楼跑下来。他看到妻子被电击，慌乱中直接用手去拉妻子，不料他自己也触电脱身不得。一时间3个人在楼顶串成恐怖的一串。楼下其他工人赶紧跑向附近去拉电闸。几分钟后电闸终于被拉下，楼上3人顿时倒下。张某和那名工人已经身亡，重伤的程某被送往医院抢救。

某厂维修工段同志到除尘泵房防洪抢险。泵房内积水已有膝盖深。为了排水，用铲车铲来两车热渣子把门口堵住，然后往外抽水。安装好潜水泵刚一送电，就将在水中拖草袋的同志电倒，水中另外几名同志也都触电，挣扎着从水中逃出来。在场人员已意识到潜水泵出了问题，马上拉闸，把其中触电较重已昏迷的岳某抬到值班室的桌子上，立即人工体外心脏挤压抢救。抢救过程中，听见岳某嗓子里有痰流动的声音，马上人工吸痰。经人工体外心脏挤压抢救，岳某终于喘过气来，脱离死亡危险。

触电事故的发生具有很大的偶然性和突发性，令人猝不及防，死亡率很高。但如果了解触电的种类、触电方式；掌握电流对人体的伤害，会正确使用救护方法。即使发生触电事故，仍可最大限度地减轻伤害，不至于惊慌失措、束手无策，延误急救时机。

● 任务分析

统计数据表明，就人员而言，一般中、青年人触电事故多。就设备而言，手持电动工具、临时性设备触电事故多。常见的触电原因：

(1) 违章冒险　如在严禁带电操作的情况下操作，在无必要保护措施的条件下带电作业。

(2) 缺乏电气知识　如在防爆区使用一般的电气设备，当电气设备开关时产生火花，导致爆炸；又如发现有人触电时，不能及时切断电源或用绝缘物使触电者脱离电器电源，而是用手去拉触电者。

(3) 输电线或用电设备的绝缘损坏　当人体无意接触因绝缘损坏的通电导线或带电金属时，会引起触电。

为了达到安全用电的目的，必须采用可靠的技术措施，防止触电事故发生。绝缘、安全间距、漏电保护、安全电压、遮栏及阻挡物等都是防止直接触电的防护措施。保护接地、保护接零是间接触电防护措施中最基本的措施。

● 必备知识

触电的种类和触电方式见表5-8、图5-8～图5-11。

表5-8　触电事故种类

分类依据	类型	含　　义
按人体受害的程度不同	电伤	电流的热效应、化学效应、机械效应以及电流本身作用下造成的人体外伤。常见的有灼伤、烙伤和皮肤金属化等现象
	电击	电流通过人体时所造成的内伤。它可以使肌肉抽搐，内部组织损伤，造成发热发麻，神经麻痹等。严重时将引起昏迷、窒息，甚至心脏停止跳动而死亡。通常说的触电就是电击

续表

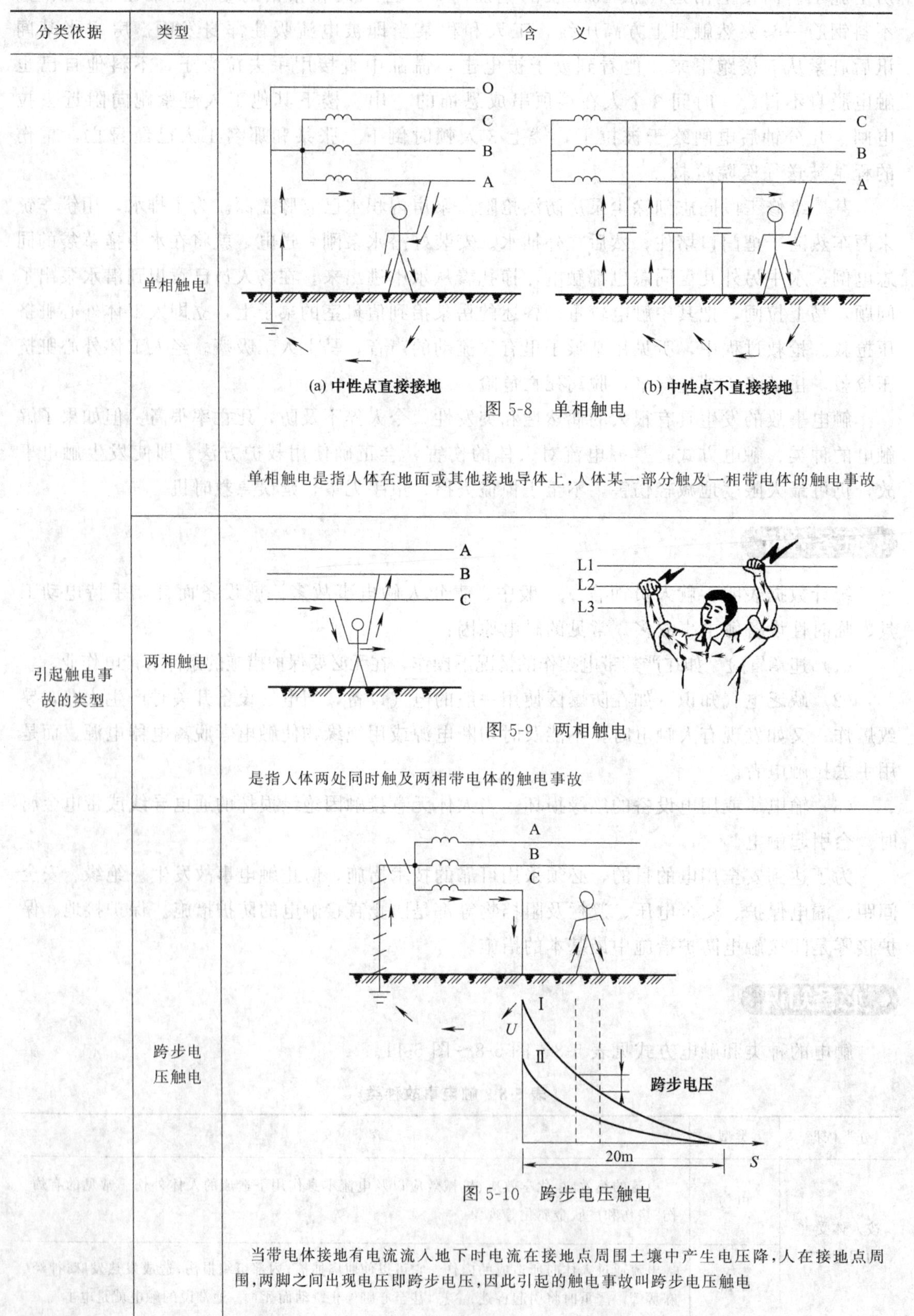

分类依据	类型	含　义
引起触电事故的类型	单相触电	图 5-8　单相触电 单相触电是指人体在地面或其他接地导体上，人体某一部分触及一相带电体的触电事故
	两相触电	图 5-9　两相触电 是指人体两处同时触及两相带电体的触电事故
	跨步电压触电	图 5-10　跨步电压触电 当带电体接地有电流流入地下时电流在接地点周围土壤中产生电压降，人在接地点周围，两脚之间出现电压即跨步电压，因此引起的触电事故叫跨步电压触电

续表

分类依据	类型	含　义
引起触电事故的类型	接触电压触电	B C D D O S 40m以上 图 5-11　接触电压触电 电气设备由于绝缘损坏或其他原因造成接地故障时，如人体两个部分（手和脚）同时接触设备外壳和地面时，人体两部分会处于不同的电位，其电位差即为接触电压。由接触电压造成的触电事故称为接触电压触电
	感应电压触电	当人触及带有感应电压的设备和线路时所造成的触电事故
	剩余电荷触电	当人体触及带有剩余电荷的设备时，对人体放电造成的触电事故

电流对人体伤害的严重程度与通过人体电流的大小、频率、持续时间、通过人体的路径及人体电阻的大小等多种因素有关。

1. 电流大小

通过人体的电流越大，人体的生理反应就越明显，感应越强烈，引起心室颤动所需的时间越短，致命的危险越大。对于工频交流电，按照通过人体电流的大小和人体所呈现的不同状态，电流大致分为下列三种。

（1）感觉电流　是指引起人体感觉的最小电流。实验表明，成年男性的平均感觉电流约为 1.1mA，成年女性为 0.7mA。感觉电流不会对人体造成伤害，但电流增大时，人体反应变得强烈，可能造成坠落等间接事故。

（2）摆脱电流　是指人体触电后能自主摆脱电源的最大电流。实验表明，成年男性的平均摆脱电流约为 16mA，成年女性的约为 10mA。

（3）致命电流　是指在较短的时间内危及生命的最小电流。实验表明，当通过人体的电流达到 50mA 以上时，心脏会停止跳动，可能导致死亡。不同电流对人体的影响。不同电流对人体的影响见表 5-9。

表 5-9　不同电流对人体的影响

电流/mA	交流电（50Hz）	直流电
0.6～1.5	开始有感觉，手指有麻感	无感觉
2～3	手指有强烈麻刺，颤抖	无感觉

续表

电流/mA	交流电(50Hz)	直流电
5～7	手指痉挛	感觉痒、刺痛、灼热
8～10	手指剧痛,勉强可以摆脱带电体	热感强烈
20～25	手迅速麻痹,不能摆脱带电体,剧痛,呼吸困难	手部轻微痉挛
50～80	呼吸麻痹,心室开始颤动	手部痉挛,呼吸困难
90～100	呼吸麻痹,持续3s或更长时间则心脏麻痹、心室颤动	呼吸麻痹
300及以上	作用时间0.1s以上,呼吸和心脏麻痹,机体组织遭到电流的热破坏	

2. 电流频率

一般认为40～60Hz的交流电对人体最危险。随着频率的增高，危险性将降低。高频电流不仅不伤害人体，还能治病。

3. 通电时间

通电时间越长，电流使人体发热和人体组织的电解液成分增加，导致人体电阻降低，反过来又使通过人体的电流增加，触电的危险亦随之增加。

4. 电流路径

电流通过头部可使人昏迷；通过脊髓可能导致瘫痪；通过心脏造成心跳停止，血液循环中断；通过呼吸系统会造成窒息。因此，从左手到胸部是最危险的电流路径，从手到手、从手到脚也是很危险的电流路径，从脚到脚是危险性较小的电流路径。

任务实施

训练内容　触电急救

一、教学准备/工具/仪器

多媒体教学（辅助视频）

图片展示

典型案例

实物

二、操作规范及要求

① GB 50194—93《建设工程施工现场供用电安全规范》;

② 掌握电流对人体的伤害规律；

③ 根据典型案例做出分析；

④ 会触电急救方法。

三、触电急救操作要点

触电急救的要点是动作迅速，救护得法，切不可惊慌失措、束手无策。

1. 首先要尽快地使触电者脱离电源

人触电以后，可能由于痉挛或失去知觉等原因而紧抓带电体，不能自行摆脱电源。这时，使触电者尽快脱离电源是救活触电者的首要因素。

(1) 低压触电事故　对于低压触电事故，可采用如图5-12所示方法使触电者脱离电源。

(2) 高压触电事故　对于高压触电事故，可以采用下列方法使触电者脱离电源。

① 立即通知有关部门停电。

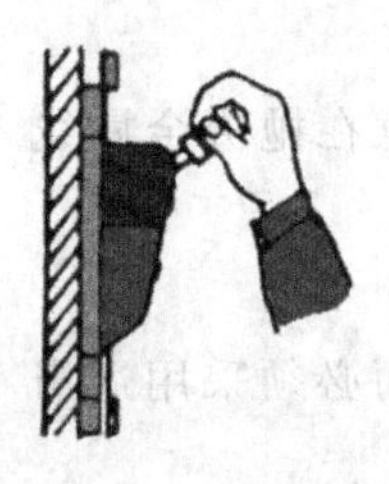
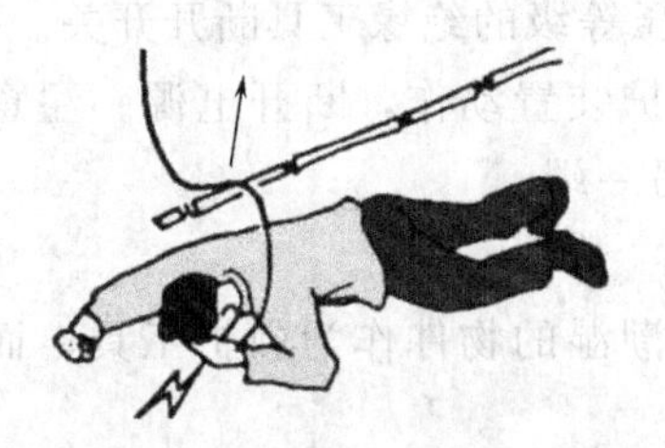
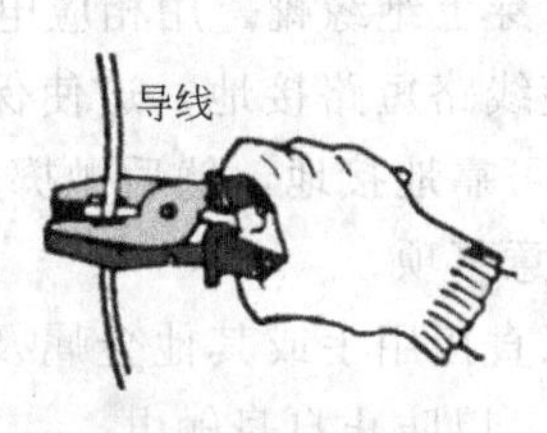

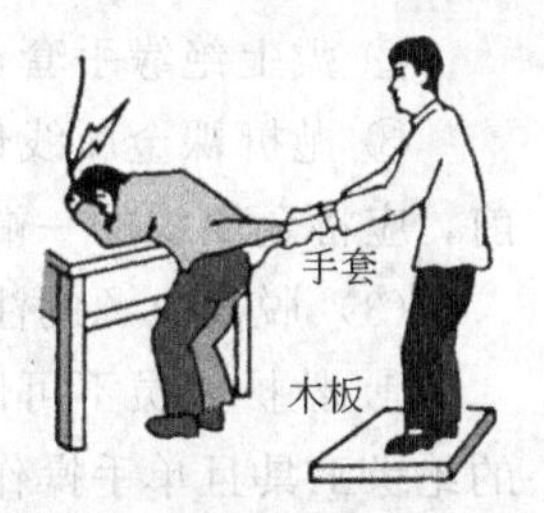

图 5-12　使触电者脱离电源的常见方法

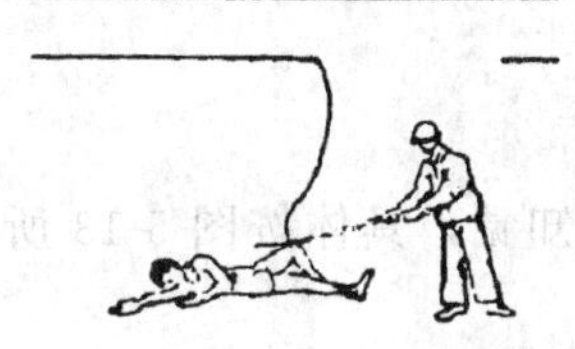
(a) 脱离电源

(b) 判断意识

(c) 呼喊寻求支援

(d) 将触电者放置呈仰卧体位

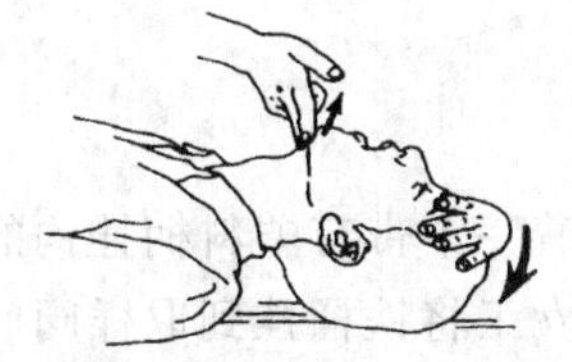
(e) 清理口腔，将病人的头侧向一边，用手指探入口腔清除分泌物及异物

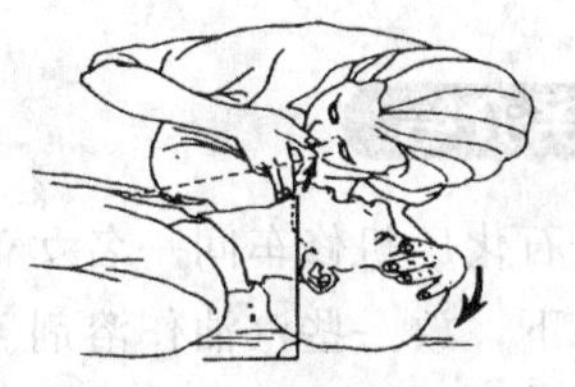
(f) 压头抬颌后，随即低下头判断呼吸，眼(看)、耳(听)、面(感)

(g)捏紧两侧鼻翼，防止嘴唇之间的缝隙漏气，频率是15次/min 左右

(h) 捏紧嘴唇，防止嘴唇之间的缝隙漏气，频率是15次/min 左右

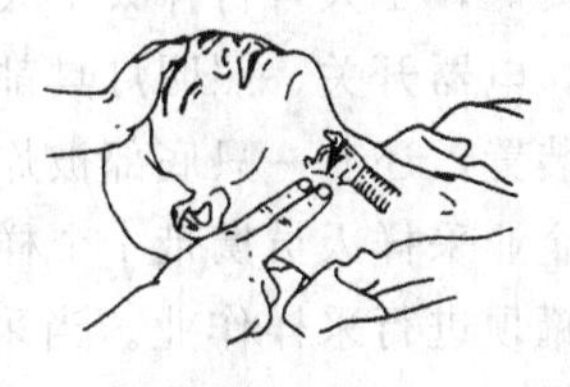
(i) 触摸颈动脉搏动，颈动脉在喉结旁2～3cm

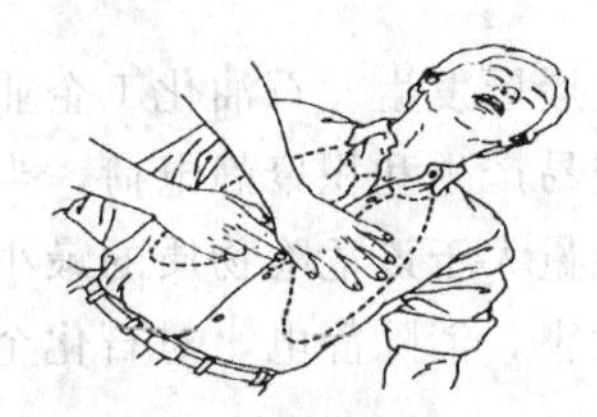
(j) 右手中指放在胸骨下切迹，左手掌根压在右手食指上，右手与左手重叠

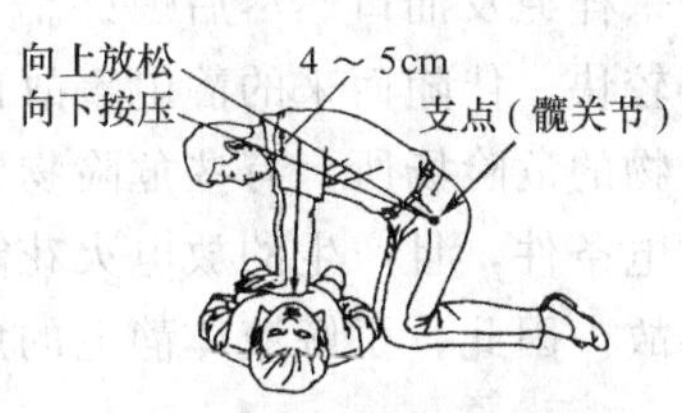

(k) 频率为100次 /min ，按压时大声数出来，胸外按压与人工呼吸的比例15：2

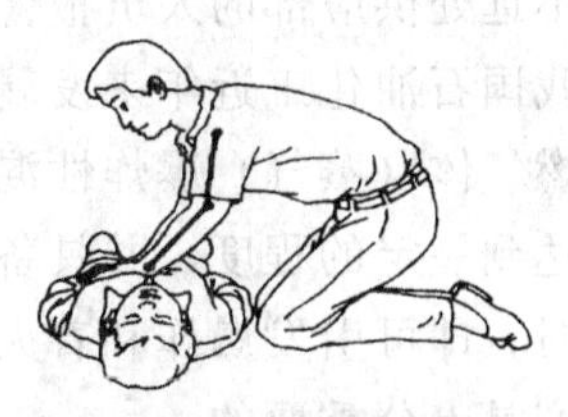
(l) 每次按压都能触摸到颈动脉搏动为适度、有效，按压时不能肘部弯曲

图 5-13　现场急救方法

② 戴上绝缘手套，穿上绝缘靴，用相应电压等级的绝缘工具断开开关。

③ 抛掷裸金属线使线路短路接地，迫使保护装置动作，断开电源。注意在抛掷金属线前，应将金属线的一端可靠地接地，然后抛掷另一端。

(3) 脱离电源的注意事项

① 救护人员不可以直接用手或其他金属及潮湿的物件作为救护工具，而必须采用适当的绝缘工具且单手操作，以防止自身触电。

② 防止触电者脱离电源后，可能造成的摔伤。

③ 如果触电事故发生在夜间，应当迅速解决临时照明问题，以利于抢救，并避免扩大事故。

2. 现场急救方法

应在触电者脱离电源后，立刻进行检查，如触电者已失去知觉，具体按图 5-13 所示进行现场急救。

任务四 消除静电

● 任务介绍

某石化厂机修车间一名女工提着一个带有塑料柄挂钩的方形铁桶，到炼油催化粗汽油阀取样口下，放一些汽油作溶剂。该女工将铁桶挂到取样阀门上，打开手阀放油不久，油桶突然着火。现场一技术员见状，迅速打开旁边的事故消防蒸汽软管，该女职工在消防蒸汽的掩护下，很快关掉了取样阀门，并和该技术人员一起用干粉灭火器和消防毛毡将火扑灭。

在江苏某厂浆料车间，工人用真空泵吸醋酸乙烯到反应釜，桶中约剩下 30kg 时，突然发生了爆炸，工人自行扑灭了大火，1 名工人被烧伤。经现场查看，未发现任何曾发生事故的痕迹，电器开关、照明灯具都是全新的防爆电器。吸料的塑料管悬在半空，管子上及附近无接地装置，还有一只底部被炸裂的铁桶。

某企业采样人员携带 1 个样品瓶、1 个铜质采样壶、1 个采样筐（铁丝筐），在一化工轻油罐和罐顶进行采样作业。当采集完罐下部和上部样品，将第二壶样品向样品瓶中倒完油时，采样绳挂扯了采样筐并碰到了样品瓶，样品瓶内少量油品洒落到罐顶，为防止样品瓶翻倒，采样人员下意识去扶样品瓶，几乎同时，洒出的油品及采样绳上吸附的油品发生着火，采样人员立即将罐顶采样口盖盖上，把已着火的采样壶和采样绳移至走梯口处，在罐顶呼喊罐下不远处供应部的人员报警，采样绳及油口燃尽后熄灭。

我国石油化工近年来发展得较快，伴随而来的静电事故也屡屡发生。石油化工企业存在有可燃气体（蒸气）爆炸性混合物的危险场所，有些危险物质易产生和积聚静电荷，当静电电位达到一定的程度，并具备放电条件，且产生的放电火花能量大于该危险物质的最小点燃能量时，即可引发爆炸和着火事故。因此，了解液体静电的危害，消除静电，对石化企业安全生产是十分重要的。

● 任务分析

据有关资料统计，因静电引起的火灾和爆炸事故，在石油化工生产与销售行业以及制药、橡胶和粉末加工业居多。不难看出，由于石化企业存在大量液态碳氢化合物，易于产生可（易）燃气体或蒸气；其点燃能量很低，一般都在 0.3mJ 以下；又多以输送、过滤、储运、冲击、搅拌、调和、喷射和涂层等为主要的生产工艺过程。由于此类液体（有的还常常夹带着固体或液体杂质）在管道中高速流动，会与管壁大面积摩擦或者与容器壁及其他介质摩擦，从而导致静电的产生。有资料表明，在生产和操作过程中产生的静电可以达到几伏到几万伏，当静电电压在 3000V 以上时，若存在放电条件，则静电放电火花所具有的能量，足以点燃汽油、乙醚等蒸气与空气的混合物，进而导致爆炸或燃烧。

静电放电的常见方式主要有电晕放电、刷形放电和火花放电等 3 种形式，而对容器内烃类油品的放电主要为电晕放电和火花放电等两种方式。

值得注意的是，静电事故原因虽不复杂，但具有极大的隐蔽性，在管理上给企业带来了巨大的压力。许多事故的发生，主要原因是缺乏对石油静电知识的基本了解，以致对操作和管理不够科学，直接威胁企业的经济效益和安全生产。

必备知识

一、静电产生的原因

1. 静电的起电方式

（1）接触-分离起电　两种物质紧密接触再分离时，即可能产生静电。

（2）破断起电　不论材料破断前其内电荷分布是否均匀，破断后均可能在宏观范围内导致正、负电荷的分离，即产生静电，这种起电称为破断起电。

（3）感应起电　图 5-14 所示为一种典型的感应起电过程。当 B 导体与接地体 C 相连时，在带电体 A 的感应下，端部出现正电荷，但 B 导体对地电位仍然为零；当 B 导体离开接地体 C 时，虽然中间不放电，但 B 导体成为带电体。

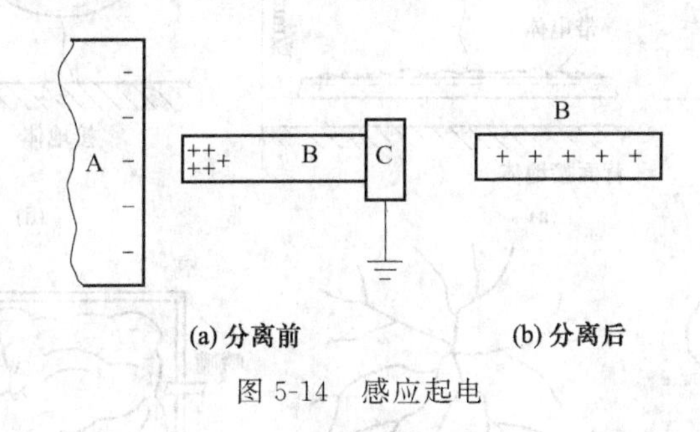

图 5-14　感应起电

（4）电荷迁移　当一个带电体与一个非带电体接触时，电荷将重新分配，即发生电荷迁移而使非带电体带电。

除上述几种主要的起电方式外，电解、压电、热电等效应也能产生双电层或起电。

2. 人体静电

人在活动过程中，人的衣服、鞋以及所携带的用具与其他材料摩擦或接触-分离时，均可能产生静电。

液体或粉体从人拿着的容器中倒出或流出时，带走一种极性的电荷，而人体上将留下另一种极性的电荷。

人体静电与衣服料质、操作速度、地面和鞋底电阻、相对湿度、人体对地电容等因素有关。

因为人体活动范围较大，而人体静电又容易被人们忽视，所以，由人体静电引起的放电往往是酿成静电灾害的重要原因之一。

3. 工业中产生静电的工序

工业中可能产生静电的工序见表5-10。

表 5-10 工业中可能产生静电的工序

形态	工　序
固体或粉体	摩擦、混合、搅拌、洗涤、粉碎、切断、研磨、筛选、切削、振动、涂布、过滤、剥离、捕集、液压、倒换、输送、绕卷、开卷、投入、包装、印刷
液体	输送、注入、充填、倒换、滴流、过滤、搅拌、吸出、洗涤、捡尺、取样、飞溅、喷射、摇晃、混入杂质、混入水珠
气体	喷出、泄漏、喷涂、排放、高压洗涤、管内输送

二、静电的消失

静电的消失有两种主要方式，即中和方式和泄漏方式。前者主要是通过空气发生的，后者主要是通过带电体本身及相连接的其他物体发生的。

1. 静电中和

常温下每立方厘米空气中约有100～1000个带电粒子（电子和离子）。由于这些带电粒子的存在，带电体在同空气的接触中，所带电荷逐渐得到中和。但是，空气中自然存在的带电粒子极为有限，以致这些中和是极为缓慢的，一般不会被觉察到。带电体上的静电通过空气迅速地中和发生在其他放电的时候。静电放电有如图5-15所示几种形式。

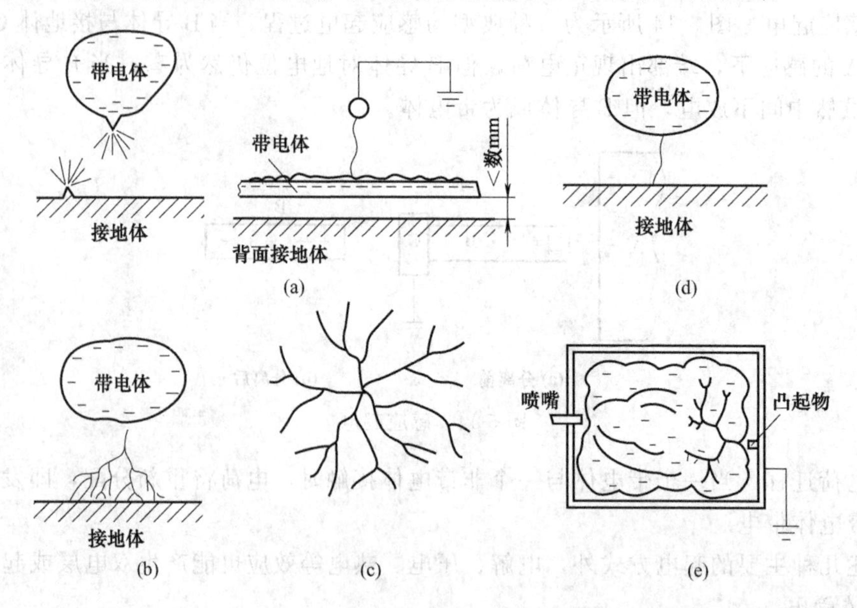

图 5-15 静电放电

(a) 电晕放电；(b) 刷形放电；(c) 传播型刷形放电；(d) 火花放电；(e) 雷型放电

2. 静电泄漏

绝缘体上较大的泄漏有两条途径：一条是绝缘体表面泄漏；另一条是绝缘体内部泄漏。因为绝缘体静电泄漏很慢，所以，同一绝缘体各部分可能在较长时间内保持不同的电压。

湿度对静电泄漏的影响很大。随着湿度增加，绝缘体表面凝成薄薄的水膜，并溶解空气中的二氧化碳气体和绝缘体析出的电解质，使绝缘体表面电阻大为降低，从而加速静电泄漏。因此，静电事故多发生在干燥的季节。吸湿性越大的绝缘体，其静电受湿度的影响也越大。

三、静电的影响因素

1. 材质和杂质的影响

对于固体材料，电阻率为$1\times10^{7}\Omega\cdot m$以下者，由于泄漏较强而不容易积累静电；电阻率为$1\times10^{9}\Omega\cdot m$以上者，容易积累静电，造成危害。对于液体，在一定范围内，静电随着电阻率的增加而增加；超过某一范围以后，随着电阻率的增加，液体静电反而下降。实验证明，电阻率为$1\times10^{10}\Omega\cdot m$左右的液体最容易产生静电；电阻率为$1\times10^{8}\Omega\cdot m$以下的液体，由于泄漏较强而不容易积累静电；电阻率为$1\times10^{13}\Omega\cdot m$以上的液体，由于其分子极性很弱而不容易产生静电。石油、重油的电阻率为$1\times10^{10}\Omega\cdot m$以下，静电危险性较小。石油制品和苯的电阻率多在为$1\times10^{10}\sim1\times10^{11}\Omega\cdot m$之间，静电危险性较大。

生产中常见的乙烯、丙烷、丁烷、原油、汽油、轻油、苯、甲苯、二甲苯、硫酸、橡胶、赛璐珞和塑料等都比较容易产生和积累静电。

一般情况下，杂质有增加静电的趋势；但如杂质能降低原有材料的电阻率，则加入杂质有利于静电的泄漏。

2. 工艺设备和工艺参数的影响

接触面积越大，产生静电越多。管道内壁越粗糙，冲击和分离的机会也越多，流动电流就越大。对于粉体，颗粒越小者，产生静电越多。接触压力越大或摩擦越强烈，会增加电荷的分离，以致产生较多的静电。接触分离速度越高，产生静电越多。

设备的几何形状也对静电有影响。下列工艺过程比较容易产生和积累静电：

① 固体物质大面积的摩擦，如纸张与银轴摩擦、橡胶或塑料碾制、传动带与带轮或辘轴摩擦等；固体物质在压力下接触而后分离，如塑料压制、上光等，固体物质在挤出、过滤时与管道、过滤器等发生摩擦，如塑料的挤出、赛璐珞的过滤等。

② 固体物质的粉碎、研磨过程，粉体物料的筛分、过滤、输送、干燥过程，悬浮粉尘的高速运动等。

③ 在混合器中搅拌各种高电阻率物质，如纺织品的涂胶过程等。

④ 高电阻率液体在管道中流动且流速超过1m/s时，液体喷出管口时，液体注入容器发生冲击、冲刷和飞溅时等。

⑤ 液化气体、压缩气体或高压蒸汽在管道中流动和由管口喷出时，如从气瓶放出压缩气体、喷漆等。

⑥ 穿化纤布料衣服、穿高绝缘（底）鞋的人员在操作、行走、起立时等。

3. 环境条件和时间的影响

材料表面电阻率随空气湿度增加而降低，相对湿度越高，材料表面电荷密度越低。但当相对湿度在40%以下时，材料表面静电电荷密度几乎不受相对湿度的影响而保持为某一最大值。由于空气湿度受环境温度的影响，环境温度的变化可能加剧静电的产生。

导电性地面在很多情况下能加强静电的泄漏，减少静电的积累。油料在管道内流动时电压也不很高，但当注入油罐，特别是注入大容积油罐时，油面中部因电容较小而电压较高。又如，粉体经管道输送时，在管道中间胀大处和出口处，由于电容减小，静电电压升高，容易由较大火花引起爆炸事故。

四、静电的危害

工艺过程中产生的静电可能引起爆炸和火灾，也可能给人以电击，还可能妨碍生产。其中，爆炸或火灾是最大的危害和危险。具体见表5-11。

表5-11 静电的危害

静电的危害		具体表现
爆炸和火灾		易燃物质形成的爆炸性混合物(包括爆炸性气体和蒸气),以及爆炸性粉尘等,由静电火花引起爆炸或火灾
电击		人体可能因静电电击而坠落或摔倒,造成二次事故。静电电击还可能引起工作人员紧张而妨碍工作等
妨碍生产	石油加工行业	静电会聚积在金属设备、管道、容器上形成高电位,当生产中跑、冒、滴、漏现象发生或发生事故时,易燃易爆气体、液体蒸气、悬浮粉尘或纤维与空气形成可燃体系,而此时遇到物料、装置、构筑物以及人体所产生的微弱静电火花就可能导致火灾或爆炸
	纺织行业及有纤维加工的行业	在抽丝过程中,会使丝飘动、黏合、纠结等而妨碍工作。在纺纱、织布过程中,由于橡胶辊轴与丝、纱摩擦及其他原因产生静电,可能导致乱纱、挂条、缠花、断头等而妨碍工作,可能吸附灰尘等而降低产品质量
	粉体加工行业	产生的静电除带来火灾和爆炸危险外,还会降低生产效率,影响产品质量
	塑料和橡胶行业	除火灾和爆炸危险外,由于静电不能迅速消散会吸附大量灰尘,为了清扫灰尘要花费很多时间。在印花或绘画的情况下,静电力使油墨移动会大大降低产品质量;塑料薄膜也会因静电而缠卷不紧等
	感光胶片行业	胶片与银轴的高速摩擦,胶片静电电压高达数千至数万伏。如在暗室中发生放电,即使是极微弱的放电,胶片将因感光而报废。同时,胶卷基片因静电吸附灰尘或纤维会降低胶片质量,还会造成涂膜不匀等
	印刷行业	纸张上的静电可能导致纸张不能分开,粘在传动带上,使套印不准,折收不齐;油墨受力移动会降低印刷质量等
	电子行业	静电可能引起计算机、继电器、开关等设备中电子元件误动作,可能对无线电设备、磁带录音机产生干扰,还可能击穿集成电路的绝缘等

任务实施

训练内容　消除静电危害的方法

一、教学准备/工具/仪器

多媒体教学（辅助视频）

图片展示

典型案例

实物

二、操作规范及要求

① GB 12158—90《防止静电事故通用导则》；

② 掌握预防静电危害的基本措施；

③ 根据典型案例做出分析；

④ 熟悉消除静电方法。

三、消除静电危害的技术要点

静电在石油化工中最为严重的危险是引起爆炸和火灾。因此，静电安全防护主要是对爆炸和火灾的防护。当然，一些防护措施对于防护静电电击和消除影响生产的危害也是同样是有效的。

1. 注油管消除静电方法

往油箱、油罐注油时应从底部压入，防止冲击和飞溅，以减少静电产生，如图 5-16、图 5-17 所示。

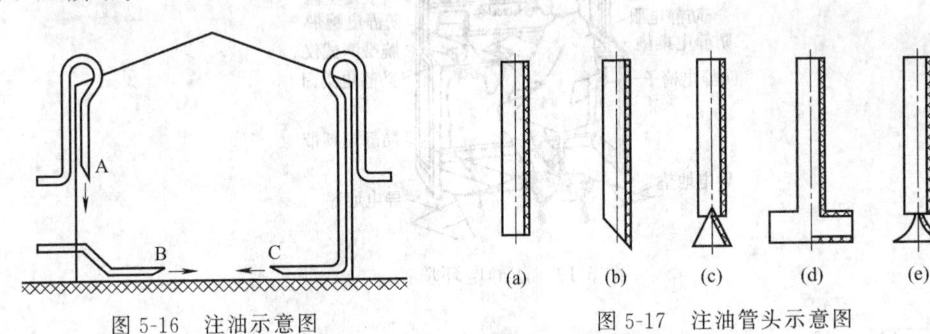

图 5-16　注油示意图

图 5-17　注油管头示意图

(a) 圆筒形；(b) 斜口形；(c) 锥形；(d) T 形；(e) 人字形

2. 静电接地

静电接地实际上是使物体所带电荷向大地泄漏的一种措施。仅当物体具有电荷泄漏特性时静电接地才有效。因此，静电接地适用于静电导体和静电耗散材料。

静电接地的基本设施一般包括：接地系统（接地装置）、导电或防静电工作台、导电或防静电地面等。如图 5-18 所示。

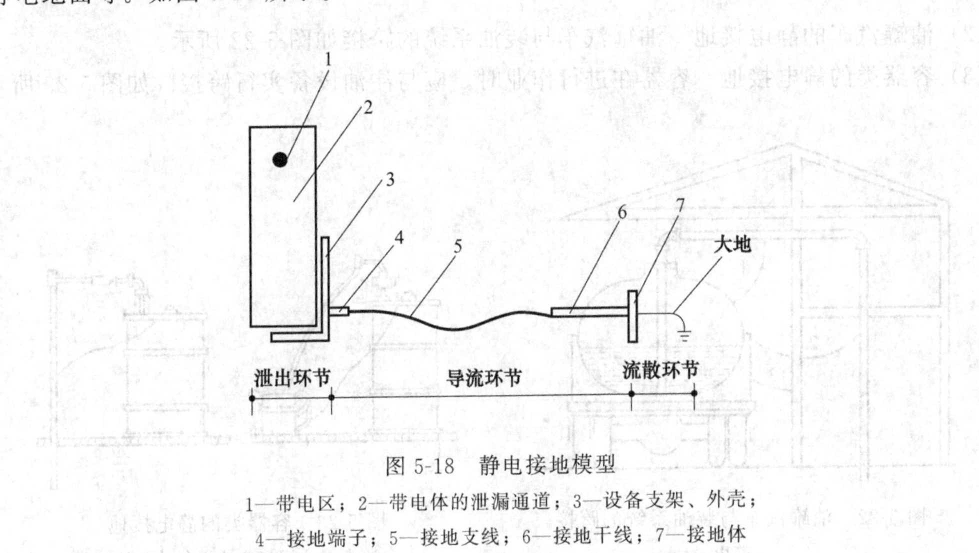

图 5-18　静电接地模型

1—带电区；2—带电体的泄漏通道；3—设备支架、外壳；4—接地端子；5—接地支线；6—接地干线；7—接地体

(1) 人体静电接地的基本方法

① 人穿防静电工作服，着防静电鞋和袜，戴防静电帽和手套；

② 工作场所应是地面导电性的或敷设导电垫，墙壁用防静电壁纸贴敷；

③ 空气湿度保持在 60%～70%；

④ 在不能进行有效接地的地方，可用离子风以消除静电荷；

⑤ 在防火防爆场所的出入口外侧，应装金属接地杆，人徒手接触之，以消除人体从外

界带来的静电；

⑥ 坐着工作的人员，可在手腕上佩戴具有接地线的导电腕带。

人体接地如图 5-19～图 5-21 所示。

图 5-19 防静电环境

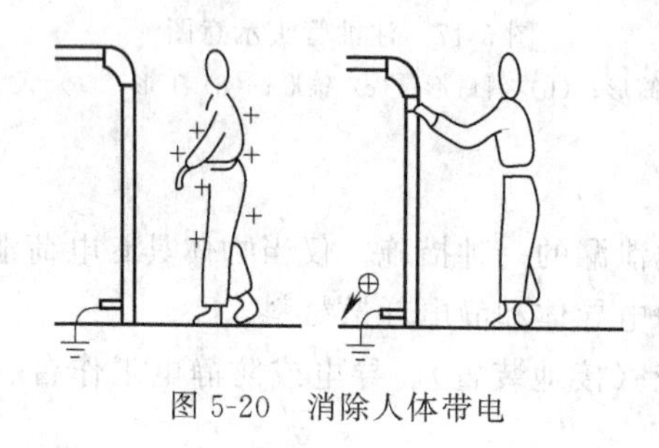

图 5-20 消除人体带电

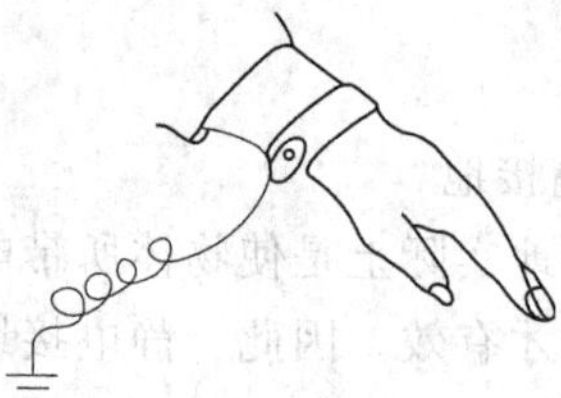

图 5-21 防静电腕带

(2) 油罐汽车的静电接地 油罐汽车与装油系统的跨接如图 5-22 所示。

(3) 容器类的静电接地 容器在进行作业时，应与注油设备实行跨接。如图 5-23 所示。

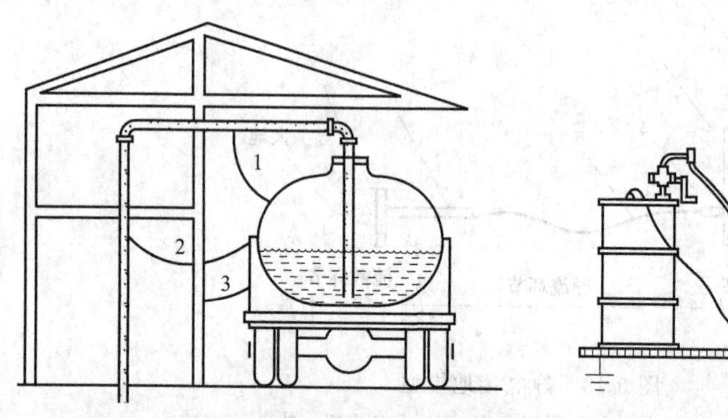

图 5-22 油罐汽车与装油系统的跨接

1～3—静电导线

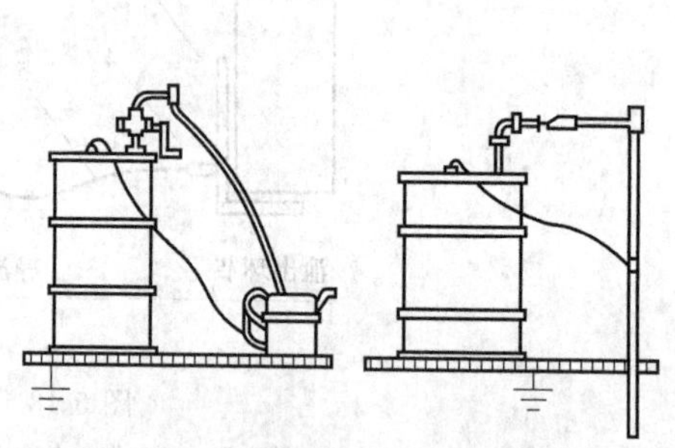

图 5-23 容器类的静电接地

(油壶或油桶与注油设备的跨接)

(4) 蒸气伴管与工艺管道连接的静电接地 如图 5-24 所示。

(5) 飞机加油过程中的静电接地 飞机在飞行时会积累静电电荷，所以飞机的金属构件之间应采用永久性固有的跨接，如焊接、煅压等，使跨接电阻值≤1Ω，以保证飞机在飞行中不会出现缝隙间的电弧放电。飞机加油过程中的静电接地示意如图 5-25 所示。

3. 空气加湿

用略高于介质表面温度的、接近饱和的高湿热空气在介质表面达到露点而凝水，利

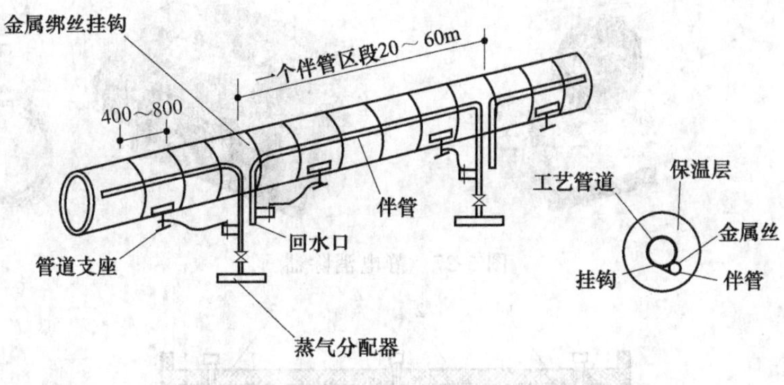

图 5-24　蒸气伴管与工艺管道连接示意

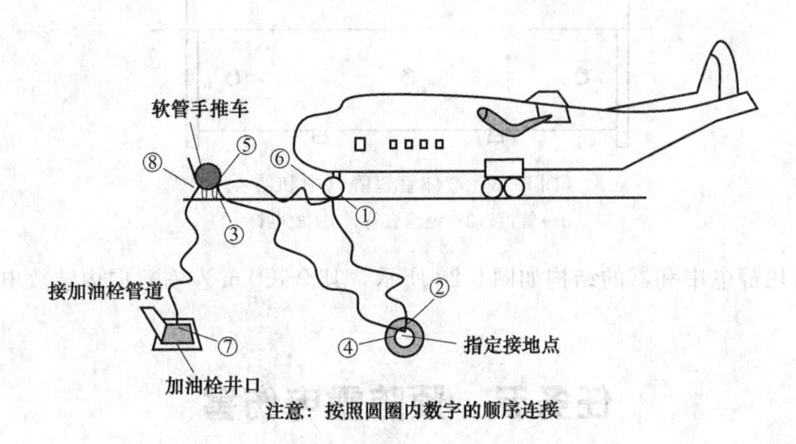

图 5-25　飞机加油过程中的静电接地示意图

用凝结水膜的低电阻率而使电荷导走。同时，水膜很快蒸发掉，带走剩余电荷。如图5-26所示。

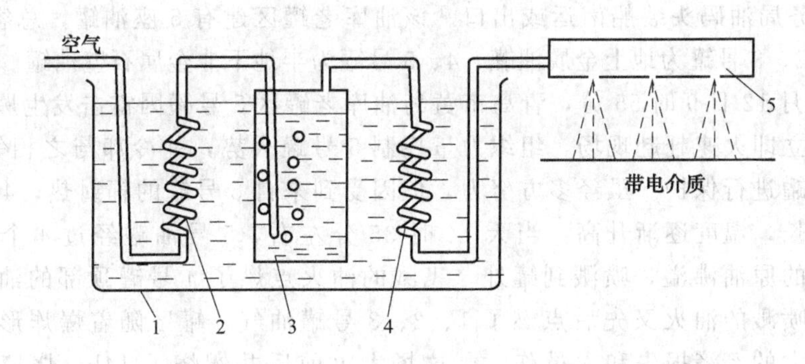

图 5-26　高湿度空气静电消除器的结构原理示意图

1—恒温水池；2—预热螺旋管；3—蒸发器；4—过热螺旋管；5—喷头

4. 静电消除器

静电消除器如图 5-27 所示。

5. 静电中和器

图 5-27 静电消除器

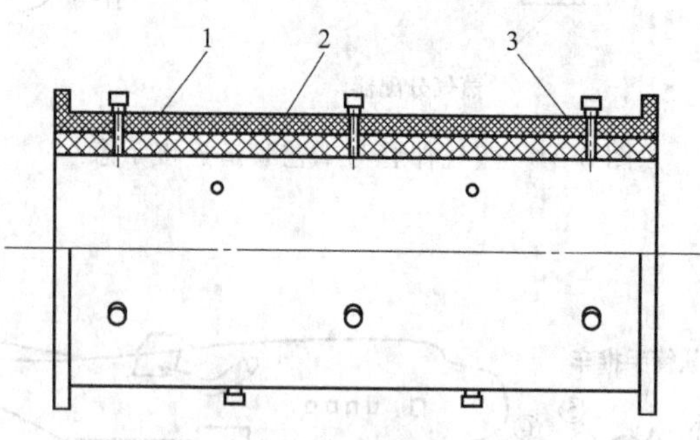

图 5-28 液体管道静电中和器

1—管道；2—绝缘套管；3—放电针

液体管道用静电中和器的结构如图 5-28 所示，其全长 1m 左右，向内装放电针 5 环，每环 3 支。

任务五 预防雷电伤害

任务介绍

黄岛油库位于青岛市黄岛区，胶州湾咽喉处西南端，胜利油田的原油输送到黄岛油库后，经青岛港务局油码头装船南运或出口。该油库老罐区建有 5 座油罐，总容积为 76000 米^3，其中 1、2、3 号罐为地上金属油罐，4、5 号罐为半地下非金属石壁油罐。

1989 年 8 月 12 日 9 时 55 分，青岛市黄岛油库老罐区 5 号罐因雷击发生爆炸，消防部门接到警报，立即火速赶赴现场，组织力量控制 5 号罐火势，并冷却与之相邻的 4 号罐，对 1、2、3 号罐进行保护。虽经多方努力，但因受到来自 5 号罐的辐射热，4 号罐内气体随着时间的延长，温度逐渐升高。当天 14 时 35 分左右，5 号油罐经过 4 个多小时的灼烧，部分地段的原油沸溢，喷溅到罐外，飞溅的油火点燃了 4 号罐顶部的油气层，引起爆炸。随即，喷溅的油火又先后点燃了 1、2、3 号罐油气，罐区随着爆炸形成了一片火海，造成了巨大的经济损失和人员伤亡。这场大火前后共燃烧了 14h，烧掉原油 3.6 万吨，烧毁油罐 5 座，老罐区全部付之一炬，已无修复价值，事故造成直接经济损失 3500 多万元。600t 原油流入海里，使附近海域和沿岸受到一定程度的污染。在救火中，有 14 名消防官兵、5 名油库职工牺牲。据不完全统计，在抢险灭火中，共出动干警 2200 多人，消防车 147 辆，各种船只 10 艘，投入泡沫灭火液及干粉 153t，还动用了水上飞机、直升飞机参与灭火，抢救伤员。

雷电是一种常见的自然现象，不仅能伤害人、畜，劈裂树木、电杆，破坏建（构）筑物，还能引起火灾和爆炸事故。因此，防雷电是石油化工行业一项重要的安全任务。

任务分析

石化企业在生产过程中，常常使用和储存大量的易燃易爆物品，而且生产区内林立着许多高大的化工装置，可能有爆炸性混合气体存在，只要遇到雷击就会发生燃烧爆炸。雷击时，产生强烈的热效应、机械效应，对化工生产装置及罐区内储存的易燃易爆物品均会产生巨大的破坏作用，给石化生产装置造成致命的破坏。

防雷装置是避免发生雷击的首要措施。常见的防雷装置有避雷针、避雷网、避雷带、避雷线、避雷器等。防雷装置主要由接闪器、引下线和接地体三部分组成。主要是利用其高出被保护物体的突出地位，把雷电引向自身，然后通过引下线和接地装置，把雷电流泄入大地，以保护人身或建（构）筑物免受雷击的损伤。

必备知识

一、雷电的发生和种类

1. 雷电的概念

雷电是大气中的放电现象，多形成在积雨云中，积雨云随着温度和气流的变化会不停地运动，运动中摩擦生电，就形成了带电荷的云层。某些云层带有正电荷，另一些云层带有负电荷。另外，由于静电感应常使云层下面的建筑、树木等有异性电荷。随着电荷的积累，雷云的电压逐渐升高，当带有不同电荷的雷云与大地凸出物相互接近到一定温度时，其间的电场强度超过 25～30kV/cm，将发生激烈的放电，同时出现强烈的闪光。由于放电时温度高达 2000℃，空气受热急剧膨胀，随之发生爆炸的轰鸣声，这就是闪电与雷鸣。

2. 雷电的种类

根据雷电的不同形状，大致可分为片状、线状和球状三种形式；从危害角度考虑，雷电可分为直击雷（见图 5-29）、感应雷（见图 5-30）和球形雷。从雷云发生的机理来分，有热雷、界雷和低气压性雷。

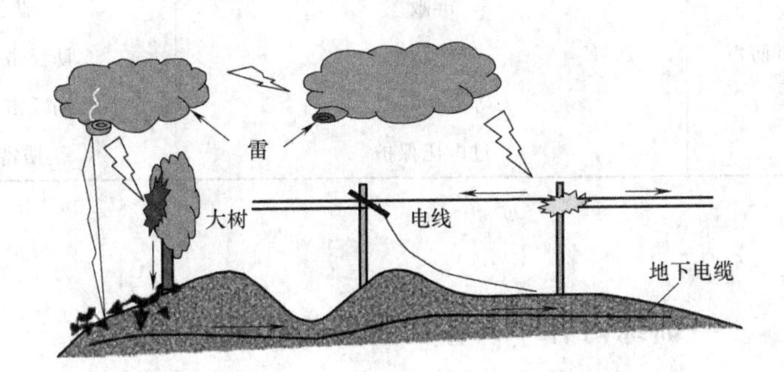

图 5-29　直击雷击示意图

二、雷电的危害性

雷电的危害性如图 5-31 所示。

三、防雷的基本措施

防雷的基本措施见表 5-12。

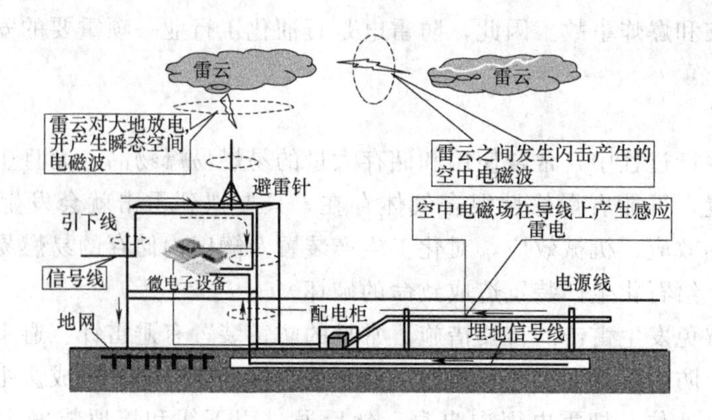

图 5-30 感应雷击示意图

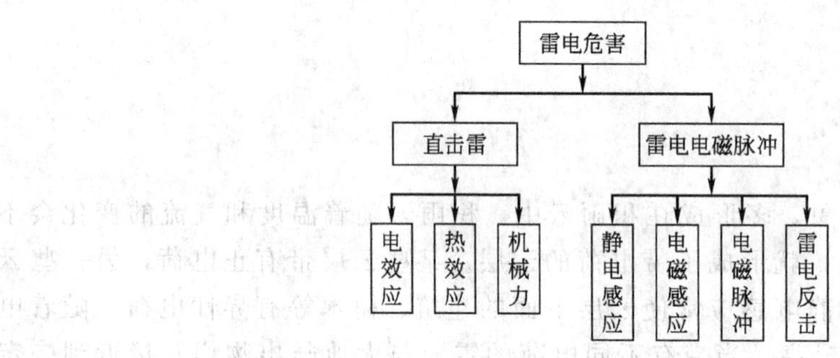

图 5-31 雷电的危害性

表 5-12 防雷的基本措施

目的	类型	方法	作用
雷电防护	外部防雷	接闪器[避雷针、避雷线、避雷带(网)]	防直击雷
		引下线	
		接地装置	
	内部防雷	合理布线	防雷电感应
		屏蔽	防雷电感应
		安全距离	防反击、防生命危险
		等电位联结	防反击、防生命危险
		过电压保护	防雷电侵入波

任务实施

训练内容　人体防雷和石化装置防雷

一、教学准备/工具/仪器

多媒体教学（辅助视频）

图片展示

典型案例

二、操作规范及要求

① GB 50057—2001《建筑物防雷设计规范》、GB 50074—2002《石油库设计规范》;

② 掌握雷电防护的基本措施；

③ 根据典型案例做出分析；

④ 有效防雷。

三、防雷技术要点

根据不同保护对象，对直击雷、雷电感应、雷电侵入波均应采取适当的安全措施。

1. 直击雷保护措施

（1）避雷针　避雷针用来保护工业与民用高层建筑以及发电厂、变电所的屋外配电装置、输电线路个别区段。避雷针实际上是引雷针，它将雷电引向自己，从而保护其他设备免遭雷击。如图 5-32～图 5-34 所示。

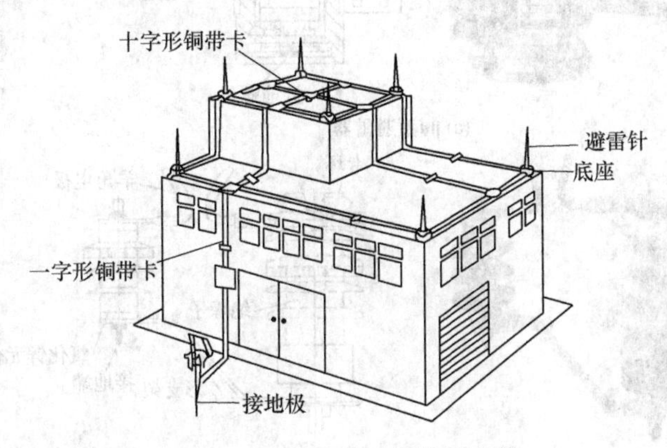

图 5-32　建筑物防雷安装示意图

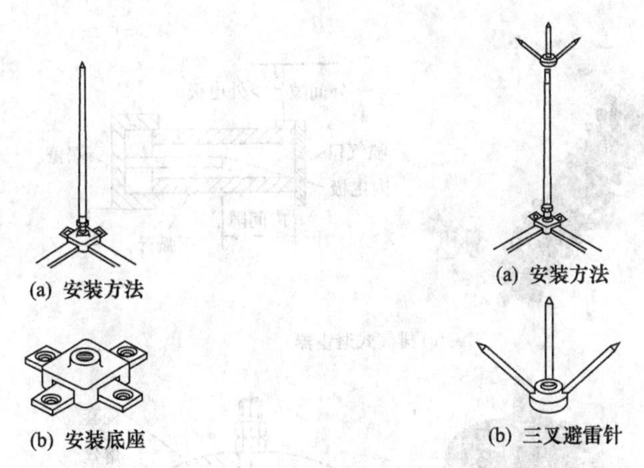

图 5-33　单只避雷针的安装方法示意图　　图 5-34　三叉避雷针的安装方法示意图

（2）避雷线　避雷线也叫架空地线，它是沿线路架设在杆塔顶端，并具有良好接地的金属导线。避雷线是输电线路的主要防雷保护措施。

（3）避雷带、避雷网　避雷带、避雷网是在建筑上沿屋角、屋脊、檐角和屋檐等易受雷击部位敷设的金属网格，主要用于保护高大的民用建筑。

2. 雷电感应的防护措施

雷电感应也能产生很高的冲击电压，引起爆炸和火灾事故，因此也要采取预防措施。

为了防止雷电感应产生的高压，应将建筑物内的金属设备、金属管道、结构钢筋予以接地。

雷电侵入波造成的雷害事故很多，特别是石化电气系统，这种事故占雷害事故的比例较大，所以也要采取防护措施。常用避雷器主要有四种类型：保护间隙、排气式避雷器、阀型避雷器和氧化锌避雷器。如图 5-35 所示。

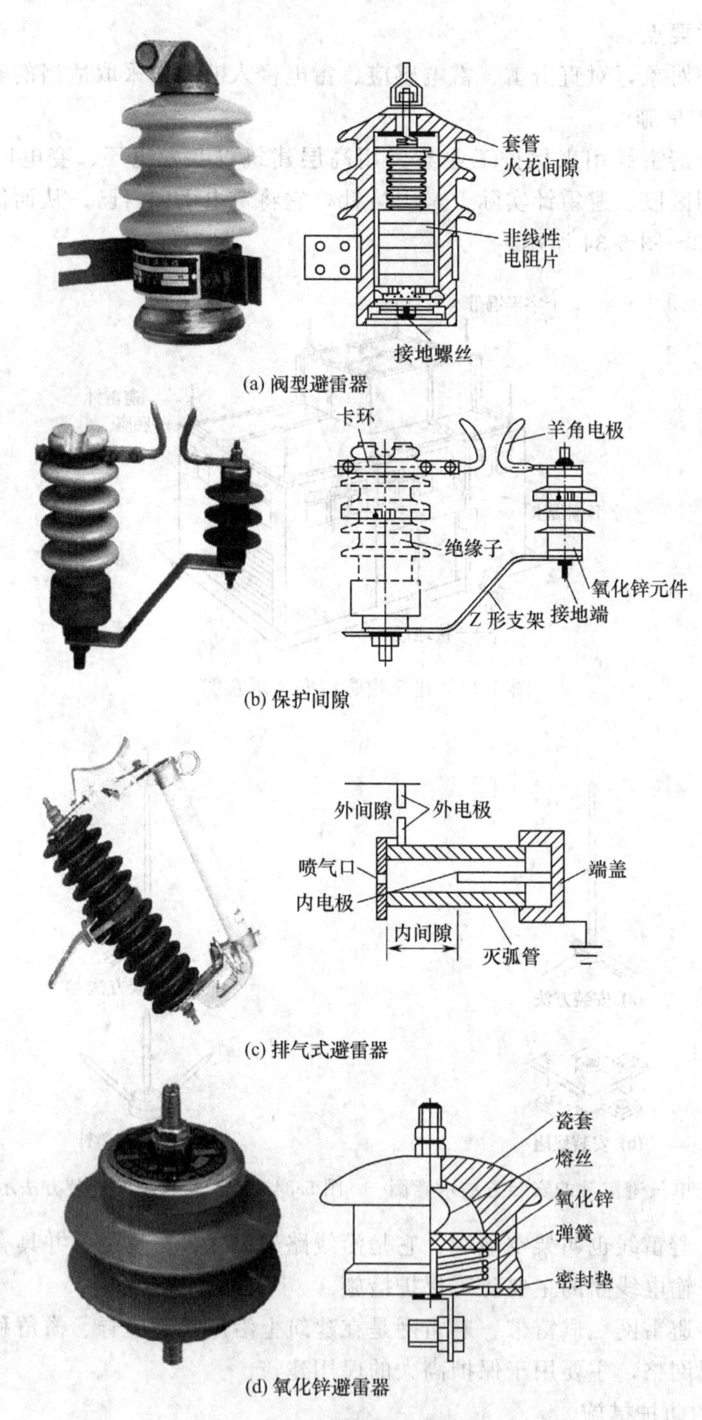

图 5-35 常用避雷器

四、人体防雷措施

雷电活动时，由于雷云直接对人体放电，产生对地电压或二次反击放电，都可能对人体造成电击。因此，应注意必要的安全要求。

① 雷电活动时，非工作需要，应尽量少在户外或旷野逗留；在户外或野外最好穿塑料等不浸水的雨衣；如有条件，可进入有宽大金属构架或有防雷设施的建筑物、汽车或船只内；如依靠建筑物屏蔽的街道或高大树木屏蔽的街道躲避时，要注意离开墙壁和树干距离8m以上。

② 雷电活动时，应尽量离开小山、小丘或隆起的小道，海滨、湖滨、河边、池旁，铁丝网、金属晒衣绳以及旗杆、烟囱、高塔、孤独的树木附近，还应尽量离开没有防雷保护的小建筑物或其他设施。

③ 雷电活动时，在户内应注意雷电侵入波的危险，应离开照明线、动力线、电话线、广播线、收音机电源线、收音机和电视机天线，以及与其相连的各种设备，以防止这些线路或设备对人体的二次放电。调查资料说明，户内70%以上的人体二次放电事故发生在相距1m以内的场合，相距1.5m以上的尚未发现死亡事故。由此可见，在发生雷暴时，人体最好离开可能传来雷电侵入波的线路和设备1.5m以上。应当注意，雷电活动时，仅仅拉开开关防止雷击是不起作用的，还应注意关闭门窗，防止球形雷进入室内造成危害。

④ 防雷装置在受雷击时，雷电流通常会产生很高电位，可引起人身伤亡事故。为防止反击发生，应使防雷装置与建筑物金属导体间的绝缘介质网络电压大于反击电压，并划出一定的危险区，人员不得接近。

⑤ 当雷电流经地面雷击点的接地体流入周围土壤时，会在它周围形成很高的电位，如有人站在接地体附近，就会受到雷电流所造成的跨步电压的危害。

⑥ 当雷电流经引下线到接地装置时，由于引下线本身和接地装置都有阻抗，因而会产生较高的电压降，这时人如接触，就会受接触电压危害，应引起注意。

⑦ 为了防止跨步电压伤人，防直击雷接地装置距建筑物、构筑物出入口和人行道的距离不应小于3m。当小于3m时，应采取接地体局部深埋、隔以沥青绝缘层、敷设地下均压条等安全措施。

考核与评价

一、电动机运行中的检查

1. 准备要求

(1) 材料、设备准备（见表5-13）

表5-13　材料、设备准备清单（一）

序号	名称	规格	单位	数量	备注
1	电动机	根据项目准备	台	1	
2	电源控制柜		台	1	

(2) 工具准备（见表5-14）

表5-14　工具准备清单（一）

序号	名称	规格	单位	数量	备注
1	听音棒		根	1	
2	强光手电		个	1	
3	活动扳手		把	1	

2. 操作程序规定说明

(1) 操作程序说明

① 必须穿戴劳动保护用品。

② 按照设备运行规程相关要求注意监视电动机在运行中的振动、噪声、温度、电流情况，注意是否散发出焦煳的味道，如果发现任何异常，应该停机查明原因，及时汇报并加以排除。

③ 必备的工具、用具应准备齐全。

④ 正确使用工具、用具。

⑤ 符合安全文明操作。

(2) 考试规定说明

① 如违章操作该项目终止考核。

② 考核采用百分制，考核项目得分按组卷比例进行折算。

③ 考核方式说明　该项目为模拟操作题，全过程按操作标准结果进行评分。

④ 技能说明　本项目主要测试考生对电动机运行中检查的熟悉程度。

3. 考核时限

① 准备时间：1min（不计入考核时间）。

② 操作时间：15min。

③ 从正式操作开始计时。

④ 考核时，提前完成不加分，超过规定操作时间按规定标准评分。

4. 考核标准及记录表（见表5-15）

表5-15　电动机运行中的检查记录表

考核时间：15min

序号	考核内容	考核要点	分数	评分标准	得分	备注
1	准备工作	准备听音棒，强光手电筒，活动扳手	6	少准备一件扣2分		
2	检查各连接部件	检查地脚螺栓无松动	6	未检查扣6分		
		检查防护罩牢固	5	未检查扣5分		
		检查电源线无破损	10	未检查扣10分		
		检查接地线完好	10	未检查扣10分		
		检查电动机风扇罩无破损和摩擦	10	未检查扣10分		
3	检查电动机温度、振动、声音、气味	检查电动机升温正常	10	未检查扣10分		
		检查电动机振动值在允许范围内	10	未检查扣10分		
		检查电动机声音正常	10	未检查扣10分		
		检查电动机无局部过热的现象	5	未检查扣8分		
		检查电动机有无缺相运动	10	未检查扣10分		
		检查电动机有无冒烟或有无焦煳味	8	未检查扣8分		
4	安全文明操作	按安全工作规程及运行管理制度执行		每违反一项规定从总分中扣除5分；严重违规者停止操作		
5	考试时限	在规定时间内完成				
	合计		100			

二、扑救电气火灾

1. 准备要求

(1) 材料、设备准备（见表 5-16）

表 5-16　材料、设备准备清单（二）

序号	名称	规格	数量	备注
1	干粉灭火器	6kg	2	
2	离心泵		1台	

(2) 工具准备（见表 5-17）

表 5-17　工具准备清单（二）

序号	名称	规格	数量	备注
1	活扳手	8号	1个	
2	阀扳手		1个	

2. 操作程序规定说明

(1) 操作程序说明

① 准备工作。

② 切断电源。

③ 关闭泵的出入口阀。

④ 灭火。

(2) 考核规定说明

① 如违章操作该项目终止考核。

② 考核采用百分制，考核项目得分按组卷比重进行折算。

③ 考核方式说明　该项目为模拟操作题，全过程按操作标准结果进行评分。

④ 技能说明　本项目主要考核学生对电气着火的处理的掌握程度。

3. 考核时限

① 准备时间：1min（不计入考核时间）。

② 操作时间：10min。

③ 从正式操作开始计时。

④ 考核时，提前完成不加分，超过规定操作时间按规定标准评分。

4. 考核标准及记录表（见表 5-18）

表 5-18　泵电机着火的处理记录表

考核时间：10min

序号	考核内容	考核要点	分数	评分标准	得分	备注
1	准备工作	选择工具	4	选错一件扣2分		
2	切断电源	立即切断电源，如现场不能断电联系供电断电	20	未切断电源扣10分，未联系供电断电扣10分		

续表

序号	考核内容	考核要点	分数	评分标准	得分	备注
3	关闭泵的出入口阀	关闭泵的出口阀	10	未关闭泵出口阀扣10分		
		关闭泵的入口阀	10	未关闭泵入口阀扣10分		
4	灭火	选择灭火器，将灭火器提到起火点	20	未将灭火器提到起火点此项不得分，选择的灭火器不正确此项不得分		
		一手握喷嘴，将喷嘴对准火焰根部	16	使用方法不正确扣10分 未对准火焰根部扣6分		
		一手拔出保险栓，用手掌冲击手柄，干粉冲出覆盖在燃烧区将火扑灭	20	未拔出保险栓扣10分，未冲击手柄将干粉喷出扣10分		
5	安全文明操作	按国家或企业颁布的有关规定执行		违规操作一次从总分中扣除5分，严重违规停止本项操作		
6	考核时限	在规定时间内完成		按规定时间完成，每超时1min，从总分中扣5分，超时3min停止操作		
		合计	100			

三、触电急救——心肺复苏操作

1. 考核要求

① 正确穿戴劳动保护用品。

② 考核前统一抽签，按抽签顺序对学生进行考核。

③ 符合安全、文明生产。

2. 准备要求

材料、设备准备见表5-19。

表5-19 材料、设备准备清单（三）

序号	名称	规格	数量	备注
1	担架		1	
2	安全训练模拟人		1	

3. 操作考核规定及说明

（1）操作程序

① 准备工作。

② 工作服的穿戴。

③ 设备准备。

（2）考核规定及说明

① 如操作违章，将停止考核。

② 考核采用100分制，然后按权重进行折算。

（3）考核方式说明　该项目为实际操作，考核过程按评分标准及操作过程进行评分。

（4）考核时限　以学生顺利完成考核为准。

（5）考核标准及记录表　如表5-20所示。

表 5-20　触电急救——心肺复苏操作记录表

考核时间：15min

序号	考核内容	考核要点	分数	评分标准	得分	备注
1	准备工作	穿戴劳保用品	3	未穿戴整齐扣 3 分		
		工具、用具准备	2	工具选择不正确扣 2 分		
2	操作前提	检查被救人员身体状况	10	未检查被救人员身体状况扣 10 分		
		清楚心肺复苏内容	10	不清楚心肺复苏内容扣 10 分		
3	操作过程	操作顺序正确且无操作不当	10	操作步骤顺序不对扣 10 分		
				操作步骤漏一项扣 2 分		
		被救人员身体位置摆放	10	被救人员身体位置摆放不对扣 10 分		
		按压、吹起比例正确	10	按压、吹起比例不对扣 10 分		
		保持呼吸道畅通	10	没保持呼吸道畅通扣 10 分		
		按压力度合理	10	按压力度不够扣 10 分		
		按压位置正确	10	按压位置不对扣 10 分		
4	使用工具	正确使用工具	2	使用不正确扣 2 分		
		正确维护工具	3	工具乱摆放扣 3 分		
5	安全文明操作	按国家或企业颁布的有关规定执行	5	违规操作一次从总分中扣除 5 分，严重违规停止本项操作		
6	考核时限	在规定时间内完成	5	按规定时间完成，每超时 1min，从总分中扣 5 分，超时 3min 停止操作		
		合计	100			

归纳总结

用电安全技术包括人身触电事故和各种电气事故的防护技术，触电急救。保证用电安全的基本要素有：①电气绝缘；②安全距离；③安全载流；④标志。保证电气作业安全的技术措施和组织措施，包括制定安全技术标准、规程，建立安全管理制度和电气设备安装、运行维护规程，开展电气安全思想教育和电气安全知识教育；电气设备的绝缘性能的测试技术，用电中的安全技术；电气装置的防火、防爆技术；电气安全用具和静电防护技术等。

为了有效地防止触电事故，电气安全的基本措施包括直接触电防护措施、间接触电防护措施、电气作业安全措施、电气安全装置、电气安全操纵规程、电气安全用具、电气火灾消防技术、组织电气安全专业性检查、做好电气作业人员的培训工作、制定安全标志等。

静电最为严重的危险是引起爆炸和火灾，因此，静电安全防护主要是对爆炸和火灾的防护，主要有环境危险程度控制、工艺控制、接地、增湿、抗静电添加剂、静电中和器和加强静电安全管理。

石化企业防雷，防直击雷的主要措施是装设避雷针、避雷线、避雷网和避雷带。此外还要防感应雷，防雷电侵入波。

巩固与提高

一、选择题

1. 使用的电气设备按有关安全规程，其外壳应有（　　）防护措施。

A. 无　　B. 保护性接零或接地　　C. 防锈漆

2. 国际规定，电压（　　）以下不必考虑防止电击的危险。

A. 36V　　B. 65V　　C. 25V

3. 三线电缆中的红线代表（　　）。

A. 零线　　B. 火线　　C. 地线

4. 停电检修时，在一经合闸即可送电到工作地点的开关上，应悬挂（　　）标志牌。

A. “在此工作”　　B. “止步，高压危险”　　C. “禁止合闸，有人工作”

5. 触电事故中，绝大部分是（　　）导致人身伤亡的。

A. 人体接受电流遭到电击　　B. 烧伤　　C. 电休克

6. 如果触电者伤势严重，呼吸停止或心脏停止跳动，应施行（　　）和胸外心脏挤压。

A. 按摩　　B. 点穴　　C. 人工呼吸

7. 电器着火时不能用（　　）灭火。

A. 干粉灭火器　　B. 沙土　　C. 水

8. 静电电压最高可达（　　），可现场放电，产生静电火花，引起火灾。

A. 50V　　B. 数万伏　　C. 220V

9. 漏电保护器的使用是防止（　　）。

A. 触电事故　　B. 电压波动　　C. 电荷超负荷

10. 长期在高频电磁场作用下，操作者会有（　　）不良反应。

A. 呼吸困难　　B. 精神失常　　C. 疲劳无力

11. 任何电气设备在未验明无电之前，一律认为（　　）。

A. 无电　　B. 也许有电　　C. 有电

12. 金属梯子不适于（　　）。

A. 有触电机会的工作场所　　B. 坑穴或密闭场所　　C. 高空作业

13. 在遇到高压电线断落地面时，导线断落点（　　）m 内禁止人员进入。

A. 10　　B. 20　　C. 30

14. 如果工作场所潮湿，为避免触电，使用手持电动工具的人应（　　）。

A. 站在铁板上操作　　B. 站在绝缘胶板上操作　　C. 穿防静电鞋操作

15. 雷电放电具有（　　）的特点。

A. 电流大，电压高　　B. 电流小，电压高　　C. 电流大，电压低

16. 车间内的明、暗插座距地面的高度一般不低于（　　）m。

A. 0.3　　B. 0.2　　C. 0.1

二、填空题

1. 保护接零是指电气设备在正常情况下不带电的（　　）部分与电网的保护零线相互连接。

2. 保护接地是把故障情况下可能呈现危险的对地电压的“金属外壳”部分同（　　）紧密地连接起来。

3. 人体是导体，当人体接触到具有不同（　　）的两点时，由于（　　）的作用，就会在人体内形成（　　），这种现象就是触电。

4. 按人体触及带电体的方式和电流通过人体的途径，触电可分为：（　　）（　　）（　　）。

5. 漏电保护器既可用来保护（　　），还可用来对（　　）系统或设备的（　　）绝缘状况起到监督作用；漏电保护器安装点以后的线路应是（　　）绝缘的，线路应是绝缘良好的。

6. 重复接地是指零线上的一处或多处通过（　　）与大地再连接，其安全作用是：降低漏电设备（　　）电压；减轻零线断线时的（　　）危险；缩短碰壳或接地短路持续时间；改善架空线路的（　　）性能等。

7. 对容易产生静电的场所，要保持地面（　　）；工作人员要穿（　　）的衣服和鞋（靴），静电及时导入大地，防止静电（　　），产生火花。

8. 静电有三大特点：一是（　　）高；二是（　　）突出；三是（　　）现象严重。

9. 电气绝缘、（　　）、（　　）、（　　）等是保证用电安全的基本要素。只要这些要素都能符合安全规范的要求，正常情况下的用电安全就可以得到保证。

10. 电流对人体的伤害有两种类型，即（　　）和（　　）。

三、判断题

1. 在充满可燃气体的环境中，可以使用手动电动工具。（　　）

2. 家用电器在使用过程中，可以用湿手操作开关。（　　）

3. 为了防止触电可采用绝缘、防护、隔离等技术措施以保障安全。（　　）

4. 对于容易产生静电的场所，铺设导电性能好的地板。（　　）

5. 电工可以穿防静电鞋工作。（　　）

6. 在距离线路或变压器较近，有可能误攀登的建筑物上，必须挂有“禁止攀登，有电危险”的标志牌。（　　）

7. 有人低压触电时，应该立即将他拉开。（　　）

8. 在潮湿或高温或有导电灰尘的场所，应该用正常电压供电。（　　）

9. 雷击时，如果作业人员孤立处于暴露区并感到头发竖起时，应该立即双膝下蹲，向前弯曲，双手抱膝。（　　）

10. 清洗电动机械时可以不用关掉电源。（　　）

11. 通常，女性的人体阻抗比男性的大。（　　）

12. 低压设备或做耐压实验的周围栏上可以不用悬挂标志牌。（　　）

13. 电流为100mA时，称为致命电流。（　　）

14. 移动某些非固定安装的电气设备时（如电风扇、照明灯），可以不必切断电源。（　　）

15. 一般人的平均电阻为5000～7000Ω。（　　）

16. 在使用手电钻、电砂轮等手持电动工具时，为保证安全，应该装设漏电保护器。（　　）

17. 在照明电路的保护线上应该装设熔断器。（　　）

18. 对于在易燃、易爆、易灼烧及有静电发生的场所作业的工人，不能穿化纤服装。（　　）

19. 电动工具应由具备证件合格的电工定期检查及维修。（ ）

20. 人体触电致死，是由于肝脏受到严重伤害。（ ）

四、简答题

1. 保护接地和保护接零相比较有哪些不同之处？
2. 电气火灾的防护措施有哪些？
3. 石化生产静电产生的原因是什么？
4. 静电危害的形成条件有哪些？
5. 预防静电危害的基本措施有哪些？
6. 防止人体带电的对策措施有哪些？
7. 雷电的种类和危害性是什么？
8. 防雷的基本措施有哪些？
9. 人体防雷措施有哪些？

五、综合分析题

某人造革厂涂布车间10月4日晚发生爆燃并引发火灾，造成4人死亡，2人受伤，火灾烧毁车间内部分成品及半成品，烧损一套涂层生产线，过火面积达670m²，直接经济损失折款2225万元。

据调查，该厂生产涂层布所用涂层原料主要是丙烯酸酯树脂涂层胶（主要成分为丙烯酸酯树脂和甲苯，其中甲苯含量为80%～81%，经取样测定样品的开口闪点低于19℃）和958稀释剂（经取样测定样品中含60%的甲苯，样品的开口闪点低于19℃）混合后的胶料。

经调查分析，该涂层生产线在烘干过程中，产生大量含有甲苯等可燃性混合气体（蒸气），由于烘箱不能及时将烘箱内挥发出的可燃性混合气体（蒸气）排出，烘箱内充满可燃性混合气体（蒸气）；另外整个涂层生产线没有消静电装置，尤其卷料部分没有消除静电的措施，在涂布干燥后的卷取作业中，产生较高的静电位。卷取端涂布的表层首先开始燃烧，火焰很快传播至烘箱，引爆烘箱内的爆炸性混合气体，并导致厂房内发生火灾。

1. 根据上述材料，引起燃爆的原因是（ ）。

A. 明火　　B. 电火花　　C. 静电　　D. 短路

2. 静电来源于（ ）。

A. 滚动摩擦作用　　B. 操作工人　　C. 烘箱　　D. 烘箱高温

3. 火焰传播至烘箱，引爆烘箱内的混合气体，说明混合气体（ ）。

A. 达到了爆炸极限　　B. 有毒　　C. 有很高压力　　D. 有很高温度

4. 从上述材料可以看出（ ）。

A. 生产设备缺乏必要的安全装置　　B. 排风系统不能满足工艺安全要求

C. 生产工艺不合理　　D. 涂布的表层涂料挥发

5. 由上述材料分析，造成事故发生的主要原因是什么？

6. 根据上述材料，分析这是一起什么性质的事故。

项目六　防止检修现场伤害

任务一　生产装置检修的安全管理

● 任务介绍

某石油化工公司有机厂苯胺车间按照大检修计划安排，车间分单元停车，经过倒空、清洗，逐步开始办理检修设备交出手续。在拆卸酸性水罐下封头出口法兰时，发现有黄色液体流出，检修人员随即派人找废酸提浓单元负责人了解情况。就在废酸提浓单元负责人赶到现场时，爆燃突然发生并引发火灾，致使正在脚手架上进行建筑维护的 4 名粉刷工死亡、厂房内作业的 11 人受伤（其中 4 人重伤）。

事故发生后，公司立即启动了安全环保应急预案，在苯胺装置周边临时围起了三道围堰，将灭火过程中使用的约 80t 消防水全部挡在围堰内，同时对装置内的雨排井和装置周边的下水井也采取了相应的处理措施，污染水没有进入雨排系统，没有对环境造成污染。

石油化工装置检修是石油化工单位最重要的工作之一，也是最繁重、最危险的工作之一，有 90％的安全事故发生在装置开停车与检修期间。一线操作人员在装置检修期间是主力军，不但要了解化工生产装置检修安全管理的主要内容，掌握化工生产装置检修的主要程序，而且要具备生产装置检修安全规范的执行能力。

● 任务分析

石油化工装置和设备的检修分为计划检修和非计划检修。按计划进行的检修称为计划检修。根据计划检修内容、周期和要求不同，计划检修可分为小修、中修、大修。目前，大多数石油化工生产装置都定为一年一次大修。随着新材料、新工艺、新技术、新设备的应用，检修质量的提高和预测技术的发展，部分石油化工生产装置则实现了两年进行一次大修的目标。

在生产过程中设备突然发生故障或事故，必须进行不停工或临时停工的检修称为非计划检修。这种检修事先难以预料，无法安排检修计划。在目前的石油化工生产中，这种检修仍然是不可避免的。检修过程主要安全风险分析见表 6-1。

表 6-1　检修过程主要安全风险分析表

序号	项目	重大风险部位	存在的风险
1	分离器、塔	分离器	中毒、火灾
		塔	火灾、中毒、高空坠落、窒息

续表

序号	项目	重大风险部位	存在的风险
2	站内联头	分离器内件改造	中毒、泄漏、火灾
		站内液相管线更换	火灾、泄漏
		换热器	泄漏、火灾
3	压缩机检修	注气机组	火灾、中毒、机械伤害、触电
4	污水池清理	站内污水池	窒息、火灾
5	火炬	更换长明灯和点火器	高空作业、坠落
6	机械设备	机泵、空压机	泄漏、触电、机械伤害、火灾

必备知识

一、能量隔离

1. 基本概念

监护人：在作业现场专职履行监护职责的人。监护人不直接参与作业，为作业人提供作业环境、劳动保护设施完好情况、作业场所条件变化等情况信息，对整个作业过程实施监督管理。监护人包括甲方监护人和乙方监护人。

置换：用清水、蒸汽、氮气或其他惰性气体将作业管道、设备内可燃气体替换出来的一种方法。

能量：可能造成人员伤害或财产损失的工艺物料或设备所含有的能量。

危险能量：可能失控的、具有潜在的可导致人身伤害、财产损失的能量。

隔离：将阀件、电气开关、蓄能配件等设定在合适的位置或借助特定的设施使设备不能运转或能量不能释放。

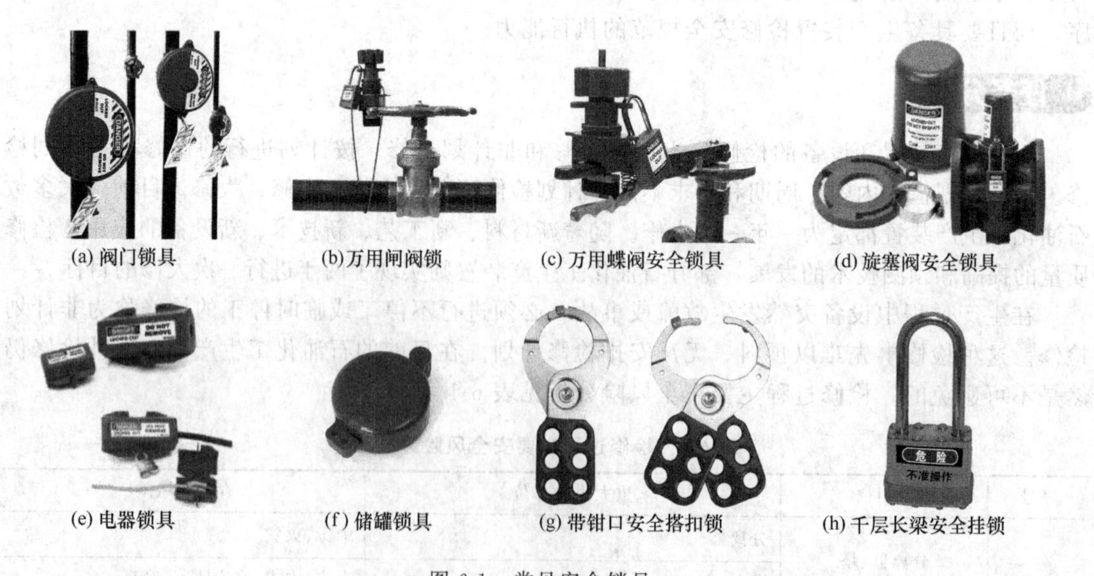

(a) 阀门锁具 (b)万用闸阀锁 (c) 万用蝶阀安全锁具 (d) 旋塞阀安全锁具

(e) 电器锁具 (f) 储罐锁具 (g) 带钳口安全搭扣锁 (h) 千层长梁安全挂锁

图 6-1 常见安全锁具

2. 什么情况下使用能量隔离

当要实施进入、改造或维修某个设备、设施及装置（如维修、维护或修理机械设备，工作于电气线路和系统，工作于其他带压管道和设备，工作靠近其他危险能量）时，需要与其外部能量源（如电力源、流体和压力源、机械驱动装置和控制系统）进行隔离，避免能量意外释放。

3. 常用能量隔离方法

能量隔离常用方法：移除管线加盲板；双切断阀门，打开阀门之间的导淋（双切断加导淋）；退出物料，关闭阀门（关闭阀门）；切断电源或对电容器放电（切断电源）；辐射隔离，距离隔离；锚固、锁闭或阻塞。

4. 安全锁具

安全锁具（如图 6-1 所示）在车间和办公室挂牌上锁时使用，是锁具的一种。它是为了确保设备能源被绝对关闭，设备保持在安全状态。上锁能预防设备不慎开动，造成伤害或死亡。还有一种目的是起警示作用，区别于锁具所起的一般防盗作用。

上锁：用锁头和锁具锁定隔离能量的各种电气开关、阀门或设备，保持其与能量隔离，防止有人错误操作，直至维修或调试工作完全结束，然后移除。上锁挂签清单见图 6-2。

挂牌：使用吊牌警示已经被隔离能量的设备或系统不允许随意触动操作，如图 6-3

上锁挂签隔离清单

编码：　　　　　　　　　　　　　　　　　　　顺序号：

隔离统统/设备：

能量/物料	隔离方法	上锁挂签点
	□ 移除管线加盲板	
	□ 双切断加导淋	
	□ 关闭阀门	
	□ 切断电源	
	□ 打开阀门	
	□ 接通电源	
	□ 其他	
	□ 移除管线加盲板	
	□ 双切断加导淋	
	□ 关闭阀门	
	□ 切断电源	
	□ 打开阀门	
	□ 接通电源	
	□ 其他	
	□ 移除管线加盲板	
	□ 双切断加导淋	
	□ 关闭阀门	
	□ 切断电源	
	□ 阀门	
	□ 接通电源	
	□ 其他	
备注		

编写人：　　　　　　　　批准人：　　　　　　　　年　月　日

图 6-2　上锁挂签清单

图 6-3 上锁挂牌

所示。

个人锁：用于锁住单个隔离点或锁箱的标有个人姓名的安全锁，每人只有一把，供个人专用。

集体锁：用于锁住隔离点并配有锁箱的安全锁，集体锁可以是一把钥匙配一把锁，也可以是一把钥匙配多把锁。

上锁设施：保证能够上锁的辅助设施，如锁扣、阀门锁套、链条等。

二、装置检修存在的主要危险因素

1. 火灾爆炸

(1) 物料互窜引起爆炸　生产中的各种物料大多具有燃烧和爆炸性质，因此，当物料发生互窜后，如氧气窜入可燃气体中、可燃气体窜入空气（氧气）中或窜入检修的设备中，在足够能量的火源下均能引起爆炸。

(2) 违章动火引起爆炸　检修前未采取必要的安全措施，违章动火，是引起爆炸事故的一个主要原因。

(3) 用汽油等易挥发液体擦洗设备引起爆炸　石油化工企业在设备检修时，按规定使用洗涤剂清污，但个别职工却用汽油等易挥发的可燃液体作为洗涤剂，发生不少重大火灾爆炸事故。

(4) 带压作业引起爆炸　带压作业在石油化工企业，特别是老装置时更多采用，因为装置老化，跑、冒、滴、漏经常发生。为了确保正常生产，尽量采用切实可行的安全措施，带压堵漏是允许的，也是安全的。但是，有的企业在不减压的情况下，热紧螺栓、消漏换垫等也常常引起爆炸事故。

2. 职业中毒

石油化工生产中，有毒有害物质的来源是多方面的：有的作为原料、成品或废弃物等方式出现，如混合苯、硫化氢、氨、催化剂等；有的是在维护检修中产生的有毒有害气体、蒸气、雾、粉尘、烟尘等。有毒有害物质侵入人体的途径多为吸入、食入或经皮肤吸收，造成检修人员中毒。

3. 其他因素

除上述主要危险、危害外，石油化工设备维护过程中还有高处作业引起的人员坠落或落物的物体打击伤害、电气设备或线路引起的触电伤害、转动设备引起的机械伤害以及高温介质灼伤、低温介质冻伤、噪声危害等。

三、装置检修特点

1. 复杂性

对石化工艺装置中残留的原料和产品清理、吹扫不彻底，就会发生火灾、爆炸和中毒事件；装置的塔高数十米，管线纵横交错，各种设备遍及各个角落，各工种人员纵横向交叉作业。

2. 系统性

工艺装置由各种设备按工艺要求构成一个庞大的系统，检修按系统结构分类、分层次进行。

3. 规范性

检修设备、安全设施、消防器材、机具摆放、工艺装置中各种设备设施的拆卸安装、安全标志及警示用语的张贴和悬挂、劳动保护用品用具的配备和使用等都要程序化、标准化，必须符合安全技术规范规定。

4. 可靠性

在检修、调试中质量达标，装置才能达到“安、稳、长、满、优”运行的目标。

任务实施

训练内容　装置检修的安全管理及如何上锁挂牌

一、教学准备/工具/仪器

多媒体教学（辅助视频）

图片展示

典型案例

实物

二、操作规范及要求

① AQ 3026—2008《化学品生产单位设备检修作业安全规范》；

② 掌握检修的主要程序；

③ 根据典型案例做出分析；

④ 模拟检修前安全管理。

三、检修前的准备工作

要做好装置检修的安全管理，一是检修前要成立专门的组织机构，要对检修的装置进行全面系统的危险辨认及风险评价，明确各自的职责，做到任务清楚，对检修进行统一领导、制订计划、统一指挥；二是装置检修要制订停车、检修、开车方案及安全措施，每一项检修有明确要求和注意事项，并设专职人员负责；三是要对所有参加检修人员进行现场安全交底和安全教育，明确检修内容、步骤、方法、质量要求，对各工种要进行安全培训和考核，经考试合格后，方可参与检修施工。检修前的准备工作如表6-2所示。

表6-2　检修前的准备工作

序号	工作任务	具体内容
1	设立检修指挥机构	明确分工，分片包干，各司其职，各负其责
2	制订检修技术方案	确定检修时间、内容、质量标准、工作程序、施工方法、起重方法、安全措施，明确施工负责人和检修项目负责人等
3	制订检修安全措施	制订动火、动土、罐内空间作业、登高、用电、起重等安全措施，以及教育、检查、奖罚的管理办法
4	技术交底安全教育	明确检修内容、步骤、方法质量标准、人员分工、注意事项、存在的危险因素和由此而采取的安全技术措施
5	全面检查消除隐患	装置停车检修前，应由指挥部统一组织，分组对停产前的准备工作进行一次全面细致的检查

四、装置检修上锁挂签操作（具体见表6-3）

表6-3　装置检修上锁挂签操作

序号	程序		具体工作
1	辨识		属地单位应辨识作业过程中所有能量和物料(含公用系统)的来源及类型。需要控制的能量包括但不限于以下种类:电能、动能、势能、蒸汽能、化学能、热能等
2	隔离		1. 属地单位编制上锁挂签清单(如图6-2所示)并明确隔离方式、挂签点及上锁点。上锁挂签清单与作业许可证正本共同存放,一并存档 2. 根据能量和物料性质及隔离方式选择相匹配的断开、隔离设施。管线、设备的隔离执行《管线、设备打开管理程序》;电隔离执行相关标准与规定
3	上锁挂签	多个隔离点的上锁挂签	1. 属地单位应根据上锁挂签清单对已完成隔离的隔离设施选择合适的锁具,填写警示标签,使用集体锁对隔离点上锁挂签 2. 涉及电气、仪表隔离时,属地单位应向电气、仪表专业人员提供所需数量的同组集体锁,由电气、仪表专业人员实施上锁挂签 3. 所有作业人员应对隔离点进行上锁挂签确认 4. 集体锁钥匙放到锁箱后,作业人用个人锁锁住锁箱 5. 作业人员用个人锁锁住锁箱。如果作业人员没有个人锁,应提前向属地单位登记申领,作业结束后归还
		单个隔离点的上锁挂签	1. 作业人应选择合适的锁具并填写警示标签,用个人锁对隔离点进行上锁挂签 2. 所有作业人员(检维修人员)使用个人锁对隔离点进行上锁挂签。如果作业人员没有个人锁,应提前向属地单位登记申领,作业结束后归还 3. 在隔离高、低压电气时,至少两名电工进行,一人对电气隔离点上锁挂签,另一人确认
		装置停工检修的挂签	装置停工检修时,属地单位应对系统进行盲板隔离,具体执行《盲板抽堵管理程序》
4	确认		1. 上锁挂签后属地单位与作业单位应共同确认能量和物料已被隔离或去除。确认应根据现场情况选用(但不限于)以下可行的方式: ①低点放空,确认物料已被隔离; ②观察压力表或液面指示等以确认能量或物料已被隔离; ③目视确认组件已断开、转动设备已停止转动; ④对暴露于电气危险的工作任务,应检查电源导线已断开。所有上锁应实物断开且经测试无电压存在 2. 有条件进行试验时,属地单位应在作业人员在场时对设备进行试验。如按下启动按钮或开关,确认设备不再运转。在进行试验时,应屏蔽所有可能会阻止设备启动或移动的限制条件(如联锁) 3. 如果确认隔离无效,应由属地单位采取相应措施确保作业安全
5	解锁		1. 解锁依据先解个人锁后解集体锁的原则进行 2. 作业人员完成作业后,解除个人锁。当确认所有作业人员都解除个人锁后,由属地单位作业人解除个人锁 3. 涉及电气、仪表隔离时,属地单位应向电气、仪表专业人员提供集体锁钥匙,由电气、仪表专业人员进行解锁 4. 属地单位确认设备、系统符合运行要求后,按照上锁挂签清单解除现场集体锁 5. 解锁后设备或系统试运行不能满足要求时,应按本程序要求重新进行 6. 当作业部位处于应急状态下需解锁时,首先考虑使用备用钥匙解锁。无法及时取得备用钥匙时,经属地负责人(或其授权人)同意后,可以采用其他安全的方式解锁。解锁应确保人员和设施的安全,解锁后应及时通知上锁挂签的相关人员

任务二　抽堵盲板作业

任务介绍

某石化分公司炼油厂原油输转站一个3万立方米的原油罐在清罐作业过程中，现场负责人在没有监护人员在场的情况下，带领作业人员进入作业现场作业，同时，在“有限空间作业票”和“进入有限空间作业安全监督卡”上的安全措施未落实，用阀门代替盲板，就签字确认，使工人在存在较大事故隐患的环境里作业，发生可燃气体爆燃事故，致使罐内作业人员3人死亡、7人受伤。

某公司分厂机修班正在中间体车间丙烯腈计量槽旁进行动火作业，改装车间的自来水和蒸汽管道。在进行动火作业前，机修班已采取安全防范措施，对已清洗的计量槽加满水（工段负责加水），并由机修工夏某对放空管和溢流管分别插装盲板。17日中午10时50分左右，改装作业结束。下午，机修班长派机修工夏某、陈某对改装作业剩余扫尾工作进行复查，夏某却没有将插装在放空管和溢流管上的盲板抽掉，导致槽内压力不断升高，计量槽顶盖被槽内高压顶裂成两片，所幸未造成人员伤害。

某化肥厂因外供电网停电而检修，更换合成车间铜洗再生器盘管。系统停车后，操作工根据安全检修的要求，加堵了盲板，并办好了动火证。铜洗副工段长不了解动火工作还没有完成，怕天黑后不好干，带领1名工人把氨吸收塔出口阀上的盲板拆掉了。检修未结束提前拆盲板，导致爆炸，造成4人死亡、5人轻伤的重大事故。

抽堵盲板工作既有很大的危险性，又有较复杂的技术性，为避免各类事故的发生，必须由熟悉生产工艺的人员负责，严加管理。

任务分析

石油化工生产工艺流程连续性强，设备管道紧密相连，设备与管道间虽有各种阀门控制，但在生产过程中，阀门长期受内部介质的冲洗和化学腐蚀作用，严密性能大大减弱，有可能出现泄漏，所以在设备或管道检验时，假如仅仅用封闭阀门来与生产系统进行隔离，往往是不可靠的。在这种情况下，盲板是最有效的隔离手段。

抽堵盲板由项目负责人负责，绘制盲板图，并编号、登记、落实到人。盲板的材质、厚度应符合安全技术规范要求。抽加盲板应在系统卸压后保持正压时进行。检修人员配备适当的防毒面具和灭火器材，并挂盲板标志牌。抽堵盲板主要安全风险分析如表6-4所示。

表6-4　抽堵盲板主要安全风险分析表

序号	工作步骤	危　害	安全风险
1	施工前	未办理盲板抽堵作业证	火灾、爆炸、中毒、人员伤害、财产损失
		未按照盲板抽堵作业证规定的时间抽堵盲板，延时	发生意外事故、人员伤害、财产损失
		无施工方案	设备设施损坏、人员伤害、其他伤害
2	施工中	施工现场无安全警示标志	人员伤害、财产损失
		不置换分析盲目进入	人员伤害、财产损失
		无人监护，不采取措施，擅自进入	人员伤害

续表

序号	工作步骤	危 害	安全风险
2	施工中	擅自变更盲板作业内容	设备设施损坏、人员伤害
		在禁火区使用易产生火花的工具	火灾、爆炸
		施工中发现有毒有害物质时不采取防范措施	人员伤害
		未及时拆除盲板采取防范措施	设备设施损坏、人员伤害、其他伤害

● 必备知识

一、盲板的分类及选用

盲板主要是用于将生产介质完全分离，防止由于切断阀关闭不严，影响生产，甚至造成事故。从外观上看，一般分为8字盲板、插板、垫环（插板和垫环互为盲通）。具体如图6-4所示。

图6-4　盲板

盲板应设置在要求分离（切断）的部位，如设备接管口处、切断阀前后或两个法兰之间。通常推荐使用8字盲板，为打压、吹扫等一次性使用的部位亦可使用插板（圆形盲板）。

二、盲板的设置

1. 需要设置盲板的部位

① 原始开车准备阶段，在进行管道的强度试验或严密性试验时，不能和所相连的设备(如透平、压缩机、气化炉、反应器等）同时进行的情况下，需在设备与管道的连接处设置盲板。

② 界区外连接到界区内的各种工艺物料管道，当装置停车时，若该管道仍在运行之中，在切断阀处设置盲板。

③ 装置为多系列时，从界区外来的总管道分为若干分管道进入每一系列，在各分管道的切断阀处设置盲板。

④ 装置要定期维修、检查或互相切换时，所涉及的设备需完全隔离时，在切断阀处设置盲板。

⑤ 充压管道、置换气管道（如氮气管道、压缩空气管道）等工艺管道与设备相连时，在切断阀处设置盲板。

⑥ 设备、管道的低点排净，若工艺介质需集中到统一的收集系统，在切断阀后设置盲板。

⑦ 设备和管道的排气管、排液管、取样管在阀后应设置盲板或丝堵。无毒、无危害健康和非爆炸危险的物料除外。

⑧ 装置分期建设时，有互相联系的管道在切断阀处设置盲板，以便后续工程施工。

⑨ 装置正常生产时，需完全切断的一些辅助管道，一般也应设置盲板。

⑩ 其他工艺要求需设置盲板的场合。

2. 盲板设置

① 盲板在PI图上表示的图形，按照行业标准《管道仪表流程图管道和管件的图形符号》，如图6-5所示。

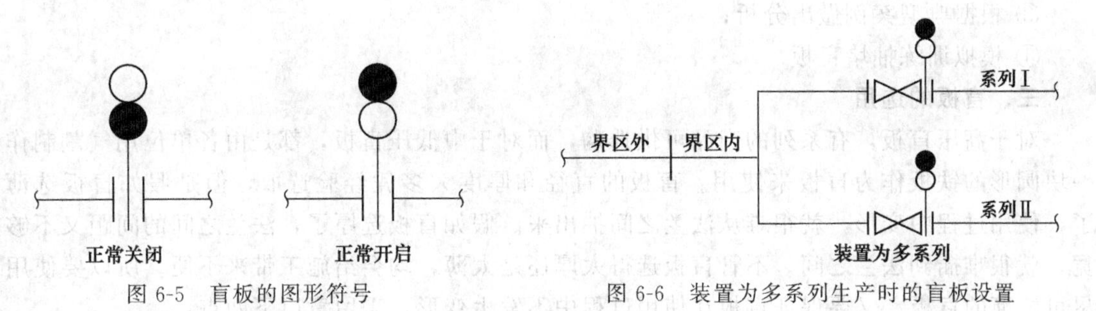

图6-5　盲板的图形符号　　图6-6　装置为多系列生产时的盲板设置

② 装置为多系列生产时，盲板设置如图6-6所示。

③ 冲压管线、置换管线的盲板设置，如图6-7所示。

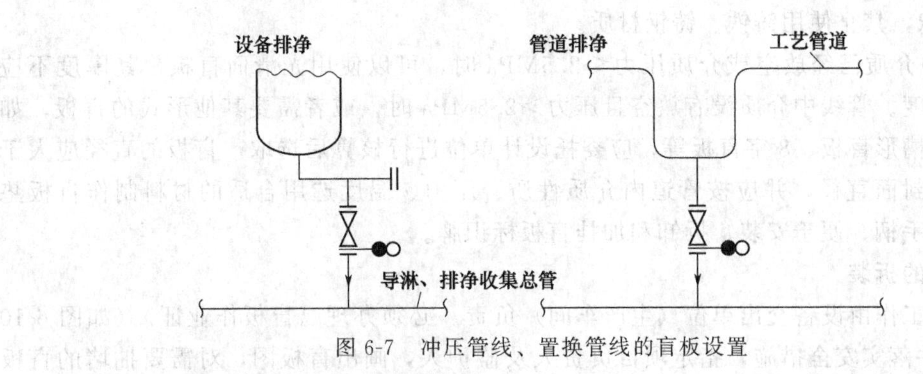

图6-7　冲压管线、置换管线的盲板设置

④ 设备管道低点排净的盲板设置，如图6-8所示。

⑤ 装置分期建设时，盲板设置如图6-9所示。

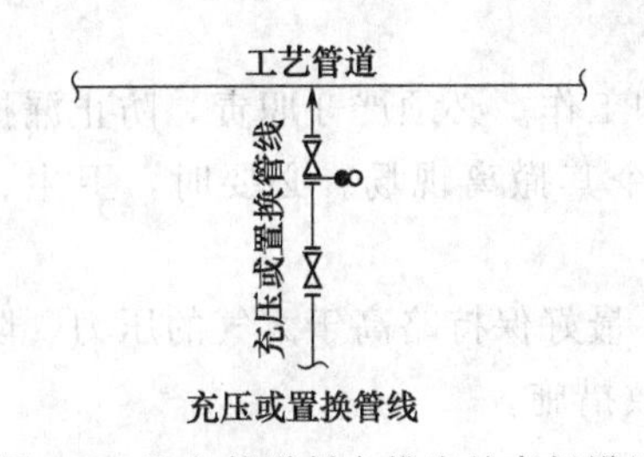

图6-8　设备管道低点排净的盲板设置

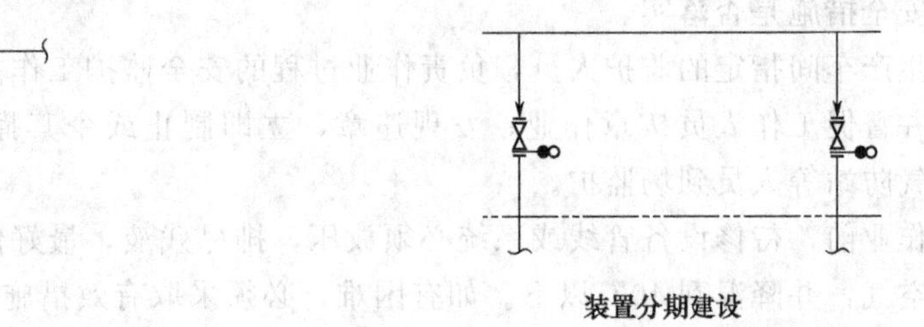

图6-9　装置分期建设时的盲板设置

任务实施

训练内容　盲板的拆装和安全管理

一、教学准备/工具/仪器

多媒体教学（辅助视频）

图片展示

典型案例

实物

二、操作规范及要求

① AQ 3027—2008《化学品生产单位盲板抽堵作业安全规范》；

② 掌握抽堵盲板的主要程序；

③ 根据典型案例做出分析；

④ 模拟训练抽堵盲板。

三、盲板的选用

对于高压盲板，有系列的产品可供选购，而对于中低压盲板，都是由各单位用气割制作一块圆形的铁板作为盲板来使用。盲板的直径和厚度大多凭经验选取，但是假如盲板选薄了，使用过程中变形，就很难从法兰之间抽出来。假如盲板选厚了，法兰之间的间距又不够宽，就很难插到法兰之间。不管盲板选得太厚还是太薄，均会给施工带来不便。所以要使用尽可能薄的盲板，又要保证盲板在使用过程中不发生变形，需留意以下两点：

① 盲板的材质、厚度应与介质性质、压力、温度相适应，严禁用石棉板或白铁皮代替盲板。盲板要平整、光滑，经检查无裂纹和孔洞，高压盲板应经探伤合格。制作盲板可用20钢、16MnR，禁止使用铸铁、铸钢材质。

② 管线中介质已经放空或介质压力≤2.5MPa时，可以使用光滑面盲板，其厚度不应小于管壁的厚度。管线中介质没有放空且压力＞2.5MPa时，或者需要其他形式的盲板，如凹凸面盲板、槽形盲板、8字盲板等，应委托设计单位进行核算后选取。盲板的直径应大于或等于法兰密封面直径，并应按管道内介质性质、压力、温度选用合适的材料制作盲板垫片。盲板应有手柄，便于安装、拆卸和加挂盲板标识牌。

四、盲板的拆装

抽堵盲板工作由设备交出单位（生产车间）负责。必须办理《盲板作业证》（如图6-10所示），制订并落实安全措施，指定项目负责人及监护人，画出盲板图，对需要抽堵的盲板统一编号，注明抽堵盲板的部位和盲板的规格，以便查对。

抽堵盲板负责人，须向作业人员交待任务、工作方法、工艺过程及安全注意事项，认真检查安全措施是否落实。

生产车间指定的监护人员，负责作业过程的安全监护工作。必须严守职责，防止漏拆漏装，并督促工作人员按章作业；发现违章，立即制止或令其撤离现场。必要时，卫生、消防、气防站等人员到场监护。

作业前，待修设备管线或系统必须放压，排尽残液，最好保持略高于大气的压力，防止吸进空气，并降温到40℃以下。如有困难，必须采取有效措施。

室内作业必须打开门窗，采取强制透风措施。

加盲板的位置应在有物料来源的阀门的另一侧，盲板两侧均应安装垫片，所有螺栓都要紧固，以保持严密性。

作业现场30m内禁止动火（包括正在进行的动火），禁带引火物及易燃物。无关人员撤离危险区，必要时停止四周的生产、检验工作。

五、一般安全措施

高处作业要搭设脚手架或平台，作业人员系安全带；从事有毒物料设备、管道的抽堵盲板工作的人员，必须佩戴隔离式防毒面具，作业过程中不得脱下面具。从事酸、碱等腐蚀性介质的设备、管道的抽堵盲板工作的人员，须穿戴防酸面具及衣靴。法兰螺栓全部紧好后，

盲板抽堵作业票

○ 加盲板　　○ 拆除盲板　　编号：

装置名称		填写人	
施工单位		施工地点	
作业单位		监护人	

设备情况	原有介质	温度	压力	盲板情况	材质	规格	数量	编号

作业人员	加装盲板	年　月　日　时　分	作业人员	
	拆卸盲板	年　月　日　时　分		

序号	生产处理措施	选项	执行人
1	关闭待检维修设备仪表出入口阀门		
2	设备管线撤压		
3	设备管线介质排空		
4	盲板按编号挂牌		
5	确认物料走向和加、拆盲板的法兰位置		
6	其他需交底确认内容：		

序号	主要安全措施	选项	确认人
1	作业人员着装符合要求		
2	作业人员劳保护品佩戴符合要求。在有毒物料环境中，佩戴防毒面具和空气呼吸器：在腐蚀性物料环境中，佩戴防酸碱护镜等护品		
3	关闭待检修设备出入口阀门		
4	设备管线撤压		
5	设备管线介质清空		
6	作业时站在上风向，并背向作业		
7	严禁使用产生火花的工具进行作业		
8	高处作业时系挂安全带		
9	盲板按编号挂牌		
10	其他补充安全措施：		

施工单位意见： 签名：	车间（工段）意见： 签名：	安全管理部门意见： 签名：	厂领导审批意见： 签名：
完工验收时间　年　月　日　时　分	验收人签名：	验收人签名：	

图 6-10　盲板作业证

应具体检查，确认无漏时，方可离开现场，摘下面具。

拆卸螺栓应隔一个或两个松一个，缓慢进行，以防管道内余压或残料喷出伤人；确认无气无液时，方可拆下螺栓，作业中人员要在上风向，不得正对法兰缝隙。不得使用铁器敲打管道和管件，必须敲打时，应使用防爆工具。

拆卸法兰的管道，如距支架较远，应加临时支架或吊架，防止拆开法兰螺栓后管线下垂伤人。抽堵盲板的临时照明，应使用安全电压的防爆型灯具。

工作时间过长，应轮班休息，作业中如感到不适，应立即退出作业区休息或就医治疗。

大、中修项目盲板抽、堵完成后，须经抽堵盲板负责人按盲板图核对无误，方可交出修理或投进生产。

任务三　临时用电作业

● 任务介绍

某石化分公司原油储罐（直径 46m，高 19.3m，总容量为 3 万立方米）于 1995 年投入使用，一直未检修，在使用过程中发现中央雨排管破漏、蒸汽盘管泄漏，计划安排进行大修。

罐底清理工作承包给一个石化工程有限公司，双方签订了《检维修（施工）安全合同》。车间为该公司办理了临时用电票，当日该公司开始了清理工作。进行停泵操作时，随之就在木制配电盘的附近发生爆燃，火势顺势蔓延到人孔处，致使人孔处着火。在灭火时公司经理被烧伤，被送往医院进行抢救，现场负责人被当场烧死。

该公司严重违反在“火灾爆炸危险区域内使用的临时用电设备及开关、插座等必须符合防爆等级要求”的规定，在防爆区域使用了不防爆的电气开关，在停泵过程中开关产生的火花遇油泥挥发出并积聚的轻组分，发生了爆燃，导致火灾发生，是造成这起火灾事故的直接原因。

石油化工企业在生产、抢修、检维修过程中，不可避免地需要进行临时用电作业。由于临时用电具有施工作业单位多、拆接和移动频繁、各施工单位供配电设备完好情况和人员对施工用电规程和规范熟悉程度差异大等特点，施工现场的临时用电成为现场施工作业中潜在危险性最多的危险源之一，因此要严格执行临时用电作业管理规定。

● 任务分析

对于石化企业而言，临时用电的风险更重要的是常出现在紧急抢修、设备异常处理、改造项目、外来施工等过程中。边生产边施工，周围遍布易燃易爆管线、危险品物料，施工条件苛刻，稍有不慎即可引发火灾爆炸、环境污染、人员中毒或触电等安全事故。临时用电的安全风险分析见表6-5。

表6-5 临时用电的安全风险分析表

序号	工作步骤	危 害	安全风险
1	接、拆电作业	未穿戴好劳动保护、防护用品	触电
		未办理临时用电安全作业证	造成人身伤害
		安装临时用电线路人员无电工作业证	触电
		安装未执行电气施工安装规范	触电
2	施工作业	在防爆场所使用的临时用电设备、线路未采取防爆措施	着火、爆炸
		临时用配电盘不符合要求	造成人身伤害
		未正确接电焊机或不按规定接地线	造成人身伤害
		移动电动工具未接漏电保护器	触电
		临时用电线路架空高度不够	造成人身伤害
		临时用电设备和线路容量、负荷不符合要求	造成人身伤害
		任意增加用电负荷	损害设备
		使用临时用电设备时未设监护人	造成人身伤害

● 必备知识

因施工、检修的需要，凡在正式运行的供电系统上加接或拆除如电缆线路、变压器、配电箱等设备以及使用电动机、电焊机、潜水泵、通风机、电动工具、照明器具等一切临时性用电负荷，通称为临时用电。

一、临时用电作业基本要求

① 在正式运行电源上所接的一切临时用电，应办理“临时用电作业许可证”。

② 临时用电设备和线路必须按供电电压等级及负荷容量正确选用。所用的电气元件必须符合国家规范、标准要求。

③ 临时用电电源施工、安装必须严格执行电气施工、安装规范。安装临时用电线路的

电气作业人员应持有有效电工作业证。

二、危险识别

临时用电作业许可证签发前，配送电单位应根据现场情况针对作业内容进行危害识别，制订相应的作业程序和安全措施。

临时用电作业许可证签发人应将本次作业需执行的安全措施填入“临时用电作业许可证”内。

三、临时用电作业许可证办理程序

① 临时用电单位负责人持《电工作业证》和按规定须办理的用火作业许可证等资料，到配送电单位办理“临时用电作业许可证”（如图 6-11 所示）。

化工企业临时用电作业许可证

编号		申请作业单位	
工程名称		施工单位	
施工地点		用电设备及功率	
电源接入点		工作电压	
临时用电人		电工证号	
临时用电时间	从　年　月　日　时　分至　年　月　日　时　分		

序号	主要安全措施	确认人签名
1	安装临时线路人员持有电工作业操作证	
2	在防爆场所使用的临时电源、电气元件和线路达到相应防爆等级要求	
3	临时用电的单相和混凝土用线路采用五线制	
4	临时用电线路架空高度在装置内不低于2.5m，道路不低于5m	
5	临时用电线路架空进线不得采用裸线，不得在树上或脚手架上架设	
6	暗管埋设及地下电缆线路设有“走向标志”和安全标志，电缆埋深大于0.7m	
7	现场临时用电配电盘、箱应有防雨措施	
8	临时用电、设施安有漏电保护器，移动工具、手持工具应有一机一闸保护	
9	用电设备、线路容量、负荷符合要求	
10	其他补充安全措施	

临时用电单位意见	供电主管部门意见	供电执行单位意见
完工验收：　年　月　日　时　分　签名：		

图 6-11　临时用电作业许可证

② 配送电单位临时用电作业许可证签发人应对临时用电作业程序和安全措施进行确认后，签发“临时用电作业许可证”。

③ 临时用电单位负责人应向施工作业人员进行作业程序和安全措施交底并督促实施。

④ 配送电单位送电作业人员在送电前要对临时用电设施进行检查，确认安全措施落实到位后，方可送电。

⑤ 作业完工后，临时用电单位应及时通知配送电单位停电，配送电单位停电并做相应确认后，由临时用电单位拆除临时用电线路。配送电单位验收后，双方在许可证上签字。

四、作业安全措施

① 检修和施工队伍的自备电源不得接入公用电网。

② 施工配电箱（房）禁止直接接入各类用电设备，各类用电设备必须经用户配电箱转接［用电设备应按照总配电箱（房）→分配电箱→开关箱→用电设备的三级配电方式进行连接（如图 6-12 所示）］。施工配电箱（房）的“PEN”线或“PE”线应重复接地。配电箱内

开关设备应具备短路、过载、漏电保护功能。对于220V/380V供电系统，电气设备金属外壳应采用TN-S三相五线制保护接地系统。

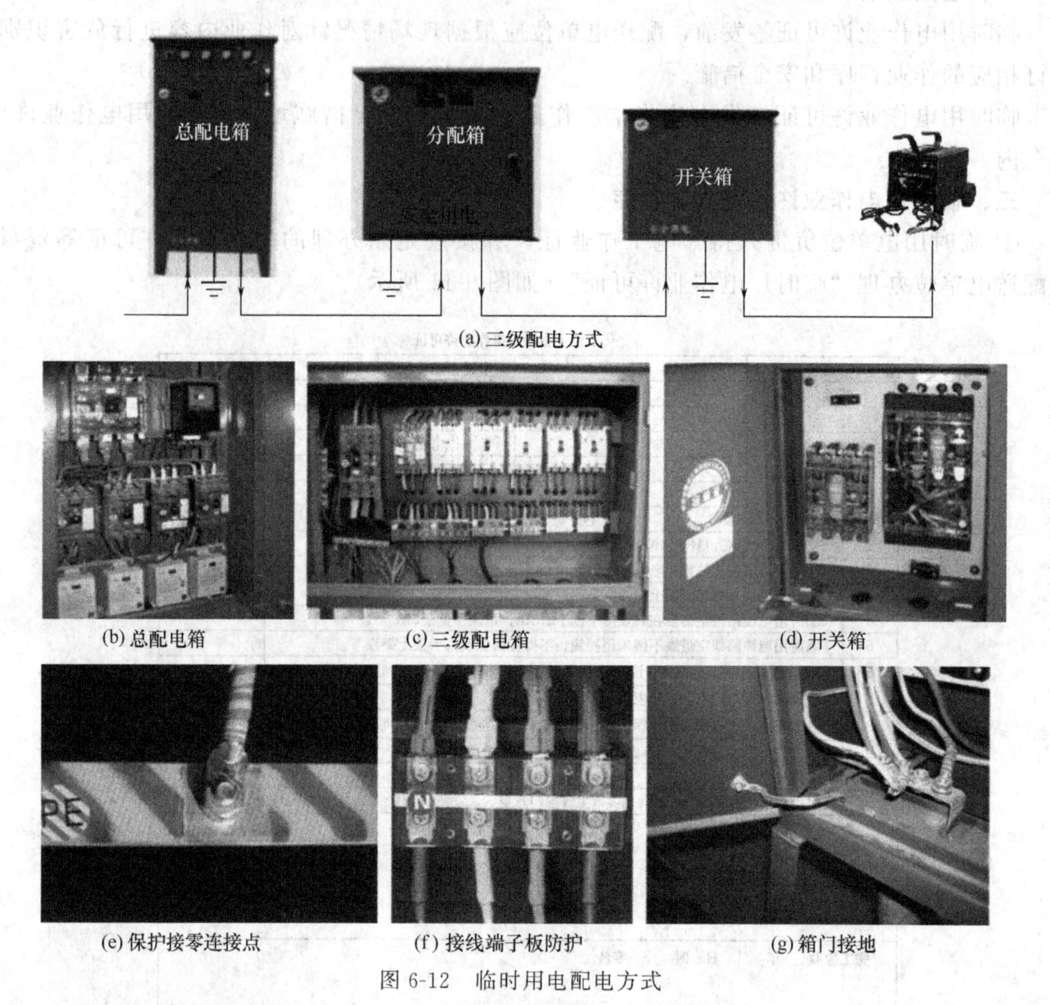

(a) 三级配电方式

(b) 总配电箱 (c) 三级配电箱 (d) 开关箱

(e) 保护接零连接点 (f) 接线端子板防护 (g) 箱门接地

图6-12 临时用电配电方式

③ 在防爆场所使用的临时电源，电气元件和线路要达到相应的防爆等级要求，并采取相应的防爆安全措施。

④ 临时用电线路及设备的绝缘应良好。

⑤ 临时用电架空线应采用绝缘铜芯线。架空线最大弧垂与地面距离，在施工现场不低于2.5m，穿越机动车道不低于5m。架空线应架设在专用电杆上，严禁架设在树上或脚手架上。

⑥ 对需埋地敷设的电缆线路应设有“走向标志”及“安全标志”。电缆埋深不应小于0.7m，穿越道路时应加设保护套管。

⑦ 对现场临时用电配电盘、箱应有编号，并有防雨措施、配电盘、箱门能牢靠关闭。

⑧ 行灯电压不得超过36V；在特别潮湿的场所或塔、釜、槽、罐等金属设备内作业装设的临时照明行灯电压不应超过12V。

⑨ 临时用电设施应做到一机一闸一保护，移动工具、手持式电动工具必须安装符合规范要求的漏电保护器。

五、巡检与安全监护

① 配送电单位应将临时用电设施纳入正常电气运行巡回检查范围，确保每天不少于两

次巡回检查，并建立巡检记录，发现问题及时下达隐患问题处理通知单，确保临时供电设施完好。对存在重大隐患和发生威胁安全的紧急情况时，配送电单位有权紧急停电处理。

② 临时用电单位必须严格遵守临时用电的安全规定，不得变更临时用电地点和工作内容，禁止任意增加用电负荷或私自向其他单位转供电。

③ 在临时用电有效期内，如遇施工过程中停工、人员离开时，临时用电单位应从受电端向供电端逐次切断临时用电开关，待重新施工时，临时用电单位应对线路、设备进行检查确认后，方可送电。

④ 临时用电必须严格确定用电时间，超过时限要重新办理临时用电作业许可证。

临时用电结束后，临时用电使用单位应及时通知供电单位停电，由临时用电使用单位拆除现场临时用电线路各设备，其他单位不得私自拆除。

任务实施

训练内容　临时用电作业管理

一、教学准备/工具/仪器

多媒体教学（辅助视频）

图片展示

典型案例

实物

二、操作规范及要求

① QSY 1244—2009《中石油临时用电安全管理规范》；

② 掌握检修的主要程序；

③ 根据典型案例做出分析；

④ 模拟临时用电现场作业过程管理。

三、临时用电现场作业管理要点（如表 6-6 所示）

表 6-6　临时用电现场作业管理

工作流程	主管/协管	依据文件	相关文件/记录
确定用电容量、性质	机动处、工程处、临时用电单位		
办理火票；提出申请	工程处、临时用电单位及生产作业单位	临时用电管理规定	用火作业许可证、电气设备停复役申请表
危险识别；批准申请	机动处、生产处、工程处、安环处、配、送电单位、临时用电单位及生产作业单位	临时用电管理规定	临时用电作业许可证、电气设备停复役申请表
办理临时用电作业许可证	临时用电单位及配、送电单位	电气专业管理规定、临时用电管理规定	临时用电作业许可证
接线、送电	临时用电单位及配、送电单位	电气专业管理规定、临时用电管理规定	临时用电作业许可证
巡回检查、整改	临时用电单位及配、送电单位	电气专业管理规定、临时用电管理规定	临时用电设施巡检记录、临时用电隐患处理通知单
停电、拆线	临时用电单位及配、送电单位	电气专业管理规定、临时用电管理规定	临时用电作业许可证

任务四 高处作业

任务介绍

某石化公司生产一部气体分离装置做火炬外管网气密性试验。生产操作工郑某按气密方案到生产三部芳烃抽提装置界区做低压火炬线气密性试验。郑某到火炬管廊上打开低压火炬阀过程中，身体失稳从二层管廊上方坠落，经送医院救治无效死亡。

某石化公司含硫原油加工配套工程中间原料罐区储罐防腐保温施工现场，一特种防腐有限公司在新建 30000m^3 拱顶罐 TK501B 内搭设脚手架施工过程中，因脚手架坍塌引发一起高处坠落事故，造成 2 人死亡、1 人重伤。

某厂脱硝改造工作中，作业人员王某和周某站在空气预热器上部钢结构上进行起重挂钩作业，2 人在挂钩时因失去平衡同时跌落。周某安全带挂在安全绳上，坠落后被悬挂在半空；王某未将安全带挂在安全绳上，从标高 24m 坠落至 5m 的吹灰管道上，抢救无效死亡。

上述案例提醒我们，必须高度重视高处作业安全生产管理，加强对操作人员的安全思想教育，落实相关安全管理规章制度和采取安全防范措施，杜绝各种违章作业现象，避免事故发生。

任务分析

石油化工装置多数为多层布局，高处作业的机会比较多，如设备巡检、设备管线拆装、阀门检修更换、防腐刷漆保温、仪表调校、电缆架空敷设等。据统计，石油化工企业高处坠落事故造成伤亡人数仅次于火灾和中毒事故。高处作业的安全风险分析见表 6-7。

表 6-7 高处作业的安全风险分析表

序号	工作步骤	危 害	安全风险
1	准备工作	未穿戴劳动保护用品	造成人身伤害
		未办理高处安全作业证	造成人身伤害
		不适合高处的人员登高	高处坠落伤人
		现场环境和施工未按安全要求	造成人身伤害
2	施工作业	脚手架不牢靠或不按规定搭设	高处坠落伤人
		不系安全带、不戴安全帽	造成人身伤害
		在梯子上作业，无人扶梯子	高处坠落伤人
		平台、梯子滑及脚下踏空滑落	高处坠落伤人
		交叉作业无防护措施	造成人身伤害
		高处工具脱落或投掷工具	造成人身伤害
		未拴好安全带，高挂低用	造成人身伤害

必备知识

一、基本概念

按照国家标准《高处作业分级》GB 3608—83 规定，高处作业是指“凡在坠落高度基准面 2m 以上（含 2m）有可能坠落的高处进行的作业”。安全警示如图 6-13 所示。

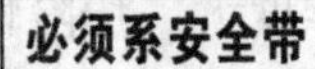

注意安全

当心坠落

当心落物

禁止抛物

图 6-13　高处作业安全标志

1. 高处作业的级别

高处作业高度在 2～5m 时，称为一级高处作业。

高处作业高度在 5m 以上至 15m 时，称为二级高处作业。

高处作业高度在 15m 以上至 30m 时，称为三级高处作业。

高处作业高度在 30m 以上时，称为特级高处作业。

悬空高处作业：在无立足点或无牢靠立足点的条件下进行的高处作业。

2. 可能坠落范围半径

其可能坠落范围半径 R，根据高度 h 不同分别是：

当高度 h 为 2～5m 时，半径 R 为 2m；

当高度 h 为 5m 以上至 15m 时，半径 R 为 3m；

当高度 h 为 15m 以上至 30m 时，半径 R 为 4m；

当高度 h 为 30m 以上时，半径 R 为 5m；

高度 h 为作业位置至其底部的垂直距离。

二、高处作业的基本类型

高处作业主要包括临边、洞口、攀登、悬空、交叉等五种基本类型。

1. 临边作业

临边作业是指施工现场中，工作面边沿无围护设施或围护设施高度低于 80cm 时的高处作业。下列作业条件属于临边作业：

① 基坑周边，无防护的阳台、料台与挑平台等；

② 无防护楼层、楼面周边；

③ 无防护的楼梯口和梯段口；

④ 井架、施工电梯和脚手架等的通道两侧面；

⑤ 各种垂直运输卸料平台的周边。

2. 洞口作业

洞口作业是指孔、洞口旁边的高处作业，包括施工现场及通道旁深度在 2m 及 2m 以上的桩孔、沟槽与管道孔洞等边沿作业。

建筑物的楼梯口、电梯口及设备安装预留洞口等（在未安装正式栏杆、门窗等围护结构时），还有一些施工需要预留的上料口、通道口、施工口等。凡是在 2.5cm 以上，洞口若没有防护时，就有造成作业人员高处坠落的危险；或者若不慎将物体从这些洞口坠落时，还可能造成下面的人员发生物体打击事故。

3. 攀登作业

攀登作业是指借助建筑结构或脚手架上的登高设施或采用梯子或其他登高设施在攀登条件下进行的高处作业。

在建筑物周围搭拆脚手架，张挂安全网，装拆塔机、龙门架、井字架、施工电梯、桩架，登高安装钢结构构件等作业都属于这种作业。

进行攀登作业时作业人员由于没有作业平台，只能攀登在可借助物的架子上作业，要借助一手攀、一只脚勾或用腰绳来保持平衡，身体重心垂线不通过脚下，作业难度大，危险性大，若有不慎就可能坠落。

4. 悬空作业

悬空作业是指在周边临空状态下进行高处作业。其特点是在操作者无立足点或无牢靠立足点条件下进行高处作业。

建筑施工中的构件吊装，利用吊篮进行外装修，悬挑或悬空梁板、雨棚等特殊部位支拆模板、扎筋、浇混凝土等项作业都属于悬空作业，由于是在不稳定的条件下施工作业，危险性很大。

5. 交叉作业

交叉作业是指在施工现场的上下不同层次，于空间贯通状态下同时进行的高处作业。现场施工上部搭设脚手架、吊运物料、地面上的人员搬运材料、制作钢筋，或外墙装修下面打底抹灰、上面进行面层装饰等，都是施工现场的交叉作业。交叉作业中，若高处作业不慎碰掉物料，失手掉下工具或吊运物体散落，都可能砸到下面的作业人员，发生物体打击伤亡事故。

● 任务实施

训练内容　高处检修作业管理

一、教学准备/工具/仪器

多媒体教学（辅助视频）

图片展示

典型案例

实物

二、操作规范及要求

① AQ 3025—2008《化学品生产单位高处作业安全规范》；

② 掌握检修的主要程序；

③ 根据典型案例做出分析；

④ 模拟高处检修作业管理。

三、装置检修准备高处作业的操作要点

① 高处作业使用的脚手架、梯子、吊篮、脚扣、安全带、安全帽、钢丝绳、跳板、升降用的卷扬机等应完好，由专人负责保管，经常进行维护保养，定期检查，及时更新。如图 6-14所示。

② 登高用具在使用之前，必须按照有关规定认真检查验收，挂牌使用，发现不合格的用具及时更换，严禁凑合使用，消除不安全因素。

黄牌脚手架行走和作业时必须全程系挂安全带

在挂绿牌的脚手架上工作必须系挂安全带，在上面行走时可以不用

挂红牌的脚手架，不要使用

图 6-14 脚手架上使用安全带说明

③ 高处作业应一律使用工具袋，上下时手中不得持物；较大的工具应用绳拴牢在坚固的构件上，不准随便乱放。

④ 在格栅式平台上工作，为防物体掉落，应铺设木板；递送工具、材料不准上下投掷，应用绳捆牢后上下吊送。

⑤ 上下层同时进行作业时，中间必须搭设严密牢固的防护隔板、罩棚或其他隔离设施。

⑥ 工作过程中除指定的已采取防护围栏处或落实管槽可以倾倒废料外，任何作业人员严禁向下抛掷物料。

⑦ 易滑动、易滚动的工具、材料堆放在脚手架上时，应采取措施，防止坠落。必要时应设安全警戒区，并设专人监护。

⑧ 夜间高处作业应有充足的照明。

⑨ 不得使用卷扬机、吊车等升降设备载人。

⑩ 对巡回检查线路上的爬梯护栏加强防腐防滑，定时刷漆防腐，及时清扫积雪，做好防冻防滑工作。

四、作业过程防范操作

1. 办理作业许可证并制订应急措施

①《高处安全作业证》（如图 6-15 所示）审批人员要到高处作业现场，检查确认安全措施后，方可批准高处作业。

② 制订应急预案，内容包括：作业人员紧急状况时的逃生路线、救护方法和应急联络信号等。现场应配备救生设施和灭火器材等。施工项目所在单位与施工单位现场安全负责人应对作业人作业中可能遇到意外时的处理和救护方法等进行必要的安全教育。

③ 高处作业应与地面保持联系，根据现场情况配备必要的联络工具，并指定专人负责联系。

2. 环境要求

① 在化学危险物品生产、储存场所或附近有放空管线的位置作业时，应事先与车间负责人取得联系，建立联系信号。

② 在邻近地区设有排放有毒、有害气体及粉尘超出允许浓度的烟囱及设备的场合时，严禁进行高处作业，如在允许浓度范围内，也应采取有效的防护措施。

③ 遇有不适宜高处作业的恶劣气象（如六级风以上、雷电、暴雨、大雾等）条件时，严禁露天高处作业。

<table>
<tr><td colspan="4">高 处 作 业 票</td></tr>
<tr><td colspan="4">编号:</td></tr>
<tr><td>工程名称</td><td></td><td>填写人</td><td></td></tr>
<tr><td>施工单位</td><td></td><td>作业地点</td><td></td></tr>
<tr><td>作业内容</td><td></td><td>作业类别</td><td></td></tr>
<tr><td>作业高度</td><td></td><td>施工单位监护人</td><td></td></tr>
<tr><td>现场人员姓名</td><td></td><td>施工区域监护人</td><td></td></tr>
<tr><td>派工单位监护人</td><td></td><td></td><td></td></tr>
<tr><td>作业时间</td><td colspan="3">年 月 日 时 分至 年 月 日 时 分</td></tr>
<tr><td>相关作业票编号</td><td colspan="3"></td></tr>
<tr><td>序号</td><td>主要安全措施</td><td>选项</td><td>确认人</td></tr>
<tr><td>1</td><td>作业人员身体条件符合要求。</td><td></td><td></td></tr>
<tr><td>2</td><td>作业人员着装符合要求。</td><td></td><td></td></tr>
<tr><td>3</td><td>作业人员佩戴安全带。</td><td></td><td></td></tr>
<tr><td>4</td><td>作业人员携带工具袋，所有工具系有安全绳。</td><td></td><td></td></tr>
<tr><td>5</td><td>作业人员佩戴过滤式呼吸器或空气呼吸器。</td><td></td><td></td></tr>
<tr><td>6</td><td>现场搭设的脚手架、防护围栏符合安全规程。</td><td></td><td></td></tr>
<tr><td>7</td><td>垂直分层作业时中间有隔离措施。</td><td></td><td></td></tr>
<tr><td>8</td><td>梯子和绳梯符合安全规程。</td><td></td><td></td></tr>
<tr><td>9</td><td>在石棉瓦等不承重物上作业时应搭设并站在固定承重板上。</td><td></td><td></td></tr>
<tr><td>10</td><td>高处作业应有充足的照明，安装临时灯或防爆灯。</td><td></td><td></td></tr>
<tr><td>11</td><td>30米以上进行高处作业应配备有通信联络工具。</td><td></td><td></td></tr>
<tr><td>12</td><td>其他补充安全措施:</td><td></td><td></td></tr>
<tr><td>危害识别</td><td colspan="3"></td></tr>
<tr><td>施工单位意见:
签名:</td><td>车间（工段）意见:
签名:</td><td>安全管理部门意见:
签名:</td><td>厂领导审批意见:
签名:</td></tr>
<tr><td>完工时间</td><td>年 月 日 时 分</td><td>验收人签名:</td><td>验收人签名:</td></tr>
</table>

图 6-15 高处安全作业证

④ 电气焊作业要有接火盆，以防焊渣火花向下乱溅。

⑤ 登石棉瓦、瓦楞板等轻型材料作业时，必须铺设牢固的脚手板，并加以固定，脚手板上要有防滑措施。

3. 交叉作业的安全要求

高处作业与其他作业交叉进行时，必须按指定的路线上下。在同一坠落方向上，一般不得进行上下交叉作业，如需进行交叉作业，中间应设置安全防护层，坠落高度超过 24m 的交叉作业，应设双层防护。

4. 临边防护要求

① 登高作业现场应设有防护栏、安全网、安全警示牌，除有关人员，不准其他人员在作业点下通行或逗留。

② 在槽顶、罐顶、屋顶等设备或建筑物、构筑物上作业时，临空一面应装安全网或栏杆等防护措施，事先应检查其牢固可靠程度，防止失稳或破裂等可能出现的危险。

③ 预留口、通道口、楼梯口、电梯口、上料平台口等都必须设有牢固、有效的安全防护设施（盖板、围栏、安全网）。

④ 洞口防护设施如有损坏必须及时修缮；洞口防护设施严禁擅自移位、拆除；在洞口旁操作要小心，不应背朝洞口作业；不要在洞口旁休息、打闹或跨越洞口及从洞口盖板上行

走；同时洞口还必须挂设醒目的警示标志等。

⑤ 在屋面上作业人员应穿软底防滑鞋；屋面坡度大于25°应采取防滑措施；在屋面作业不能背向檐口移动。

⑥ 使用外脚手架，外排立杆要高出檐口1.2m，并挂好安全网，檐口外架要铺满脚手板；没有使用外脚手架工程施工时，应在屋檐下方设安全网。

五、作业监护人的操作要点

① 监护人一般在地面上或坠落面上进行监护，建立联系信号，时刻与高处作业人员保持有效联系，监护人不得离开作业现场，发现问题及时处理并通知作业人员停止作业。

② 作业前，会同作业人员检查脚手架、防护网、梯子等登高工具、防护措施完好情况，保持疏散通道畅通。

③ 设置警戒线或警戒标志，防止无关人员进入有可能发生物体坠落的区域。根据现场情况配备必要的联络工具，并由监护人负责联系。

④ 监督作业人员劳动保护用品的正确使用，物品、工具的安全摆放，防止发生高处坠落。

⑤ 在作业中如发现情况异常时，应发出信号，并迅速组织作业人员撤离现场。

任务五　进入受限空间作业

● 任务介绍

某公司烯烃厂乙烯碱洗塔大修结束，工段长和两名操作工未办进设备作业证违章进塔清理残渣，用水冲洗后，残渣中含有的大量硫化氢、二氧化硫、一氧化碳等毒气大量挥发出来，造成工段长中毒死亡。

某化工有限责任公司邻氨车间交接班时，釜内有对氨基苯酚和乙醇残留物料，采用氮气保护。接完班后，开始放料，随后釜内发现还有稠料，夜班值班长未办理《进入受限空间安全作业票证》，就带着普通防毒面具（滤毒罐式）和铁梯进入釜内进行处理，一分钟后窒息晕倒，副经理兼车间主任赶到现场进行营救，戴普通防毒面具（滤毒罐式），未系安全带（绳）进入釜内，结果也倒在釜内。车间副主任佩戴长管呼吸器进入釜内，将两人救出，但两人因抢救无效死亡。

因为受限空间内可能盛装过或积存有毒有害、易燃易爆物质，如果工艺处理不彻底，或者对需要进入的设备未有效隔离，导致可燃气体、有毒有害气体残留或窜入等，若作业时对作业活动的危险性认识不足，采取措施不力，违章操作等，就可能发生着火、爆炸、中毒窒息事故，因此必须予以高度重视。

● 任务分析

由于受限空间内人员进出时有一定的困难或受到限制（受限空间也不是设计用作人员长时间停留的），通风状况较差，存在空气中的氧气含量不足，或者空气中存在着有害物质，不可长时间停留；并可能有各种机械动力、传动、电气设备，若处理不当、操作失误等，可能发生机械伤害、触电等事故；当在受限空间内进行高空作业时，可能造成坠落事故。进入受限空间作业的安全风险分析见表6-8。

表 6-8 进入受限空间作业的安全风险分析表

岗位	工作步骤	危害	安全风险
进入受限空间作业	作业前	不按规定要求办理用电许可证和用火作业许可证,乱接电源、私自动火	违章作业引发事故
		作业人员安全防护措施不落实	引发事故
		作业人员未进行安全教育	不能及时发现处理作业现场出现的问题
		检修的设备清洗置换不合格,氧气不足	火灾、爆炸、人员伤害
		检修的设备不与外界隔绝	火灾、爆炸、人员伤害
		监护不足,监护人不到位	出现事故不能及时处置,造成事故扩大
		消防器材不足及应急措施不当	不能及时灭火,造成事故扩大。人员伤害
		通风不良	引发事故
		照明设备触电危害	触电、人员伤害
	作业中	在设备内切割作业后切割物件落下,温度高	人员伤害
		未定时检测	人员伤害
		设备内高处作业不系安全带	高空坠落人员伤害
		设备内焊接作业,烟雾大	人员伤害
		设备内作业,扳手等工具放置不稳或者把持不牢,造成脱落	人员伤害
		设备内施工粉尘多	人员伤害
		拆除设备人孔螺栓等配件,不按规定放置,导致高空坠落	人员伤害
		作业工程中出现危险品泄漏,或人员不适	人员伤害
	完工后	现场没有清理	人员伤害
		设备内遗留异物	引发事故、人员伤害

必备知识

一、受限空间作业范围及不安全因素

“受限空间”是指生产区域内的炉、塔、釜、罐、仓、槽车、管道、烟道、隧道、下水道、沟、坑、井、池、涵洞等封闭、半封闭的设施及场所。如图 6-16 所示。

不安全因素主要有以下几点。

① 设备与设备之间、设备内外之间相互隔断,导致作业空间通风不畅,照明不良。

② 活动空间较小,工作场地狭窄,导致作业人员出入困难,相互之间联系不便,不利于作业监护。

③ 受限空间作业时,一般温度较高,导致作业人员体能消耗较大,易疲劳,易出汗,易发生触电事故。

④ 有些塔、釜、槽、罐、炉膛、容器内留有酸、碱、毒、尘、烟等介质,具有一定危险性,稍有疏忽就能发生火灾、爆炸和中毒事故,而且一旦发生事故,难以施救。

二、办理作业许可证

办理进入受限空间作业许可证,涉及办理人、监护人员、作业人员、审批人、批准人

(a) 安全标志

(c) 受限空间作业举例

进入受限空间作业票

编号：

装置/单元名称		设备名称	
原有介质		主要危险因素	
作业单位		监护人	
作业内容			
作业人员			
作业时间	年 月 日 时 分至 年 月 日 分		

采样分析数据	采样时间	氧含量	可燃气体含量	有毒气体含量	分析工签名
		%	%		

序号	主要安全措施	选项	确认人
1	所有与受限空间有联系的阀门、管线加符合规定要求的盲板隔离，列出盲板清单，并落实拆装盲板责任人		
2	设备经过置换、吹扫、蒸煮		
3	设备打开通风孔进行自然通风，温度适宜人员作业；必要时采取强制通风或佩戴空气呼吸器，但设备内缺氧时，严禁用通氧气的方法补氧		
4	相关设备进行处理，带搅拌机的设备应切断电源，挂“禁止合闸”标志牌，设专人监护		
5	盛装过可燃有毒液体、气体的受限空间，应分析可燃、有毒有害气体含量		
6	检查受限空间内部，具备作业条件，受限空间作业期间，严禁同时进行各类与该设备有关的试车、试压或试验工作。在同一受限空间内不应进行交叉作业，如必要时，必须采取避免相互影响、伤害安全措施		
7	作业人员清楚受限空间内存在的其他危害因素，如内部附件、集渣坑等		
8	检查受限空间进出口通道，不得有阻碍人员进出的障碍物		
9	使用的所有电气设备必须安装漏电保护器，漏电起跳电流不大于30毫安，并做到“一机一闸一保护”		
10	金属容器和潮湿、工作场地狭窄的受限空间作业照明电压不大于12V；严禁将接线箱（板）带入容器内使用，在潮湿容器中，作业人员应站在绝缘板上，同时保证金属容器接地可靠		
11	原盛装过可燃液体、气体等介质，有挥发可能性的，应使用防爆电筒或电压不大于12V的自备直流电源的安全行灯；作业人员应穿戴防静电服装，使用防爆工具。严禁携带手机等非防爆通讯工具和其他非防爆器材		
12	作业监护措施：消防器材（ ）、救生绳（ ）、气防设备（ ）、安全三架（ ）		
13	发生有人中毒、窒息的紧急情况，抢救人员必须佩戴隔离式防护面具进行设备抢救，并至少有一人在外部做好联络、监护工作		

危害识别及其他补充安全措施：

施工作业单位意见：	车间（工段）意见：	安全管理部门意见：	厂领导意见：
签名：	签名：	签名：	签名：

完工验收	验收时间	年 月 日 时 分	作业单位	签名：	生产单位	签名：

(b) 作业票

图 6-16　受限空间作业

等。要求各尽其责，人人把关。通过层层的办理程序，有效避免“某一个人”“某一环节”对“某一危险因素”的疏忽和迟钝。落实进入受限空间作业的安全防范措施，主要考虑两个方面的问题：一是进入受限空间的作业条件，如作业点周围的环境，包括氧气含量、可燃气体含量、有毒气体含量等是否合格，以及受限空间内残存的易燃易爆、有毒有害固体废物等是否已经清除干净。二是受限空间的隔离情况，需要作业的受限空间是否与其他系统完全隔断，成为一个独立的系统。

三、“三不进入”原则

没有办理进入受限空间作业许可证不进入；监护人不在现场不进入；安全防护措施没有落实不进入。

四、进入受限空间作业人员和监护人的职责

1. 被授权进入受限空间作业的人员

被授权进入受限空间作业的人员必须接受过专门培训。其职责如下：

① 清楚受限空间内的潜在危险危害因素；

② 对进入受限空间的危险进行防范，保护好自己；

③ 正确使用合适的个人劳动防护用品；

④ 了解如何在受限空间内正确使用救援设备；

⑤ 对危险进行观察，并在危险情形或征兆出现时向监护人报警，向其他进入受限空间的人员通报危险情况；

⑥ 清楚紧急撤离程序；

⑦ 遵照并执行进入受限空间许可证上的所有要求。

2. 监护人

监护人是保证作业安全的关键人物。监护人进行监护时，应佩戴明显标志，站在受限空间的外面，同进入受限空间的人员保持联系，并协助他们。在必要或紧急情况下，报警并召集相关的人员。具体职责：

① 一直呆在受限空间的入口处；

② 任何时候都要清楚受限空间内有谁在；

③ 对受限空间内以及受限空间周围的活动进行监控；

④ 确保有效的沟通方式，同进入受限空间的人员保持不间断的联络；

⑤ 如果必要，准备急救设备，如自携式供氧设备，实施救助。

任务实施

训练内容 受限空间作业管理

一、教学准备/工具/仪器

多媒体教学（辅助视频）

图片展示

典型案例

实物

二、操作规范及要求

① AQ 3028—2008《化学品生产单位受限空间作业安全规范》；

② 掌握检修的主要程序；

③ 根据典型案例做出分析；

④ 模拟实施受限空间作业管理。

三、化工设备内检修作业采取的安全防范措施

化工设备内作业必须严格执行《进入受限空间作业安全管理规定》等有关规定，认真落实安全技术措施。

1. 安全隔离

安全隔离就是将所要检修的化工设备，在作业之前必须采取插入盲板或拆除一段管道等方式与系统运行设备、管道进行可靠隔离，不能用水封或阀门等代替，防止阀门关闭不严或操作失误而使易燃、易爆、有毒介质窜入检修设备内，确保作业人员安全。

2. 切断电源

化工设备磨煤机、搅拌机、造气炉等，运转机械装置设备，进入内部检修作业之前，必须将传动带卸下，或将启动机械的电机电源断开，如取下保险丝、拉下电器闸刀等，并上锁，使在检修中的运转设备不能启动，并在电源处挂“有人检修、禁止合闸”的警告牌。

3. 取样分析

进入化工设备内作业，必须预先办理《进塔入罐作业许可证》，并严格执行审批手续，审批人员应到现场认真检查，落实安全措施；对检修的设备采取一系列工艺处理，如隔离、转换、中和、清洗、吹扫等。凡用惰性气体（一般为氮气）置换过的设备，入罐前必用空气转换出惰性气体，然后进行取样分析；对罐内空气中的氧含量进行测定，符合安全标准，检修人员才能入内；若在罐内进行动火作业时，除要求氧含量在18%～21%的范围内，罐内空气中的可燃物含量必须符合动火规定；若罐内介质有毒，还应测定罐内空气中有毒物质的浓度，要低于其最高允许浓度；对涂漆、除垢、焊接罐内通风换气（如图6-17所示），并按时间要求取样分析，发现超标情况立刻停工处理。

4. 用电安全

罐内作业所使用的照明、电动工具必须使用安全电压，安全电压应小于12V；若有可燃性物质存在，还应符合防爆要求。电动工具要有可靠接地，严防漏电现象发生。

5. 个人防护

进罐作业检修人员，必须穿戴好工作服、工作帽、工作鞋，以及对化工设备内的介质有所了解，针对不同介质穿戴不同劳动防护用品，如特殊的情况下戴防毒面具入罐，并严密监视罐内情况变化，限定罐内作业时间，进行交替作业，减少在塔内停留时间。

6. 现场监护

进入设备内检修时，属地单位和施工单位各有1人进行专门监护，监护人要熟悉设备内介质的毒性、中毒症状，火灾和爆炸性，根据介质特性备齐急救器材、防护用品。监护人所站位置能看清设备内作业人员作业情况。

监护人除了向设备内递送工具、材料外，不得从事其他工作，更不能擅离岗位，发现设备内有异常时，立即召集急救人员进行紧急救护。凡进入设备内抢救人员，必须根据现场情况穿戴好个人劳动保护用品，确保自身安全，绝不允许未采取任何个人防护而冒险进入设备救人。

7. 现场急救措施

在意外事故发生后，能及时、迅速、正确地对受伤人员进行抢救，以及对事故现场进行处理。因此，在作业之前做好应急救援准备工作，接触有毒、缺氧的化工设备，应备有劳动保护用品（便携式空气呼吸器）、消防器材（灭火器），接触酸、碱等介质应备有清水，医生和救护车辆应提前做好准备。

8. 进入受限空间作业后的检查验收

进入受限空间作业后的检查验收是进入受限空间作业的最后一个环节，也是很重要的一个环节，必须重视以下几个问题：

① 进入受限空间作业任务完成以后，监护人员应对进入受限空间内的作业人员人数进行清点；作业人员和监护人员要对受限空间内的作业工具、消防气防器材、废弃物等全部带

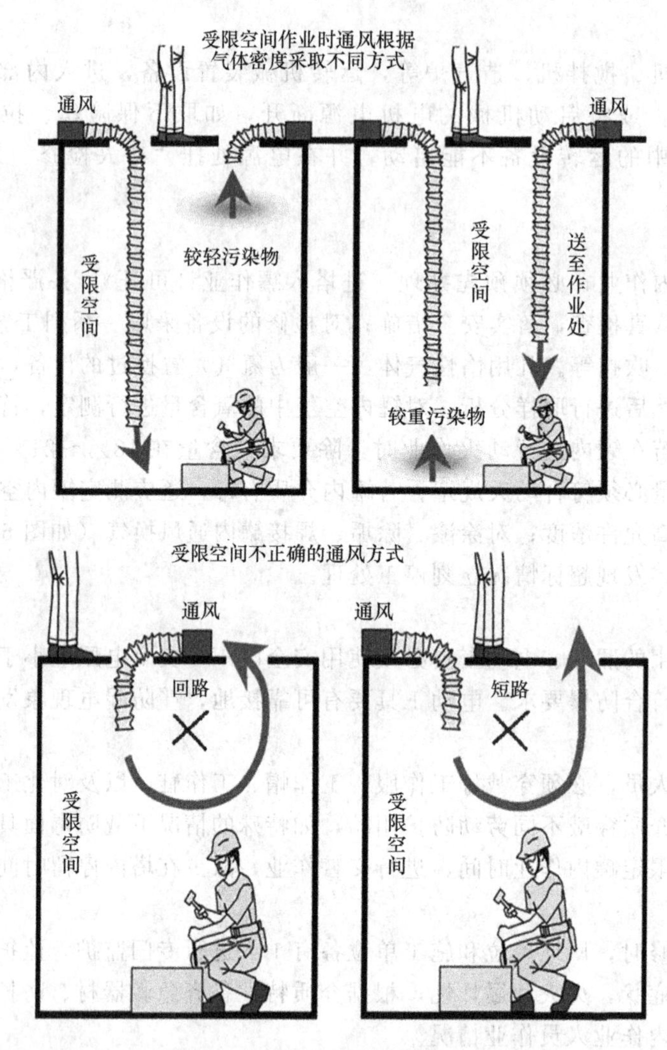

图 6-17 受限空间作业时通风换气

离作业现场，不能有遗漏。

② 作业任务完成后，监护人还应向主管领导报告，并向当班人员交待作业任务的完成情况和作业现场的工艺状况，以便操作人员进行巡检和操作。

③ 进入受限空间作业完工后，由受限空间所属车间安全技术人员组织施工作业单位安全负责人进行完工验收，合格后分别在“完工验收”一栏中签字。

任务六 用火作业

● 任务介绍

某化工企业停产检修，其中一个检修项目是用气割割断煤气总管后加装阀门。为此，公司专门制定了停车检修方案。检修当天对室外煤气总管（距地面高度约 6m）及相关设备先进行氮气置换处理，约 1h 后，从煤气总管与煤气气柜间管道的最低取样口取样分析，合格后就关闭氮气阀门，认为氮气置换结束，分析报告上写着“氢气+一氧化碳<7%，不爆”。接着按停车检修方案，对煤气总管进行空气置换，2h后空气置换结束。车间主任开始开《动火安全作业证》，独自制订了安全措施后，监火人、动火负责人、动火人、动火前岗位当班班长、动火作业的审批人（未到现场）先后在动火证上签字，约20min后（距分析时间已间隔3h左右），焊工开始用气割枪对煤气总管进行切割（检修现场没有专人进行安全管理），在割穿的瞬间煤气总管内的气体发生爆炸，爆炸冲击波顺着煤气总管冲出，击中距动火点50m外，正在管架上已完成另一检修作业、准备下架的1名工人，使其从管架上坠落死亡。

动火作业是石化企业主要的也是风险最大的生产作业活动之一。如果不能充分认识并采取有效的措施控制动火作业过程中的风险，极有可能导致火灾、爆炸等事故的发生，严重时可能会导致重大人员伤亡或者其他灾难性的后果。因此，必须认识动火作业过程中的主要风险，掌握相应的控制措施，提升动火作业的安全作业标准。

● 任务分析

石油化工装置检修动火量大，危险性也较大。因为装置在生产过程中，盛装多种有毒有害、易燃易爆物料，虽经过一系列的处理工作，但是由于设备管线较多，加之结构复杂，难以达到理想条件，很可能留有死角，因此，凡检修动火部位和地区，必须按动火要求，采取措施，办理审批手续。审批动火应考虑两个问题：一是动火设备本身；二是动火的周围环境。用火作业的安全风险分析如表6-9所示。

表6-9　用火作业安全风险分析表

序号	工作步骤	危　害	安全风险
1	作业前准备	动火设备未处理	火灾、爆炸
		动火作业周围地沟、窨井没封堵、易燃杂物没清理	火灾、爆炸、人员伤害
		分析不合格	火灾、爆炸
		作业票超期	火灾、爆炸
		动火前没检查电、气焊工具	火灾、爆炸
		劳保用品穿戴不齐全	烫伤
		作业现场周围有易燃易爆物品	火灾、爆炸
		五级风以上	火灾、爆炸
		不正确接电焊机或不按规定接地线	触电、人员伤害、财产损失
2	动火作业	焊渣迸溅	火灾、爆炸
		消防器材不到位	不能及时灭火，造成事故扩大
		监护人不到位	出现事故不能及时处置，造成事故扩大
		现场监火人不熟悉现场	火灾、爆炸
		氧气瓶与乙炔瓶间距小于5m	火灾、爆炸
		两气瓶与动火地点均距小于10m	火灾、爆炸
		临时电线使用不当	触电伤害
		动火扩大范围	火灾、爆炸
3	检查验收	动火完后未清理现场	火灾、爆炸
		设备未试	火灾、爆炸

必备知识

一、基本概念

动火作业：指能直接或间接产生明火的作业。动火作业分为临时动火、固定动火和生产用火。

临时动火：指能直接或间接产生明火的临时作业，临时动火分为特级动火、一级动火和二级动火。

固定动火：指在特定时间、特定区域进行的所有动火作业。固定动火适用于新建生产装置（不含与公用工程管网碰头）及经过公司安全主管部门批准的特定区域。

生产用火：指锅炉、加热炉、焚烧炉等生产性设备用火。

四不动火：指动火作业许可证未经签发不动火；制订的安全措施没有落实不动火；动火部位、时间、内容与动火作业许可证不符不动火；监护人不在场不动火。

动火作业安全许可证

动火等级（　） 编号：

申请动火时间				申请人	
施工作业单位					
动火装置、设施部位					
作业内容					
动火人		特种作业类别		证件号	
动火人		特种作业类别		证件号	
动火人		特种作业类别		证件号	
动火监护人		工种		相关单位动火监护人		工种	
动火时间	年 月 日 时 分至 年 月 日 时 分				

动火分析结果	采样检测时间	采样点	可燃气体含量	有毒气体含量	分析工签名
			%		

序号	动火主要安全措施	选项	确认人
1	动火设备内部构件清理干净，蒸汽吹扫或水洗合格，达到动火条件		
2	断开与动火设备相连的所有管线，加好符合要求的盲板（ ）块		
3	动火点周围（最小半径15米）的下水井、地漏、地沟、电缆沟等已清除易燃物，并已采取覆盖、铺砂、水封等手段进行隔离		
4	罐区内动火点同一围堰内和防火间距以内的油罐不得进行脱水作业		
5	清除动火点周围易燃物、可燃物（应注意清理距用火点30米内的可燃粉尘、硫横粉、铝粉、镁粉、锌粉等能导致粉尘爆炸的粉尘，防止粉尘飞扬和聚集）		
6	距动火点30米内严禁排放各类可燃气体，15米内严禁排放各类可燃液体，动火点10米范围内及动火点下部区域严禁同时进行可燃溶剂清洗和喷漆等作业		
7	高处作业应采取防火花飞溅措施		
8	电焊回路线应接在焊接件上，把线不得穿过下水井或与其他设备搭接		
9	乙炔瓶应直立放置，氧气瓶与乙炔气瓶间距不应小于5米，二者与动火点、明火或其他热源间距不应小于10米，并不得在烈日下曝晒		
10	现场配备蒸汽带（ ）根，灭火器（ ）个，铁锹（ ）把，石棉布（ ）块		
11	在受限空间内进行动火作业、临时用电作业时，不得同时进行刷漆、喷漆作业或使用可燃溶剂清洗等其他可能散发易燃气体、易燃液体的作业		
12	危害识别及其他补充措施：		

动火车间意见： 签名：	相关单位意见： 签名：	生产部门意见： 签名：
设备部门意见： 签名：	安全管理部门意见： 签名：	厂领导审批意见： 签名：

完工验收	验收时间	年 月 日 时 分	作业单位	签名：	作业单位	签名：

图 6-18 用火作业许可证

相关单位：除动火属地单位外，与动火所在工艺系统存在关联或者对动火地点拥有管辖权的单位。

二、动火原则

① 凡是可不动火的一律不准动火。

② 凡能拆下来的一定要拆下来移到安全地点动火。

③ 确实无法拆移的，必须在正常生产的装置和罐区内动火，须做到：

a. 按要求办理动火作业许可证（如图 6-18 所示）。

b. 创建临时的动火安全区域。

c. 转移可燃物和易燃物。

d. 隔离措施（如图 6-19 所示）。

图 6-19　用火现场相关的阀门、盲板应有明显的禁动标志并加锁

图 6-20　监护人在场动火作业

e. 做好作业时间计划，避开危险时段。

④ 一般情况下节假日及夜间作业，非生产必需，一律禁止动火。

⑤ 遇有 6 级以上大风（含 6 级）不准动火。

三、办理用火作业许可证

在禁火区内用火应办理用火申请、审核和批准手续。审批用火主要考虑两个方面问题：一是用火设备本身，二是用火周围环境。没有经批准的用火作业许可证，用火人有权拒绝用火。动火作业许可证的签发及时限如表 6-10、表 6-11 所示。

表 6-10　动火作业许可证的签发

企业类别	用火作业级别	许可证填写人	签发人
炼化企业	特级、一级	用火单位	直属企业二级单位安全监督管理部门、生产部门审查合格，主管安全领导签发
	二级、三级	用火单位	基层单位负责人签发
	固定用火作业区	用火单位申请	直属企业二级单位安全监督管理部门会同消防部门审查批准

表 6-11　动火作业许可证的时限要求

企业类别	作业级别	许可证有效时间
炼化企业	特级、一级	不超过 8h
	二级	不超过 3d
	三级	不超过 5d

四、用火监护人

动火作业监护由两人担任，作业单位及动火属地单位各派一人，以动火属地单位人员为主，应指派责任心强，熟悉工艺流程，了解介质的化学、物理性能，会使用消防器材、防毒器材，懂急救知识，且经安全监督管理部门培训考试并持有资格证的人员担任。如图 6-20 所示。

监护人应佩戴明显标志，合理行使自己的职权，用火作业前在安全技术人员和单位领导的指导下逐项检查并落实防火措施，用火过程中经常性地检查防火措施情况，检查周围有无泄漏等环境变化。

如发现异常情况有权立即制止用火，对用火人不执行“四不动火”又不听劝阻的，要收回其火票并及时报告。监护过程中，监护人不能离开用火现场，更不准在用火期间兼做其他工作。

用火作业完成后，要对用火现场进行检查，确认无遗留火种后方可离开。

五、动火作业管理要求（如表 6-12 所示）

表 6-12 动火作业管理要求

动火作业	管理要求
系统隔离	1. 动火施工区域的隔离(设置警戒) 2. 与动火部位相连的管线隔离、封堵或拆除(加盲板、吹扫、清洗、置换) 3. 与动火点直接相连的阀门上锁挂签 4. 距离动火点 30m 内不准有液态烃泄漏；15m 内不准有其他可燃物泄漏和暴露；距动火点 15m 内生产污水系统的漏斗、排水口、各类井口、排气管、管道、地沟等必须封严盖实
可燃气体检测	1. 动火前气体检测时间距动火时间不应超过 30min 2. 安全措施或安全工作方案中应规定动火前的气体检测和动火过程中的气体检测时间和频次 3. 使用便携式可燃气体报警仪或其他类似手段进行分析时，被测的可燃气体或可燃液体蒸气浓度应小于其与空气混合爆炸下限的 10%(LEL) 4. 使用色谱分析等分析手段时，被测的可燃气体或可燃液体蒸气的爆炸下限大于等于 4%(体积分数)时，其被测浓度应小于 0.5%；当被测的可燃气体或可燃液体蒸气的爆炸下限小于 4%时，其被测浓度应小于 0.2%(体积分数) 5. 气体样品要有代表性 (1)容积大的应多处采样； (2)根据介质与空气相对密度的大小确定采样重点应在上方还是下方 6. 用于检测气体的检测仪必须在校验有效期内，并在每次使用前与其他同类型检测仪进行比对检查，以确定其处于正常工作状态
通风	1. 在动火点的上风作业 2. 应位于避开油气流可能喷射和封堵物射出的方位 3. 特殊情况，应采取围隔作业并控制火花飞溅
作业后的检查验收	1. 及时发现并排除焊接质量问题，对漏焊、假焊等毛病应及时予以补焊，切不可设备进料后再发现上述质量问题，造成重复用火，带来隐患 2. 用火作业结束后，必须及时彻底清理现场，消除遗留下来的火种，并及时关闭电源、气源，把焊割工具放在安全地方。现场清理完成后，及时封票，留存备查 3. 向当班人员交待清楚，对用火部位加强巡检，以便及时发现问题，及时处理

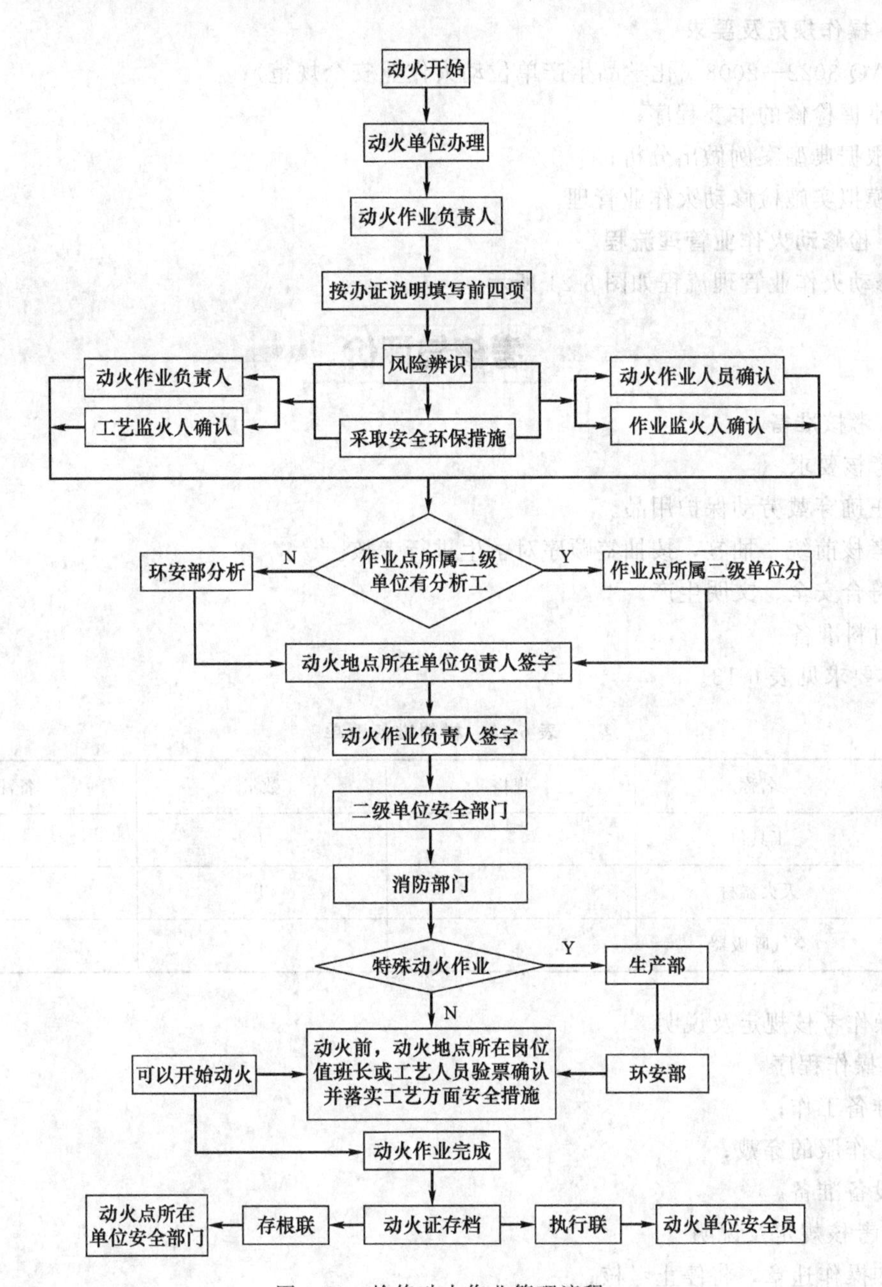

图 6-21　检修动火作业管理流程

任务实施

训练内容　熟悉检修动火作业管理流程

一、教学准备/工具/仪器

多媒体教学（辅助视频）

图片展示

典型案例

实物

二、操作规范及要求

① AQ 3022—2008《化学品生产单位动火作业安全规范》；

② 掌握检修的主要程序；

③ 根据典型案例做出分析；

④ 模拟实施检修动火作业管理。

三、检修动火作业管理流程

检修动火作业管理流程如图 6-21 所示。

考核与评价

一、考核准备

1. 考核要求

① 正确穿戴劳动保护用品。

② 考核前统一抽签，按抽签顺序对学生进行考核。

③ 符合安全、文明生产。

2. 材料准备

具体要求见表 6-13。

表 6-13 材料准备清单

序号	名称	规格	数量	备注
1	工具包		1	
2	灭火器材		1	
3	空气呼吸器		1	

3. 操作考核规定及说明

(1) 操作程序

① 准备工作；

② 工作服的穿戴；

③ 设备准备。

(2) 考核规定及说明

① 如操作违章，将停止考核；

② 考核采用 100 分制，然后按权重进行折算。

(3) 考核方式说明 该项目为实际操作，考核过程按评分标准及操作过程进行评分。

二、工艺设备检修前的安全确认

考核标准及记录表（见表 6-14）。

表 6-14 考核标准及记录表（一）

考核时间：10min

序号	考核内容	考核要点	分数	评分标准	得分	备注
1	准备工作	穿戴劳保用品	3	未穿戴整齐扣 3 分		
		工具、用具准备	2	工器具选择不正确扣 2 分		

续表

序号	考核内容	考核要点	分数	评分标准	得分	备注
2	操作程序	物料的切断	20	未切断所有进出物料扣 20 分		
3		排放物料	30	未排放物料扣 10 分		
				有毒有害气体排放未采取隔离措施扣 10 分		
				有毒有害液体直接排放扣 10 分		
4		卸压	20	未进行卸压操作扣 10 分		
				卸压后未确认压力扣 10 分		
5		置换	20	未进行置换操作扣 10 分		
				未进行分析扣 10 分		
6	使用工具	使用工具	2	工具使用不正确扣 2 分		
		维护工具	3	工具乱摆乱放扣 3 分		
7	安全及其他	按操作规程规定		违规一次总分扣 5 分；严重违规停止操作		
		在规定时间内完成操作		每超时 1min 总分扣 5 分；超时 5min 停止操作		
		合计	100			

三、动火监护工作内容检查

考核标准及记录表（见表 6-15）。

表 6-15 考核标准及记录表（二）

考核时间：15min

序号	考核内容	考核要点	分数	评分标准	得分	备注
1	准备工作	穿戴劳保用品	3	未穿戴整齐扣 3 分		
		工具、用具准备	2	工具选择不正确扣 2 分		
2	操作前提	检查前准备充分	30	未带工具包扣 5 分		
				工具缺少扣 5 分		
				不清楚用火监护职责该项零分		
				不清楚用火监护人权限该项零分		
3	操作过程	检查过程正确无漏项	20	动火安全措施一项未检查扣 10 分		
				检查走过场该项零分		
		熟悉动火内容	10	不熟悉动火内容扣 10 分		
		熟悉动火区域内工艺操作情况	10	不熟悉动火区域内工艺操作情况扣 10 分		
		熟悉动火区域内设备情况	10	不熟悉动火区域内设备情况扣 10 分		
4	使用工具	正确使用工具	2	正确使用不正确扣 2 分		
		正确维护工具	3	工具乱摆放扣 3 分		
5	安全文明操作	按国家或企业颁布的有关规定执行	5	违规操作一次从总分中扣除 5 分，严重违规停止本项操作		
6	考核时限	在规定时间内完成	5	按规定时间完成，每超时 1min，从总分中扣 5 分，超时 3min 停止操作		
		合计	100			

四、进入受限空间作业的监护

考核标准及记录表（见表 6-16）。

表 6-16 考核标准及记录表（三）

考核时间：15min

序号	考核内容	考核要点	分数	评分标准	得分	备注
1	准备工作	穿戴劳保用品	3	未穿戴整齐扣3分		
		工具、用具准备	2	工具选择不正确扣2分		
		操作前准备充分	10	未了解设备吹扫情况扣5分		
				未了解设备内介质情况扣5分		
				未检查设备加盲板情况扣5分		
2	操作过程	进入受限空间作业人员和监护人员，须持有进入设备许可证	10	未检查许可证扣5分		
				未检查监护人员资格扣5分		
		作业人员和设备所在部门不是一个单位，须各派一人做监护人	10	监护人员不监护标志扣5分		
				监护人员不清点人数扣5分		
				监护人员不清点工具扣5分		
				无监护人员就作业扣5分		
		检查受限空间内环境分析单	10	无环境分析单扣10分		
				分析单不合格就作业扣10分		
		切断受限空间内的电源，环境温度在常温左右	10	不切断电源扣5分		
				不测环境温度扣5分		
		设备外须配备一定量的应急救护器材和灭火器材	10	无应急救护器材扣10分		
				无灭火器材扣10分		
		受限空间内要自然通风或强制通风，以及配备长管面具、空气呼吸器	5	未自然通风或强制通风扣5分		
				未配备长管面具、空气呼吸器扣5分		
		受限空间内出现有人中毒、窒息的紧急情况，监护人或抢救人必须佩戴空气呼吸器进入设备，并至少一人在外面作联络	5	没佩戴空气呼吸器进入设备扣5分		
				外面无人作联络扣5分		
				监护人员发现后逃逸扣5分		
		验收	10	作业完毕后没进行验收扣5分		
				作业完毕后没督促作业人员清理工具扣5分		
3	使用工具	正确使用工具	2	不正确扣2分		
		正确维护工具	3	工具乱摆放扣3分		
4	安全文明操作	按国家或企业颁布的有关规定执行	5	违规操作一次从总分中扣除5分，严重违规停止本项操作		
5	考核时限	在规定时间内完成	5	按规定时间完成，每超时1min，从总分中扣5分，超时3min停止操作		
	合计		100			

归纳总结

当前石化企业实行“两年一修”“三年一修”，有的“四年一修”。

石油化工装置易燃易爆，特别是在装置及设备的检修期间，更是各类事故的高发期和多发期。因此，石油化工装置检修是安全管理的重点和难点，更应该加强管理，防患于未然。

施工检修作业环境复杂，不确定因素比较多，领导重视才是确保安全的关键。一是检修前要成立专门的组织机构，要对检修的装置进行全面系统的危险辨认及风险评价，明确各自的职责，做到任务清楚，对检修进行统一领导、制订计划、统一指挥。二是装置检修要制订停车、检修、开车方案及安全措施；每一项检修有明确要求和注意事项，并设专职人员负责。三是要对所参加检修人员进行现场安全交底和安全教育，明确检修内容、步骤、方法、质量要求；对各工种要进行安全培训和考核，经考试合格后，方可参与检修施工。石化装置检修过程主要是动火作业、有限空间作业、高空作业、拆卸作业、临时用电作业等，因此，一定要确保安全措施落实到位，各种作业手续齐全，安全监督人员必须在施工现场。另外，现场文明施工和检查很重要，施工使用的物品及工程料要摆放整齐，要及时处理掉现场出现的安全隐患。

巩固与提高

一、填空题

1. 石油化工装置和设备的检修分为（　　）检修和（　　）检修。

2. 目前，大多数石油化工生产装置都定为（　　）年一次大修。

3. 对检修现场的坑、井、洼、沟、陡坡等应填平或铺设与地面平齐的盖板，也可设置（　　）和（　　）标志，并设（　　）。

4. 施工现场临时用电，要符合《施工现场临时用电安全技术规范》（JGJ 46—2005）的要求，做到（　　）、三相五线制，三级配电等，电线要整齐规范。

5. 高处作业，如果有无法避免的上下交叉作业，必须在每个作业层设（　　），避免高空坠物对下部人员造成伤害。

6. 一般说来装置停车时，炼油装置多用（　　）吹扫置换，化工装置根据工艺要求多用（　　）置换。

7. 设备、管道物料排空后，加水冲洗，再经置换至设备内可燃物含量合格，氧含量在（　　）。

8. 装置停车检修的设备必须与运行系统或有物料系统进行隔离，而这种隔离只靠阀门是不行的。最保险的办法是将与检修设备相连的管道用（　　）相隔离。

9. 对于非禁火区内临时用电的有效期限最长不超过（　　）月。

10. 对于220V/380V供电系统，临时用电的电气设备金属外壳应采用（　　）保护接地系统。

11. 行灯使用电压不得超过（　　）V，在特别潮湿的场所或塔、釜、罐、槽等金属设备内作业的临时照明灯电压不得超过（　　）V。

12. 目前的石油化工生产中，计划外检修（　　）避免。

二、简答题

1. 生产装置检修的特点是什么？

2. 生产装置检修的安全管理要求是什么？

3. 施工结束后“三查四定”的内容是什么？

4. 盲板的制作要求是什么？

5. 加盲板的位置要求是什么？

6. 什么叫临时用电？

7. 高处作业范围是什么？

8. 什么是“受限空间”？

9. “三不进罐”原则是什么？

10. 石油化工企业用火作业范围是什么？

11. “三不用火”原则是什么？

三、综合分析题

某石化厂焦化车间计划外检修，在焊接一处管线连接处时，没有对距用火地点只有1.2m的污水井进行有效遮盖；动火前车间既没有到现场检查落实用火安全措施，动火时又没有看火人在场，致使电焊火星落到污水井中，引燃井内的煤气，发生爆燃，并窜入污水明沟，引发大火。直接经济损失高达21万元。

1. 单项选择题

(1) 以下选项中，不属于可燃液体的是（　　）。

A. 四氯化碳　　B. 二甲苯　　C. 环己烷　　D. 乙二醇

(2) 在焊割动火作业中，必须采取安全措施。下列选项中，叙述错误的是（　　）。

A. 动火人员必须持证上岗　　B. 进行动火作业前必须报告班组长

C. 动火前必须清除动火地点周围可燃物　　D. 动火后必须彻底熄灭余火

2. 多项选择题

(1) 危险化学品可能造成的危害有（　　）。

A. 引发职业中毒　　B. 引发火灾、爆炸事故

C. 引发地质灾害　　D. 引发环境污染

(2) 以下选项中，属于可燃气的是（　　）。

A. 丁二烯　　B. 液氨　　C. 二氧化碳　　D. 一氧化碳

3. 简答题

防止发生火灾、爆炸事故的基本原则是什么？

四、阅读资料

某厂聚丙烯反应釜工艺流程如图6-22所示，反应釜进口有丙烯进料、辅料进料、氮气、蒸汽四个阀门；反应釜出口有聚丙烯出料、反应尾气两个阀门。反应釜搅拌机叶片位于釜中

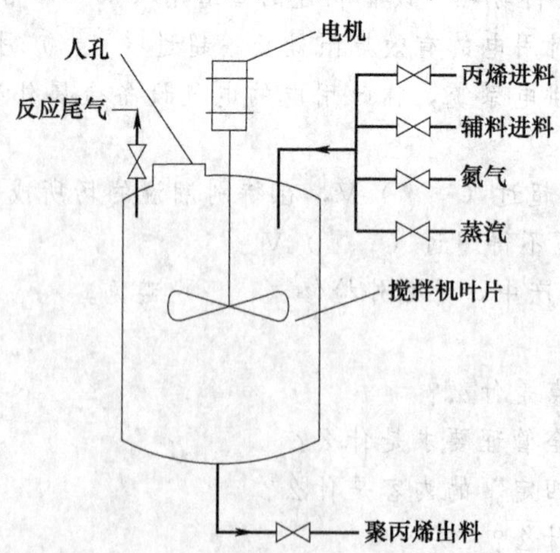

图6-22　聚丙烯反应釜工艺流程示意图

部位置，罐顶设置一人孔。

由于聚丙烯车间聚丙烯反应釜出现故障，要进入反应釜内进行焊接动火作业。车间领导安排人员对反应釜进行退料、吹扫、清洗、置换后，打开釜顶人孔通风，并对辅料进料、蒸汽、氮气等进口阀门加装盲板隔断；对聚丙烯出料、反应尾气等出口阀门加装盲板隔断。因为少了一块盲板，未对丙烯进料阀门加装盲板隔断，仅关闭丙烯进料阀门。

当日下午，分析人员从反应釜顶部人孔采样分析，反应釜内可燃气体含量和氧气含量均为合格。车间安全员按进入受限空间作业许可证和用火作业许可证办理程序办理作业许可证，作业执行人焊工李某和监护人到达现场。李某是一个有 20 多年焊接工龄的老师傅，动火作业经验丰富。在进入反应釜之前，李某点燃一纸条，丢进反应釜内，未见燃烧、爆炸现象。于是，李某携带焊枪进入反应釜内开始用火作业。突然，“嘭”的一声，反应釜内发生了爆炸，焊工李某当即被炸死在反应釜内。

参考文献

[1] 杨吉华. 图说工厂安全管理. 北京：人民邮电出版社，2012.

[2] 付建平，刘忠，张健. 化工装置维修工作指南. 北京：化学工业出版社，2012.

[3] 中国石油化工集体公司职业技能鉴定指导中心. 催化重整装置操作工. 北京：中国石化出版社，2006.

[4] 中国石油化工集体公司职业技能鉴定指导中心. 催化裂化装置操作工. 北京：中国石化出版社，2006.

[5] 中国石油化工集体公司职业技能鉴定指导中心. 加氢裂化装置操作工. 北京：中国石化出版社，2006.

[6] 中国石油化工集体公司职业技能鉴定指导中心. 常减压蒸馏操作工. 北京：中国石化出版社，2006.

[7] 孙玉叶，夏登友. 危险化学品事故应急救援与处置. 北京：化学工业出版社，2008.

[8] 杨永杰，康彦芳. 化工工艺安全技术. 北京：化学工业出版社，2008.

[9] 刘景良. 化工安全技术. 北京：化学工业出版社，2008.

[10] 应急救援系统丛书编委会. 危险化学品应急救援必读. 北京：中国石化出版社，2008.

[11] 韩世奇，韩燕晖. 危险化学品生产安全与应急救援. 北京：化学工业出版社，2008.

[12] 魏振枢. 化工安全技术概论. 北京：化学工业出版社，2008.

[13] 张荣. 危险化学品安全技术. 北京：化学工业出版社，2007.

[14] 国家安全生产监督管理局. 危险化学品生产单位安全培训教程. 北京：化学工业出版社，2004.

[15] 葛晓军，周厚云，梁绪. 化工生产安全技术. 北京：化学工业出版社，2008.

[16] 孙玉叶. 化工安全生产技术与职业健康. 北京：化学工业出版社，2009.

[17] 玉德堂，孙玉叶. 化工安全生产技术. 天津：天津大学出版社，2009.